CAD/CAM 专业技能视频教程

AutoCAD 2020 基础设计技能课训

云杰漫步科技 CAX 教研室

矫 健 尚 蕾 编著

电子工业出版社
Publishing House of Electronics Industry
北京·BEIJING

内 容 简 介

AutoCAD 作为一款优秀的 CAD 软件，应用程度已远远超出其他同类软件，其最新版本是 AutoCAD 2020。本书针对 AutoCAD 2020 的设计功能，详细介绍其设计方法，内容包括基础知识、二维图形绘制、图形编辑修改、文字与文字样式、标注及标注编辑、图层与块、表格与表格样式、精确绘图设置、三维图形设计与编辑等，并针对 AutoCAD 的应用设计了综合范例。另外，本书配备有交互式多媒体教学资源，便于读者学习。

本书结构严谨、内容翔实、知识全面、可读性强、实例专业性强、步骤明确，是广大读者快速掌握 AutoCAD 的自学指导书，也适合作为职业培训学校和大专院校计算机辅助设计课程的教材。

未经许可，不得以任何方式复制或抄袭本书之部分或全部内容。
版权所有，侵权必究。

图书在版编目（CIP）数据

AutoCAD 2020基础设计技能课训 / 矫健，尚蕾编著. —北京：电子工业出版社，2020.5
CAD/CAM专业技能视频教程
ISBN 978-7-121-38805-7

Ⅰ. ①A… Ⅱ. ①矫… ②尚… Ⅲ. ①AutoCAD软件－教材 Ⅳ. ①TP391.72

中国版本图书馆CIP数据核字（2020）第047793号

责任编辑：许存权（QQ：76584717）
文字编辑：康　霞
印　　刷：三河市鑫金马印装有限公司
装　　订：三河市鑫金马印装有限公司
出版发行：电子工业出版社
　　　　　北京市海淀区万寿路173信箱　邮编　100036
开　　本：787×1 092　1/16　印张：30　字数：768千字
版　　次：2020年5月第1版
印　　次：2020年5月第1次印刷
定　　价：79.00元

凡所购买电子工业出版社图书有缺损问题，请向购买书店调换。若书店售缺，请与本社发行部联系，联系及邮购电话：（010）88254888，88258888。
质量投诉请发邮件至zlts@phei.com.cn，盗版侵权举报请发邮件至dbqq@phei.com.cn。
本书咨询联系方式：（010）88254484，xucq@phei.com.cn。

Preface/前言

本书是"CAD/CAM 专业技能视频教程"丛书中的一本，本套丛书建立在云杰漫步科技 CAX 教研室与众多 CAD 软件公司长期密切合作的基础上，通过继承和发展各公司的内部培训方法，并吸收和细化培训过程中的经典案例，从而推出的一套专业课训教材。丛书本着服务读者的理念，通过大量内训经典实用案例对功能模块进行讲解，提高读者的应用水平，使读者全面掌握所学知识。丛书拥有完善的知识体系和教学思路，采用阶梯式学习方法，对设计专业知识、软件构架、应用方向及命令操作都进行了详尽的讲解，以循序渐进地提高读者的应用能力。

在工程应用中，特别是在机械、电气和建筑行业，AutoCAD 都得到了广泛的应用。无论是 CAD 的系统用户，还是其他的计算机用户，都可能因 AutoCAD 的诞生与发展而大为受益。AutoCAD 作为一款优秀的 CAD 软件，应用程度已远远超出其他同类软件。目前，AutoCAD 推出了最新版本 AutoCAD 2020 中文版，它更是集图形处理之大成，代表了当今 CAD 软件的最新潮流和技术巅峰。为了使读者能更好地学习，同时尽快熟悉 AutoCAD 2020（中文版）的设计功能，作者根据多年的设计经验，精心编写了本书。本书按照合理的 AutoCAD 软件教学培训分类，对 AutoCAD 软件的构架、应用方向及命令操作都进行了详尽的讲解。全书共 10 章，内容主要包括基础知识、二维图形绘制、图形编辑修改、文字与文字样式、标注及标注编辑、图层与块、表格与表格样式、精确绘图设置、三维图形设计与编辑等，并且针对 AutoCAD 的应用设计了综合范例。

云杰漫步科技 CAX 教研室长期从事 AutoCAD 的专业设计和教学，数年来承接了大量相关项目，参与 AutoCAD 设计的教学和培训工作，积累了丰富的实践经验。本书就像一位专业设计师，将设计项目时的思路、流程、方法和技巧、操作步骤面对面地与读者交流，是广大读者快速掌握 AutoCAD 2020 的实用指导书，同时也适合作为职业培训学校和大专院校计算机辅助设计课程的教材。

　　本书还配备交互式多媒体教学资源，将案例操作过程制作成多媒体视频文件，有从教多年专业讲师的全程多媒体视频文件，以面对面的形式讲解，便于读者学习。同时，资源中还包含所有实例的源文件，读者可以关注"云杰漫步科技"微信公众号，获取多媒体教学资源的使用方法和下载方法。本书还提供了网络技术支持，欢迎读者登录云杰漫步多媒体科技的网上技术论坛进行交流（http://www.yunjiework.com/bbs），论坛分为多个专业的设计板块，可以为读者提供实时的技术支持，解答读者疑难。

　　本书由云杰漫步科技 CAX 教研室编写，参加编写工作的有张云杰、尚蕾、张云静、矫健等。书中的设计范例、多媒体资源效果均由北京云杰漫步多媒体科技公司设计制作，同时感谢电子工业出版社编辑的大力协助。

　　由于编写时间紧张，编者的水平有限，因此本书难免有不足之处，在此，编者对广大读者表示歉意，望广大读者不吝赐教，对书中的不足之处给予指正。

　　注：本书中所有有关尺寸的默认单位为毫米（mm）。

编　者

（扫码获取资源）

Contents/目录

第 1 章 AutoCAD 2020 绘图基础 ········· 1
  课程学习建议 ······················· 2
  1.1 界面结构和基本操作 ············· 3
    1.1.1 设计理论 ················· 3
    1.1.2 课堂讲解 ················· 3
    1.1.3 课堂练习——基本操作 ···· 14
  1.2 坐标系与坐标 ··················· 19
    1.2.1 设计理论 ················· 19
    1.2.2 课堂讲解 ················· 20
    1.2.3 课堂练习——坐标系操作 ··· 23
  1.3 设置绘图环境 ··················· 27
    1.3.1 设计理论 ················· 27
    1.3.2 课堂讲解 ················· 28
  1.4 视图控制 ······················· 34
    1.4.1 设计理论 ················· 34
    1.4.2 课堂讲解 ················· 35
    1.4.3 课堂练习——视图控制操作 ··· 41
  1.5 专家总结 ······················· 46
  1.6 课后习题 ······················· 46
    1.6.1 填空题 ··················· 46
    1.6.2 问答题 ··················· 47
    1.6.3 上机操作题 ··············· 47

第 2 章 绘制二维图形 ················· 48
  课程学习建议 ······················· 49

  2.1 绘制基本图形 ··················· 49
    2.1.1 设计理论 ················· 50
    2.1.2 课堂讲解 ················· 50
    2.1.3 课堂练习——绘制基板 ····· 60
  2.2 绘制多线 ······················· 69
    2.2.1 设计理论 ················· 69
    2.2.2 课堂讲解 ················· 69
    2.2.3 课堂练习——绘制房间平面 ··· 74
  2.3 绘制多边形和圆弧 ··············· 81
    2.3.1 设计理论 ················· 82
    2.3.2 课堂讲解 ················· 82
    2.3.3 课堂练习——绘制螺栓 ····· 89
  2.4 专家总结 ······················· 98
  2.5 课后习题 ······················· 98
    2.5.1 填空题 ··················· 98
    2.5.2 问答题 ··················· 98
    2.5.3 上机操作题 ··············· 98

第 3 章 编辑二维图形 ················· 99
  课程学习建议 ······················· 100
  3.1 基本编辑 ······················· 100
    3.1.1 设计理论 ················· 101
    3.1.2 课堂讲解 ················· 101
    3.1.3 课堂练习——绘制皮带轮 ··· 109
  3.2 扩展编辑 ······················· 122

3.2.1	设计理论	122
3.2.2	课堂讲解	122
3.2.3	课堂练习——编辑皮带轮	126

3.3 图案填充 133
    3.3.1 设计理论 133
    3.3.2 课堂讲解 133
    3.3.3 课堂练习——填充皮带轮剖面 139

3.4 专家总结 144
3.5 课后习题 144
    3.5.1 填空题 144
    3.5.2 问答题 144
    3.5.3 上机操作题 144

第4章 建立和编辑文字 146
课程学习建议 147

4.1 单行文字 147
    4.1.1 设计理论 147
    4.1.2 课堂讲解 148
    4.1.3 课堂练习——绘制垫片 150

4.2 多行文字 160
    4.2.1 设计理论 160
    4.2.2 课堂讲解 161

4.3 文字样式 162
    4.3.1 设计理论 163
    4.3.2 课堂讲解 163
    4.3.3 课堂练习——绘制六角头螺栓并标注技术要求 165

4.4 专家总结 179
4.5 课后习题 179
    4.5.1 填空题 179
    4.5.2 问答题 180
    4.5.3 上机操作题 180

第5章 尺寸标注 181
课程学习建议 182

5.1 创建尺寸标注 182
    5.1.1 设计理论 182
    5.1.2 课堂讲解 183
    5.1.3 课堂练习——标注基座图尺寸 188

5.2 标注形位公差 202
    5.2.1 设计理论 202
    5.2.2 课堂讲解 202
    5.2.3 课堂练习——标注基座图公差 207

5.3 尺寸标注样式 219
    5.3.1 设计理论 219
    5.3.2 课堂讲解 220
    5.3.3 课堂练习——编辑尺寸标注和标注样式 224

5.4 专家总结 228
5.5 课后习题 228
    5.5.1 填空题 228
    5.5.2 问答题 228
    5.5.3 上机操作题 228

第6章 精确绘图设置 230
课程学习建议 231

6.1 栅格和捕捉 231
    6.1.1 设计理论 232
    6.1.2 课堂讲解 232
    6.1.3 课堂练习——绘制连接板主剖面图 235

6.2 对象捕捉 243
    6.2.1 设计理论 243
    6.2.2 课堂讲解 244
    6.2.3 课堂练习——绘制连接板局部剖面图 251

6.3 极轴追踪 258
    6.3.1 设计理论 258
    6.3.2 课堂讲解 259
    6.3.3 课堂练习——绘制扣板零件图 261

6.4 专家总结 272
6.5 课后习题 272
    6.5.1 填空题 272
    6.5.2 问答题 272

    6.5.3 上机操作题⋯⋯⋯⋯⋯⋯273

第7章 层、块和属性编辑⋯⋯⋯274
    课程学习建议⋯⋯⋯⋯⋯⋯⋯275
  7.1 图层管理⋯⋯⋯⋯⋯⋯⋯⋯275
    7.1.1 设计理论⋯⋯⋯⋯⋯⋯276
    7.1.2 课堂讲解⋯⋯⋯⋯⋯⋯277
    7.1.3 课堂练习——绘制套筒零件
       剖面图⋯⋯⋯⋯⋯⋯⋯281
  7.2 块操作⋯⋯⋯⋯⋯⋯⋯⋯⋯294
    7.2.1 设计理论⋯⋯⋯⋯⋯⋯294
    7.2.2 课堂讲解⋯⋯⋯⋯⋯⋯295
    7.2.3 课堂练习——块操作绘制套
       筒零件左视图⋯⋯⋯⋯300
  7.3 属性编辑⋯⋯⋯⋯⋯⋯⋯⋯309
    7.3.1 设计理论⋯⋯⋯⋯⋯⋯309
    7.3.2 课堂讲解⋯⋯⋯⋯⋯⋯309
    7.3.3 课堂练习——标注套筒零
       件图⋯⋯⋯⋯⋯⋯⋯⋯311
  7.4 专家总结⋯⋯⋯⋯⋯⋯⋯⋯316
  7.5 课后习题⋯⋯⋯⋯⋯⋯⋯⋯316
    7.5.1 填空题⋯⋯⋯⋯⋯⋯⋯316
    7.5.2 问答题⋯⋯⋯⋯⋯⋯⋯316
    7.5.3 上机操作题⋯⋯⋯⋯⋯316

第8章 表格和工具选项⋯⋯⋯⋯317
    课程学习建议⋯⋯⋯⋯⋯⋯⋯318
  8.1 创建和编辑表格⋯⋯⋯⋯⋯318
    8.1.1 设计理论⋯⋯⋯⋯⋯⋯319
    8.1.2 课堂讲解⋯⋯⋯⋯⋯⋯319
    8.1.3 课堂练习——绘制支撑板
       图纸⋯⋯⋯⋯⋯⋯⋯⋯323
  8.2 工具选项板⋯⋯⋯⋯⋯⋯⋯346
    8.2.1 设计理论⋯⋯⋯⋯⋯⋯346
    8.2.2 课堂讲解⋯⋯⋯⋯⋯⋯346
    8.2.3 课堂练习——标注打印支撑
       板图纸⋯⋯⋯⋯⋯⋯⋯351
  8.3 专家总结⋯⋯⋯⋯⋯⋯⋯⋯356
  8.4 课后习题⋯⋯⋯⋯⋯⋯⋯⋯356
    8.4.1 填空题⋯⋯⋯⋯⋯⋯⋯356
    8.4.2 问答题⋯⋯⋯⋯⋯⋯⋯357
    8.4.3 上机操作题⋯⋯⋯⋯⋯357

第9章 绘制和编辑三维实体⋯⋯358
    课程学习建议⋯⋯⋯⋯⋯⋯⋯359
  9.1 三维界面和坐标系⋯⋯⋯⋯359
    9.1.1 设计理论⋯⋯⋯⋯⋯⋯360
    9.1.2 课堂讲解⋯⋯⋯⋯⋯⋯360
    9.1.3 课堂练习——坐标系操作⋯368
  9.2 设置三维视点⋯⋯⋯⋯⋯⋯373
    9.2.1 设计理论⋯⋯⋯⋯⋯⋯373
    9.2.2 课堂讲解⋯⋯⋯⋯⋯⋯374
  9.3 绘制三维曲面⋯⋯⋯⋯⋯⋯377
    9.3.1 设计理论⋯⋯⋯⋯⋯⋯378
    9.3.2 课堂讲解⋯⋯⋯⋯⋯⋯378
    9.3.3 课堂练习——创建连杆三维
       曲面⋯⋯⋯⋯⋯⋯⋯⋯385
  9.4 绘制三维实体⋯⋯⋯⋯⋯⋯392
    9.4.1 设计理论⋯⋯⋯⋯⋯⋯392
    9.4.2 课堂讲解⋯⋯⋯⋯⋯⋯392
    9.4.3 课堂练习——绘制轴瓦三维
       实体⋯⋯⋯⋯⋯⋯⋯⋯400
  9.5 编辑三维对象⋯⋯⋯⋯⋯⋯410
    9.5.1 设计理论⋯⋯⋯⋯⋯⋯410
    9.5.2 课堂讲解⋯⋯⋯⋯⋯⋯410
  9.6 编辑三维实体⋯⋯⋯⋯⋯⋯414
    9.6.1 设计理论⋯⋯⋯⋯⋯⋯414
    9.6.2 课堂讲解⋯⋯⋯⋯⋯⋯415
    9.6.3 课堂练习——制作轴瓦细节
       模型⋯⋯⋯⋯⋯⋯⋯⋯419
  9.7 专家总结⋯⋯⋯⋯⋯⋯⋯⋯424
  9.8 课后习题⋯⋯⋯⋯⋯⋯⋯⋯424
    9.8.1 填空题⋯⋯⋯⋯⋯⋯⋯424
    9.8.2 问答题⋯⋯⋯⋯⋯⋯⋯425
    9.8.3 上机操作题⋯⋯⋯⋯⋯425

第10章 综合范例⋯⋯⋯⋯⋯⋯⋯426
    课程学习建议⋯⋯⋯⋯⋯⋯⋯427
  10.1 机械设计综合范例——绘制钢制吊
     环零件图⋯⋯⋯⋯⋯⋯⋯⋯427

10.2 电气设计综合范例——绘制日光灯电路图 …………………………… 455	10.4.1 填空题 ………………………… 471
10.3 专家总结 …………………………… 471	10.4.2 问答题 ………………………… 471
10.4 课后习题 …………………………… 471	10.4.3 上机操作题 …………………… 471

第 1 章　AutoCAD 2020 绘图基础

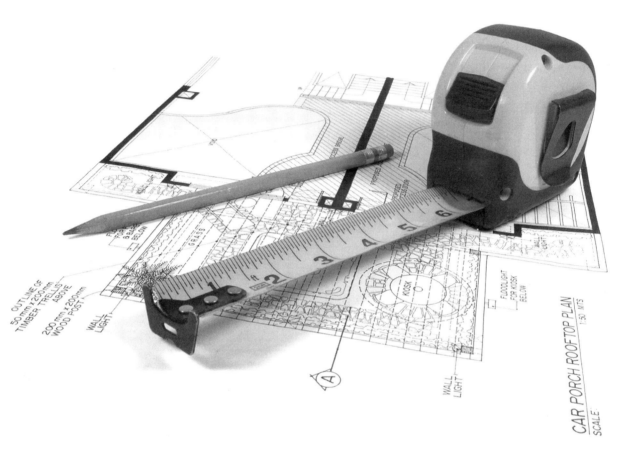

内　容	掌握程度	课　时
界面结构和基本操作	熟练运用	2
坐标系和坐标	熟练运用	2
设置绘图环境	了解	1
视图控制	熟练运用	2

课训目标

课程学习建议

计算机辅助设计（Computer Aided Design，CAD），是指利用计算机的计算功能和高效的图形处理能力，对产品进行辅助设计分析、修改和优化。它综合了计算机知识和工程设计知识的成果，能够绘制二维图形、三维图形、标注尺寸、渲染图形以及打印输出图纸等，其功能随着计算机硬件性能和软件功能的不断提高而逐渐完善。

AutoCAD 是由美国 Autodesk 公司开发的通用计算机辅助设计软件包，它具有易于掌握、使用方便和体系结构开放等优点，深受广大工程技术人员的欢迎。

自 Autodesk 公司从 1982 年推出 AutoCAD 的第一个版本——AutoCAD 1.0 起，软件不断升级，功能日益增强并日趋完善。如今，AutoCAD 已广泛应用于机械、建筑、电子、航空航天、造船、石油化工、土木工程、冶金、地质、气象、纺织、轻工和商业等领域。

AutoCAD 2020 是 AutoDesk 公司推出的最新版本，代表了当今 CAD 软件的最新潮流和未来发展趋势。为了使读者能够更好地理解和应用 AutoCAD 2020，本章主要讲解其有关的基础知识、基本操作、坐标系、环境设置和视图控制，为后面的深入学习提供基础。

本课程主要基于软件的绘图基础进行讲解，其培训课程表如下。

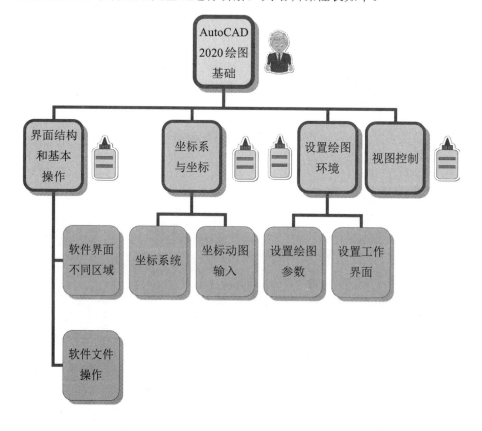

1.1 界面结构和基本操作

AutoCAD 用于二维绘图、详细绘制、设计文档和基本的三维设计,已经成为国际上广为流行的绘图工具。AutoCAD 软件的操作界面是指进行绘图操作和设计的计算机窗口,软件的绘图和设置动作称为基本操作。

课堂讲解课时:2 课时

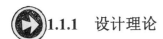

1.1.1 设计理论

启动 AutoCAD 后,系统默认显示的是 AutoCAD 的经典工作界面。AutoCAD 二维草图与注释操作界面的主要组成元素有:标题栏、菜单栏、工具栏、菜单浏览器、快速访问工具栏、绘图区域、状态栏、命令行和选项卡。

1.1.2 课堂讲解

1. 界面结构

(1) 标题栏

如图 1-1 所示,AutoCAD 默认的图形文件名称为 DrawingN.dwg(N 是大于 0 的自然数),单击标题栏最右边的 3 个按钮,可以将应用程序的窗口最小化、最大化和还原或关闭。用鼠标右键单击标题栏,将弹出一个下拉菜单,利用它可以执行最大化窗口、最小化窗口、还原窗口、移动窗口和关闭应用程序等操作。

(2) 菜单栏

当初次打开 AutoCAD 2020 时,【菜单栏】并不显示在初始界面中,在【快速访问工具栏】上单击 按钮,在弹出的下拉菜单中选择【显示菜单栏】命令,则【菜单栏】显示在操作界面中,如图 1-2 所示。

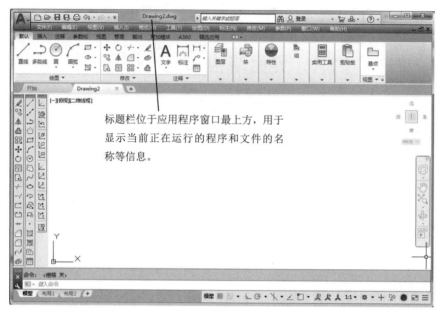

图 1-1　标题栏

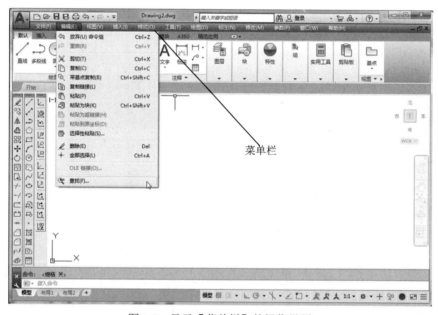

图 1-2　显示【菜单栏】的操作界面

用户在命令行输入 menu（菜单）命令，即可打开如图 1-3 所示的【选择自定义文件】对话框，可以从中选择一项作为菜单文件进行设置。

第 1 章 AutoCAD 2020 绘图基础

> AutoCAD 2020 使用的大多数命令均可在【菜单栏】中找到，它包含了文件管理菜单、文件编辑菜单、绘图菜单和信息帮助菜单等。菜单的配置可通过典型的 Windows 方式实现。
>
>  名师点拨

图 1-3 【选择自定义文件】对话框

（3）工具栏

在 AutoCAD 2020 的初始界面中不显示【工具栏】，需要通过下面的方法调出。

用户可以在【菜单栏】中选择【工具】|【工具栏】|【AutoCAD】菜单命令，在其菜单中选择需用的工具，如图 1-4 所示。

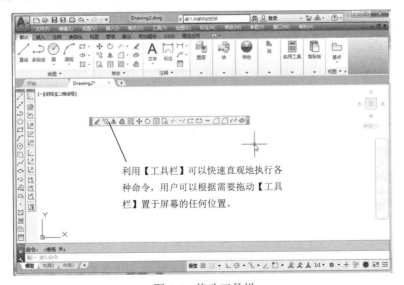

图 1-4 修改工具栏

用户还可以选择【视图】|【工具栏】菜单命令，打开【自定义用户界面】对话框，双击【工具栏】选项，则展示出显示或隐藏的各种工具栏，如图1-5所示。

图1-5　【自定义用户界面】对话框

此外，AutoCAD 2020中的工具提示包括两个级别的内容：基本内容和补充内容。光标最初悬停在命令或控件上时，将显示工具的基本内容提示。其中包含对该命令或控件的概括说明、命令名、快捷键和命令标记。用户可以在【选项】对话框中设置累积时间。补充内容提示提供了有关命令或控件的附加信息，并且可以显示图示说明，如图1-6所示。

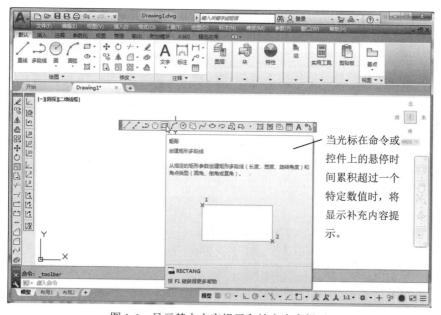

图1-6　显示基本内容提示和补充内容提示

(4)菜单浏览器

单击【菜单浏览器】按钮，打开菜单浏览器，其中包含"最近使用的文档"，如图1-7所示。

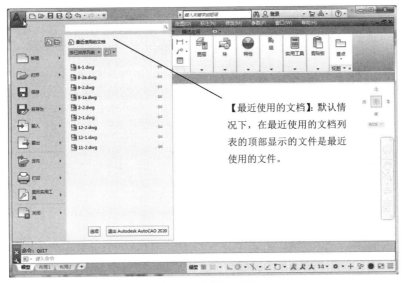

图1-7　菜单浏览器

(5)快速访问工具栏

【快速访问工具栏】如图1-8所示。在【快速访问工具栏】上单击鼠标右键，然后单击快捷菜单中的【自定义快速访问工具栏】命令，将打开【自定义用户界面】对话框，并显示可用命令的列表。将想要添加的命令从【自定义用户界面】对话框中的【命令列表】选项组拖动到【快速访问工具栏】即可。

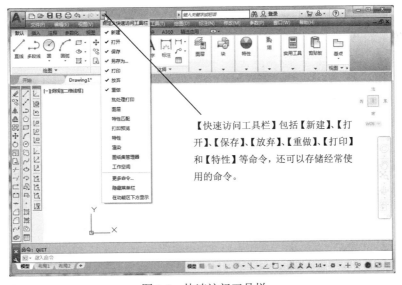

图1-8　快速访问工具栏

（6）绘图区域

绘图区域主要是图形绘制和编制的区域，当光标在这个区域中移动时，便会变成一个十字游标的形式，用来定位。在某些特定的情况下，光标也会变成方框光标或其他形式的光标，绘图区如图1-9所示。

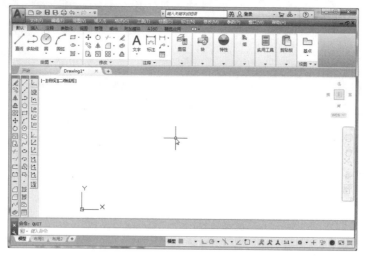

图1-9　绘图区域

（7）选项卡

功能区由许多面板组成，这些面板被组织到依任务进行标记的选项卡中。用户可以在【自定义用户界面】对话框中将选项卡添加至工作空间，以控制在功能区中显示哪些功能区选项卡。图1-10展示了不同选项卡及面板。选项卡和面板的运用将在后面的相关章节中分别进行讲解，在此不再赘述。

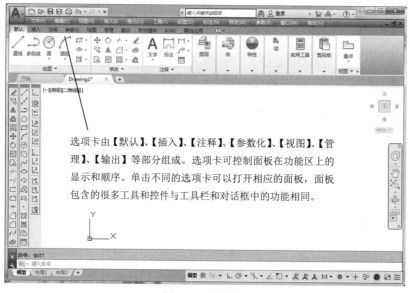

图1-10　选项卡

（8）命令行

命令行用来接收用户输入的命令或数据，同时显示命令、系统变量、选项、信息，以引导用户进行下一步操作，如更正或重复命令等。初学者往往忽略命令行中的提示，实际上只有时刻关注命令行中的提示，才能真正达到灵活快速使用的目的。命令行可以拖动变为浮动窗口，如图 1-11 所示。

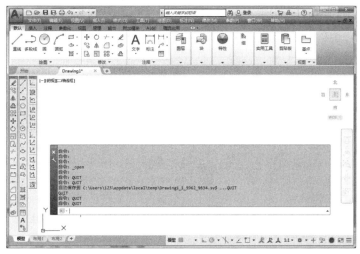

图 1-11 【命令行】窗口

（9）状态栏

主要显示当前 AutoCAD 2020 所处的状态，状态栏的左边显示当前光标的三维坐标值，右边为定义绘图时的状态，可以通过单击相关选项打开或关闭绘图状态，包括【应用程序状态栏】和【图形状态栏】，如图 1-12 所示。

图 1-12 应用程序状态栏

2. 基本操作

在 AutoCAD 2020 中，对图形文件的管理一般包括创建新文件、打开已有的图形文件、保存文件、加密文件和关闭图形文件等操作。

（1）创建新文件

打开 AutoCAD 2020 后，系统自动新建一个名为 Drawing.dwg 的图形文件。另外，用户还可以根据需要选择模板来新建图形文件。

在 AutoCAD 2020 中创建新文件有以下几种方法，如图 1-13 所示。

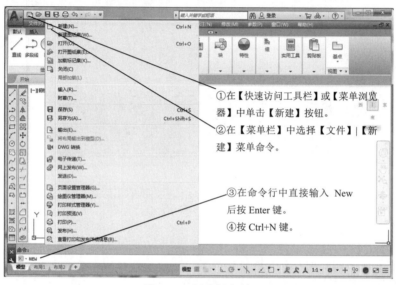

图 1-13　创建新文件

通过使用图 1-13 中的任意一种方式，系统会打开如图 1-14 所示的【选择样板】对话框，从其列表中选择一个样板后单击【打开】按钮或直接双击选中的样板，即可建立一个新文件。

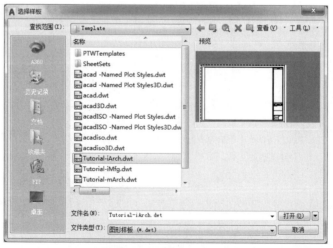

图 1-14　【选择样板】对话框

(2)打开文件

在 AutoCAD 2020 中打开现有文件，有以下几种方法，如图 1-15 所示。

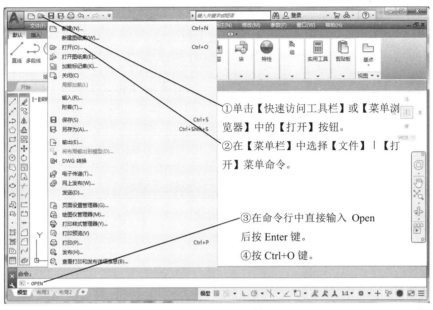

图 1-15　打开文件

通过使用图 1-15 中的任意一种方式进行操作后，系统会打开如图 1-16 所示的【选择文件】对话框，从其列表中选择一个用户想要打开的现有文件后单击【打开】按钮或直接双击想要打开的文件。

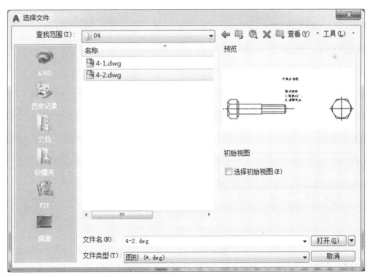

图 1-16　【选择文件】对话框

(3)保存文件

在 AutoCAD 2020 中保存现有文件，有以下几种方法，如图 1-17 所示。

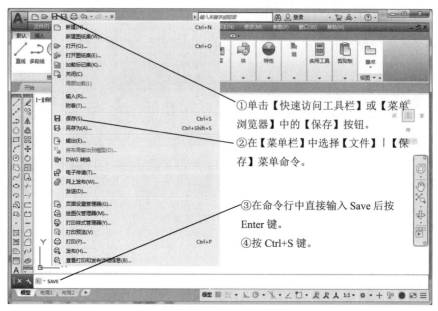

图 1-17 保存文件

通过使用图 1-17 中的任意一种方式进行操作后，系统会打开如图 1-18 所示的【图形另存为】对话框，从其【保存于】下拉列表中选择保存位置后单击【保存】按钮，即可完成保存文件的操作。

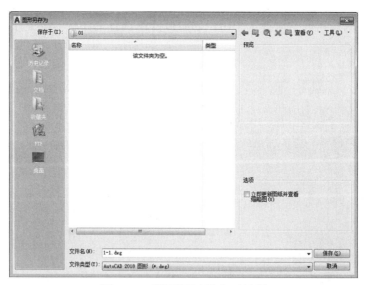

图 1-18 【图形另存为】对话框

（4）关闭文件和退出程序

在 AutoCAD 2020 中关闭图形文件，有以下几种方法，如图 1-19 所示。

第 1 章
AutoCAD 2020 绘图基础

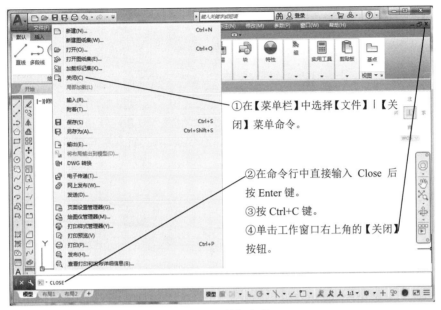

图 1-19　关闭文件

退出 AutoCAD 2020 有以下几种方法，如图 1-20 所示。

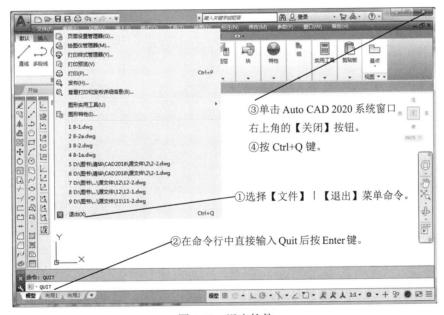

图 1-20　退出软件

执行图 1-20 中的任意一种操作后，会退出 Auto CAD 2020，若当前文件未保存，则系统会自动弹出如图 1-21 所示的提示。

图 1-21　AutoCAD 2020 的提示信息

1.1.3　课堂练习——基本操作

- 课堂练习开始文件：无
- 课堂练习完成文件：ywj /01/1-1.dwg
- 多媒体教学路径：多媒体教学→第 1 章→1.1 练习

Step1 创建新文件，如图 1-22 所示。

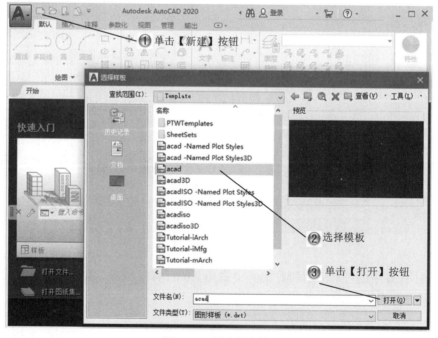

图 1-22　创建新文件

Step2 保存文件，如图 1-23 所示。

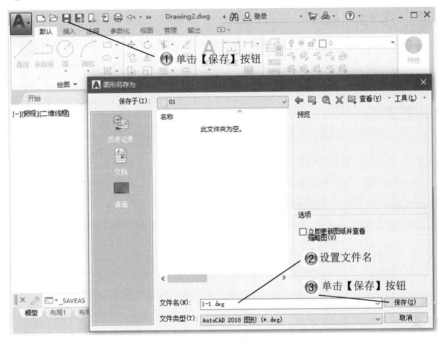

图 1-23　保存文件

Step3 绘制直径为 40 的圆形，如图 1-24 所示。

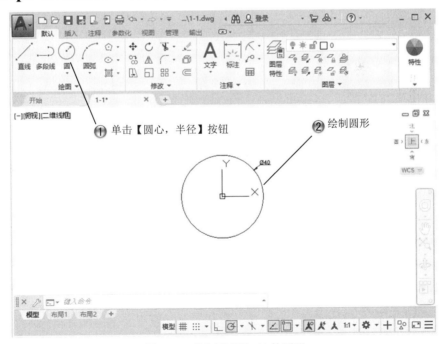

图 1-24　绘制直径为 40 的圆形

Step4 绘制 20×4 的矩形，如图 1-25 所示。

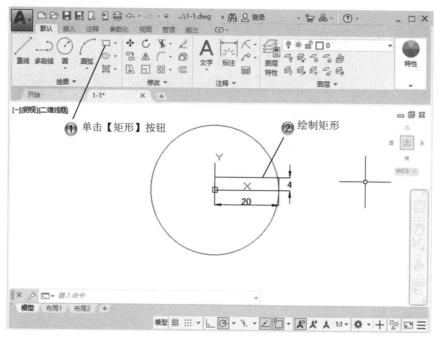

图 1-25　绘制 20×4 的矩形

Step5 移动矩形，如图 1-26 所示。

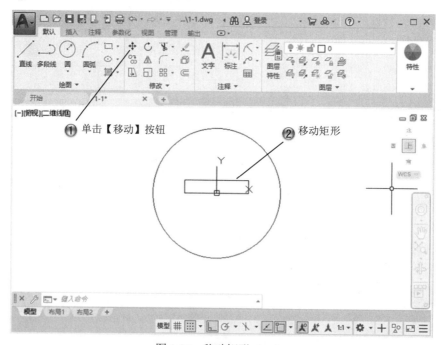

图 1-26　移动矩形（一）

Step6 移动矩形，如图 1-27 所示。

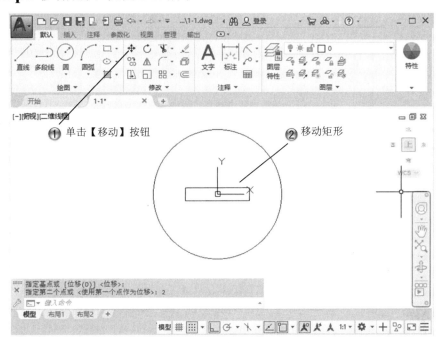

图 1-27 移动矩形（二）

Step7 旋转复制矩形，如图 1-28 所示。

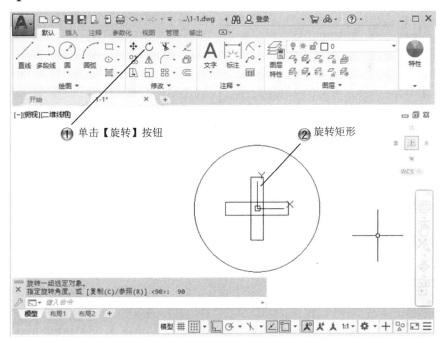

图 1-28 旋转复制矩形

Step8 绘制半径为 2 的圆形，如图 1-29 所示。

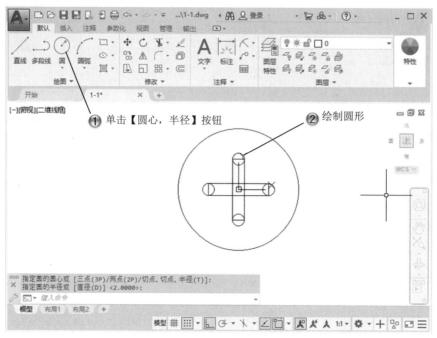

图 1-29　绘制半径为 2 的圆形

Step9 修剪草图，如图 1-30 所示。

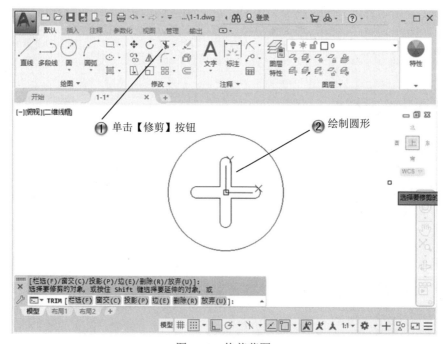

图 1-30　修剪草图

!**Step10** 完成相关基本操作,结果如图 1-31 所示。

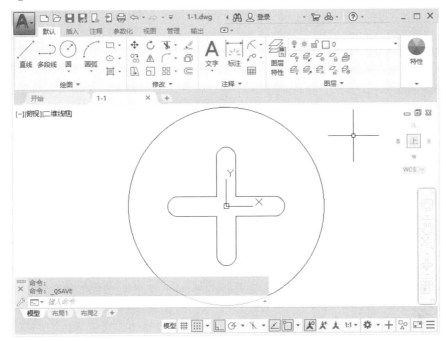

图 1-31 完成相关基本操作

1.2 坐标系与坐标

基本概念

要在 AutoCAD 中准确、高效地绘制图形,必须充分利用坐标系并掌握各坐标系的概念以及输入方法,它是确定对象位置的最基本手段。

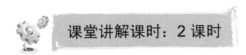

课堂讲解课时:2 课时

1.2.1 设计理论

为了说明质点的位置、运动的快慢、方向等,必须选取其坐标系。在参照系中,为确定空间一点的位置,按规定方法选取有次序的一组数据,这称作坐标。在某一问题中规定坐标的方法,就是该问题所用的坐标系。坐标系的种类很多,常用的坐标系有:笛卡尔直角坐标系、平面极坐标系、柱面坐标系（或称柱坐标系）和球面坐标系（或称球坐标系）等。

1.2.2 课堂讲解

1. 坐标系统

AutoCAD 中的坐标系按定制对象的不同，可分为世界坐标系（WCS）和用户坐标系（UCS）。

（1）世界坐标系（WCS）

根据笛卡尔坐标系的习惯，沿 X 轴正方向向右为水平距离增加的方向，沿 Y 轴正方向向上为竖直距离增加的方向，垂直于 XY 平面，沿 Z 轴正方向从所视方向向外为距离增加的方向。这一套坐标轴确定了世界坐标系，简称 WCS。该坐标系的特点是：它总是存在于一个设计图形之中，并且不可更改。

（2）用户坐标系（UCS）

相对于世界坐标系 WCS，可以创建无限多的坐标系，这些坐标系通常称为用户坐标系（UCS），并且可以通过调用 UCS 命令去创建用户坐标系。尽管世界坐标系 WCS 是固定不变的，但可以从任意角度、任意方向来观察或旋转世界坐标系 WCS，而不用改变其坐标系。AutoCAD 提供的坐标系图标，可以在同一图纸不同坐标系中保持同样的视觉效果。这种图标将通过指定 X、Y 轴的正方向来显示当前 UCS 的方位。

用户坐标系（UCS）是一种可自定义的坐标系，可以修改坐标系的原点和轴方向，即 X、Y、Z 轴及原点方向都可以移动和旋转，在绘制三维对象时非常有用。

调用用户坐标首先需要执行用户坐标命令，其方法有两种，如图 1-32 所示。

2. 坐标的表示方法

在使用 AutoCAD 进行绘图的过程中，绘图区中的任何一个图形都有属于自己的坐标位置。当用户在绘图过程中需要指定点位置时，便需使用指定点的坐标位置来确定点，从而精确、有效地完成绘图。常用的坐标表示方法有：绝对直角坐标、相对直角坐标、绝对极坐标和相对极坐标。

第1章 AutoCAD 2020绘图基础

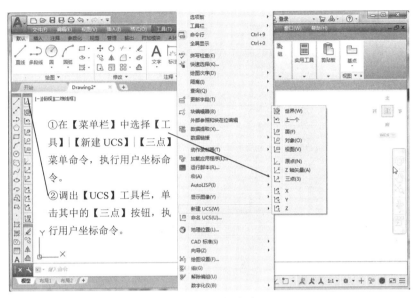

图 1-32　坐标命令

(1) 绝对直角坐标

以坐标原点（0, 0, 0）为基点定位所有的点。用户可以通过输入（x, y, z）坐标的方式来定义一个点的位置。

如图 1-33 所示，O 点绝对坐标为（0, 0, 0），A 点绝对坐标为（4, 4, 0），B 点绝对坐标为（12, 4, 0），C 点绝对坐标为（12, 12, 0）。如果 Z 方向坐标为 0，则可省略，则 A 点绝对坐标为（4, 4），B 点绝对坐标为（12, 4），C 点绝对坐标为（12, 12）。

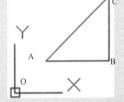

图 1-33　绝对直角坐标

(2) 相对直角坐标

相对直角坐标是以某点相对于另一特定点的相对位置定义一个点的位置。

(3) 绝对极坐标

以坐标原点（0, 0, 0）为极点定位所有的点，通过输入相对于极点的距离和角度的方式来定义一个点的位置。

(4) 相对极坐标

以某一特定点为参考极点，输入相对于极点的距离和角度来定义一个点的位置。

3. 坐标的动态输入

如果需要在绘图提示中输入坐标值，不必在命令行中进行输入，可以通过动态输入功能来实现。动态输入功能对于习惯在绘图提示中进行数据信息输入的人来说，可以大大提高绘图工作效率。

(1) 打开或关闭动态输入

启用动态输入绘图时，工具提示将在光标附近显示信息，该信息将随着光标的移动而动态更新。当某个命令处于活动状态时，可以在工具提示中输入值，动态输入不会取代命令窗口。打开和关闭动态输入可以单击【状态栏】上的【动态输入】，进行切换。按 F12 键可以临时将其关闭。

(2) 设置动态输入

在【状态栏】的【动态输入】按钮 上单击鼠标右键，然后在弹出的快捷菜单中选择【动态输入设置】命令，打开【草图设置】对话框中的【动态输入】选项卡，如图 1-34 所示。

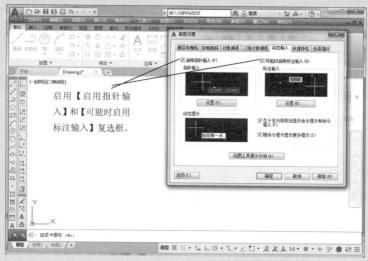

图 1-34　【草图设置】对话框的【动态输入】选项卡

当设置了动态输入功能后，在绘制图形时，便可在动态输入框中输入图形的尺寸等，从而方便用户的操作。

(3) 在动态输入工具提示中输入坐标值的方法

在【状态栏】上，确定【动态输入】处于启用状态。

可以使用下列方法输入坐标值或选择选项：

若需要输入极坐标，则输入距第一点的距离并按 TAB 键，然后输入角度值并按 Enter 键。若需要输入笛卡尔坐标，则输入 X 坐标值和逗号"，"，然后输入 Y 坐标值并按 Enter 键。如果提示后有一个下箭头，则按下箭头键，直到选项旁边出现一个点为止，再按 Enter 键。

第 1 章 AutoCAD 2020 绘图基础

按上箭头键可显示最近输入的坐标，也可以通过单击鼠标右键并选择"最近的输入"命令，从其快捷菜单中查看这些坐标或命令。对于标注输入，在输入字段中输入值并按 TAB 键后，该字段将显示锁定。

名师点拨

1.2.3 课堂练习——坐标系操作

- 课堂练习开始文件：ywj /01/1-1.dwg
- 课堂练习完成文件：ywj /01/1-2.dwg
- 多媒体教学路径：多媒体教学→第 1 章→1.2 练习

Step1 打开文件，如图 1-35 所示。

图 1-35　打开文件

Step2 打开的文件，如图 1-36 所示。

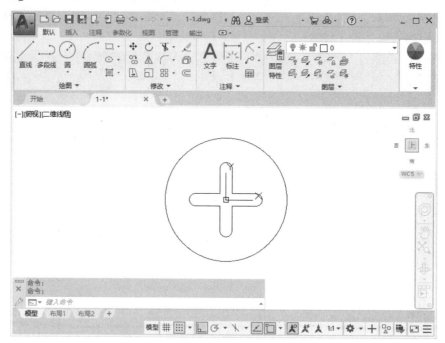

图 1-36　打开文件

Step3 创建新 UCS，如图 1-37 所示。

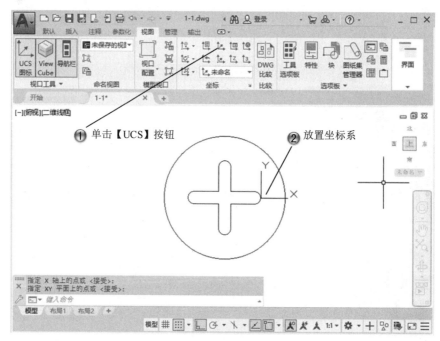

图 1-37　创建新 UCS

Step4 设置新原点，如图 1-38 所示。

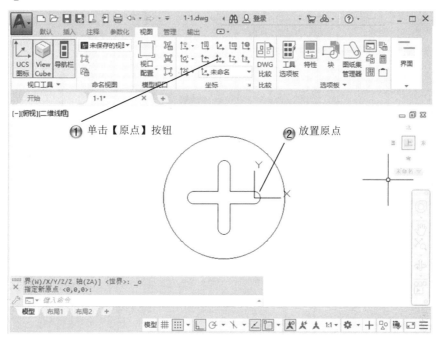

图 1-38　设置新原点

Step5 设置 UCS，如图 1-39 所示。

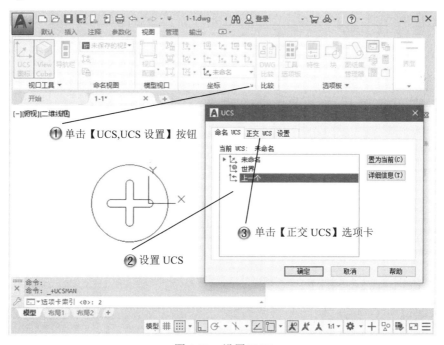

图 1-39　设置 UCS

Step6 设置正交 UCS，如图 1-40 所示。

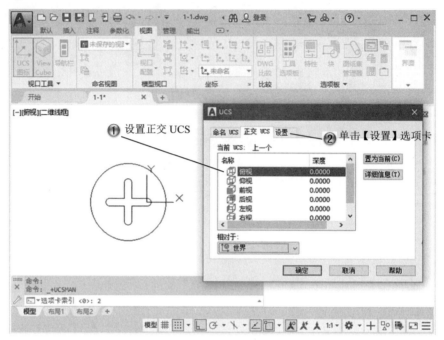

图 1-40　设置正交 UCS

Step7 设置 UCS 参数，如图 1-41 所示。

图 1-41　设置 UCS 参数

Step8 完成坐标系操作，如图 1-42 所示。

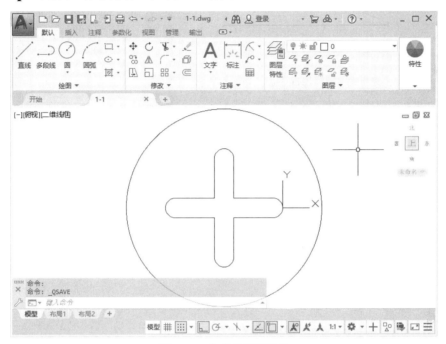

图 1-42　完成坐标系操作

1.3　设置绘图环境

要想提高绘图的速度和质量，必须有一个合理的、适合自己绘图习惯的参数配置。

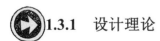1.3.1　设计理论

选择【工具】|【选项】菜单命令，或在命令输入行中输入 options 后按 Enter 键。打开【选项】对话框，如图 1-43 所示。

对话框中包括【文件】、【显示】、【打开和保存】、【打印和发布】、【系统】、【用户系统配置】、【绘图】、【三维建模】、【选择集】、【配置】和【联机】11个选项卡。

图 1-43　【选项】对话框

 1.3.2　课堂讲解

1. 自定义右键

在绘制图形时，灵活使用鼠标的右键将使操作更加方便快捷，在【选项】对话框中可以自定义鼠标右键的功能。

在【选项】对话框中单击【用户系统配置】标签，切换到【用户系统配置】选项卡，如图1-44所示。

图 1-44　【用户系统配置】选项卡

单击【Windows 标准操作】选项组中的【自定义右键单击】按钮，弹出【自定义右键单击】对话框，如图 1-45 所示。用户可以在该对话框中根据需要进行设置。

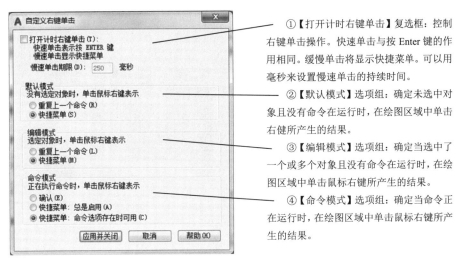

①【打开计时右键单击】复选框：控制右键单击操作。快速单击与按 Enter 键的作用相同。缓慢单击将显示快捷菜单。可以用毫秒来设置慢速单击的持续时间。

②【默认模式】选项组：确定未选中对象且没有命令在运行时，在绘图区域中单击右键所产生的结果。

③【编辑模式】选项组：确定当选中了一个或多个对象且没有命令在运行时，在绘图区域中单击鼠标右键所产生的结果。

④【命令模式】选项组：确定当命令正在运行时，在绘图区域中单击鼠标右键所产生的结果。

图 1-45　【自定义右键单击】对话框

2. 更改图形窗口的颜色

在【选项】对话框中单击【显示】标签，切换到【显示】选项卡，单击【颜色】按钮，打开【图形窗口颜色】对话框，通过【图形窗口颜色】对话框可以方便地更改各种操作环境下各要素的显示颜色，如图 1-46 所示。

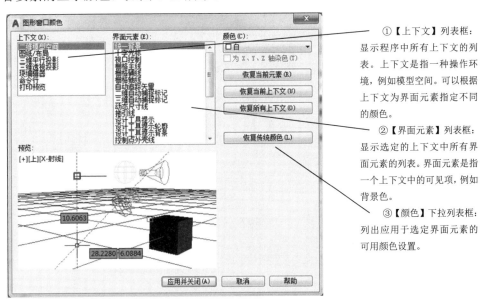

①【上下文】列表框：显示程序中所有上下文的列表。上下文是指一种操作环境，例如模型空间。可以根据上下文为界面元素指定不同的颜色。

②【界面元素】列表框：显示选定的上下文中所有界面元素的列表。界面元素是指一个上下文中的可见项，例如背景色。

③【颜色】下拉列表框：列出应用于选定界面元素的可用颜色设置。

图 1-46　【图形窗口颜色】对话框

可以从【颜色】下拉列表中选择一种颜色，或选择【选择颜色】选项，打开【选择颜色】对话框，如图 1-47 所示。用户可以从【索引颜色】、【真彩色】和【配色系统】等选项卡的颜色中进行选择来定义界面元素的颜色。如果为界面元素选择了新颜色，新的设置将显示在【预览】区域中。

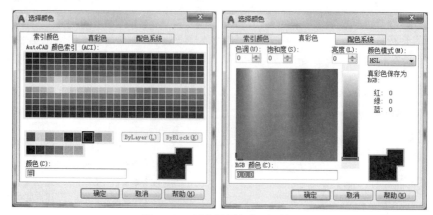

图 1-47　【选择颜色】对话框

3. 光标大小的设置

在设计和绘制图形的过程中，根据用户不同的操作习惯，可以更改 AutoCAD 2020 的工作界面。

根据在绘图过程中不同的需要，可以对十字光标的大小进行更改，这样在绘图过程中的定位就更加方便。在设置光标大小时，十字光标大小的取值范围一般为 1～100，100 表示十字光标全屏幕显示，其默认尺寸为 5；数值越大，十字光标越长。

选择【工具】|【选项】菜单命令，打开【选项】对话框，如图 1-48 所示。

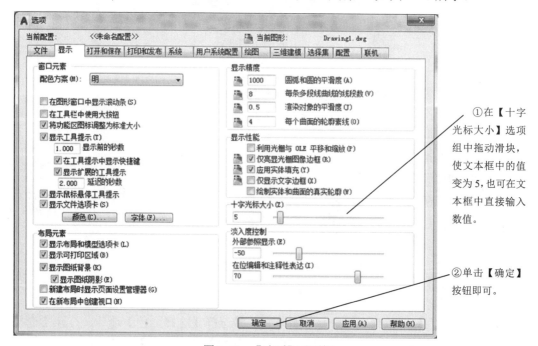

①在【十字光标大小】选项组中拖动滑块，使文本框中的值变为 5，也可在文本框中直接输入数值。

②单击【确定】按钮即可。

图 1-48　【选项】对话框

4. 绘图区颜色的设置

启动 AutoCAD 后，其绘图区的颜色默认为黑色，根据自己的习惯可对绘图区的颜色进行修改。

选择【工具】|【选项】菜单命令，打开【选项】对话框，切换到【显示】选项卡，单击【窗口元素】选项组中的【颜色】按钮，打开【图形窗口颜色】对话框，如图 1-49 所示。

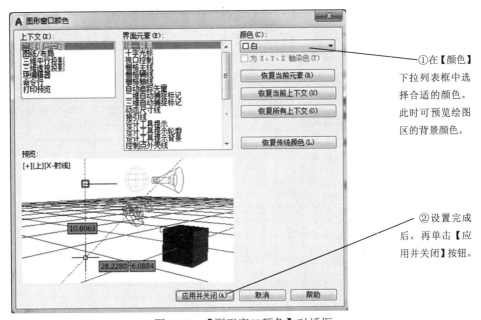

图 1-49 【图形窗口颜色】对话框

返回到【选项】对话框，最后单击【选项】对话框中的【确定】按钮，返回到工作界面中，绘图区将以选择的颜色作为背景颜色。图 1-50 为背景颜色修改为白色的情况。

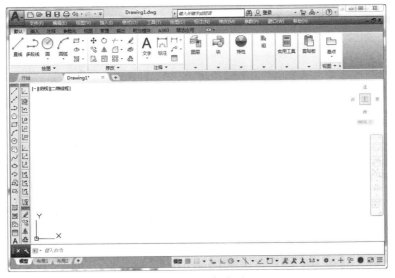

图 1-50 白色背景

5. 命令输入行的行数和字体大小设置

在绘制图形的过程中，用户可根据命令输入行中的内容，进行下一步操作，设置命令输入行的行数与字体。

（1）设置命令输入行行数

在 AutoCAD 中命令输入行默认的行数为 3 行，如果需要直接查看最近进行的更多操作，就需要增加命令输入行的行数。将鼠标光标移动至命令输入行与绘图区之间的边界处，鼠标光标变为双向箭头时，按住鼠标左键向上拖动鼠标，可以增加命令输入行行数，向下拖动鼠标可减少行数。

（2）设置命令输入行字体

选择【工具】|【选项】菜单命令，打开【选项】对话框，切换到【显示】选项卡，在【窗口元素】选项组中单击【字体】按钮，打开【命令行窗口字体】对话框，如图 1-51 所示。

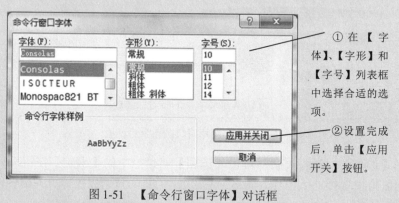

图 1-51 【命令行窗口字体】对话框

6. 自定义用户界面

（1）通过【自定义用户界面】窗口可以自定义用户界面，在该窗口中包括了【自定义】和【传输】两个选项卡。其中，【自定义】选项卡用于控制当前的界面设置；【传输】选项卡可输入菜单和设置。

选择【工具】|【自定义】|【界面】菜单命令，打开【自定义用户界面】对话框，双击【所有文件中的自定义设置】卷展栏，展开 AutoCAD 中各工具栏的名称，如图 1-52 所示。

（2）AutoCAD 可以锁定工具栏和选项板的位置，防止它们移动，锁定状态由状态栏上的挂锁图标表示。

选择【窗口】|【锁定位置】|【全部】|【锁定】菜单命令，如图 1-53 所示。在工作界面的右下角将显示各工具栏和选项板是锁定的，其锁定图标由 🔓 变成 🔒。

第1章
AutoCAD 2020 绘图基础

图 1-52 【自定义用户界面】对话框

图 1-53 选择【锁定】命令

（3）在 AutoCAD 中可以创建具有个性化的工作空间，还可将创建的工作空间保存起来。选择【工具】|【工作空间】|【将当前工作空间另存为】菜单命令，打开【保存工作空

间】对话框，如图 1-54 所示。

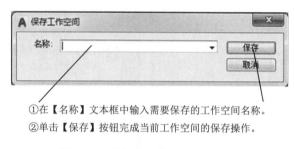

①在【名称】文本框中输入需要保存的工作空间名称。
②单击【保存】按钮完成当前工作空间的保存操作。

图 1-54　【保存工作空间】对话框

1.4　视图控制

与其他图形图像软件一样，使用 AutoCAD 绘制图形时，也可以自由地控制视图的显示比例，如需要对图形进行细微观察时，可适当放大视图比例以显示图形中的细节部分；而需要观察全部图形时，则可适当缩小视图比例以显示图形的全貌。

而如果在绘制较大的图形，或者放大了视图显示比例时，还可以随意移动视图的位置，以显示要查看的部位。

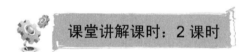

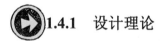

在编辑图形对象时，如果当前视口不能显示全部图形，可以适当平移视图，以显示被隐藏部分的图形。就像日常生活中使用相机平移一样，执行平移操作不会改变图形中对象的位置和视图比例，它只改变当前视图中显示的内容。

在绘图时，有时需要放大或缩小视图的显示比例。对视图进行缩放不会改变对象的绝对大小，改变的只是视图的显示比例。按一定比例、位置和方向显示的图形称为视图。按名称保存特定视图后，可以在布局打印或者需要参考特定的细节时恢复它们。在每一个图形任务中，可以恢复每个视口中显示的最后一个视图，最多可恢复前 10 个视图。已命名的视图随图形一起保存并可以随时使用。在构造布局时，可以将命名视图恢复到布局的视口中。

第1章 AutoCAD 2020绘图基础

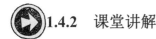 **1.4.2 课堂讲解**

1. 平移视图

（1）实时平移视图

实时平移视图的操作，如图1-55所示。

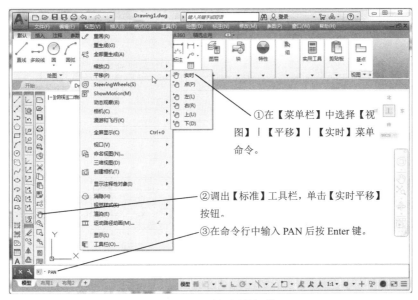

图1-55 平移视图的操作

当十字光标变为手形标志后，再按住鼠标左键进行拖动，以显示需要查看的区域，图形将随光标向同一方向移动，如图1-56、图1-57所示。

当释放鼠标按键之后将停止平移操作。如果要结束平移视图的操作，可按ESC键或按Enter键，或者单击鼠标右键执行快捷菜单中的【退出】命令，光标即可恢复至原来的状态。

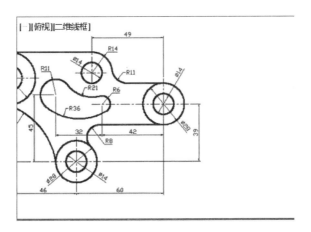

图1-56 实时平移前的视图

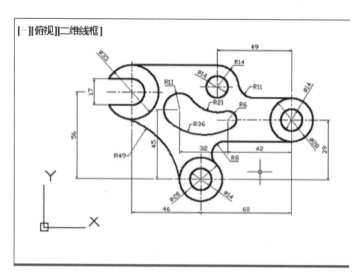

图 1-57　实时平移后的视图

（2）定点平移视图

需要通过指定点平移视图时，可以在【菜单栏】中选择【视图】|【平移】|【点】菜单命令，当十字光标中间的正方形消失之后，在绘图区中单击鼠标可指定平移基点位置，再次单击鼠标可指定第二点的位置，即刚才指定的变更点移动后的位置，此时 AutoCAD 将会计算出从第一点至第二点的位移，如图 1-58 所示。

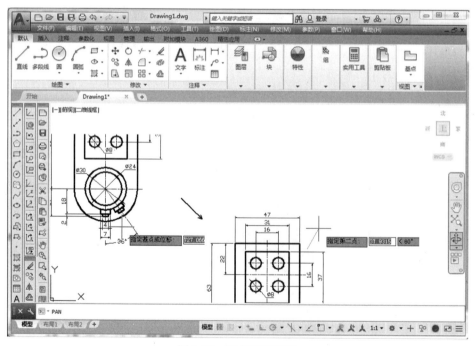

图 1-58　定点平移视图

2. 缩放视图

（1）实时缩放视图

实时缩放视图是指向上或向下移动鼠标对视图进行动态的缩放。在【菜单栏】中选择【视图】|【缩放】|【实时】菜单命令，或在【标准】工具栏中单击【实时缩放】按钮，或在【视图】选项卡的【导航】面板中单击【实时】按钮，当十字光标变成【放大镜标志】之后，按住鼠标左键垂直进行拖动，即可放大或缩小视图，如图1-59所示。

> 用户也可以在绘图区的任意位置单击鼠标右键，然后在弹出的快捷菜单中选择【缩放】命令。
>
> **名师点拨**

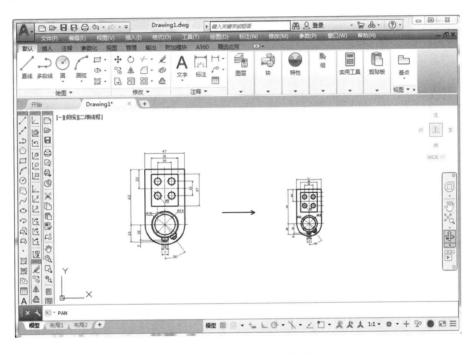

图1-59 实时缩放前后的视图

（2）上一个

当需要恢复到上一个设置的视图比例和位置时，在【菜单栏】中选择【视图】|【缩放】|【上一步】菜单命令，或在【标准】工具栏中单击【缩放上一个】按钮，或在【视图】选项卡的【导航】面板中单击【上一个】按钮，但它不能恢复到以前编辑图形的内容。

（3）窗口缩放视图

当需要查看特定区域的图形时，可采用窗口缩放的方式，在【菜单栏】中选择【视图】|【缩放】|【窗口】菜单命令，或在【标准】工具栏中单击【窗口缩放】按钮，或在【视

图】选项卡的【导航】面板中单击【窗口】按钮,用鼠标在图形中圈定要查看的区域,释放鼠标后在整个绘图区就会显示要查看的内容,如图1-60所示。

> 当采用窗口缩放方式时,指定缩放区域的形状不需要严格符合新视图,但新视图必须符合视口的形状。

名师点拨

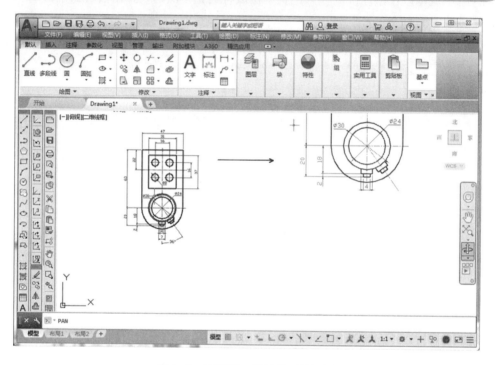

图1-60 采用窗口缩放前后的视图

(4)动态缩放视图

进行动态缩放,在【菜单栏】中选择【视图】|【缩放】|【动态】菜单命令,这时绘图区将出现颜色不同的线框,蓝色的虚线框表示图纸的范围,即图形实际占用的区域,黑色的实线框为选取视图框,在未执行缩放操作前,中间有一个"×"型符号,在其中按住鼠标左键进行拖动,视图框右侧会出现一个箭头。用户可根据需要调整该框,至合适的位置后单击鼠标,重新出现"×"型符号后按Enter键,则绘图区只显示视图框的内容。

(5)其他缩放

其余的缩放命令,如图1-61所示。

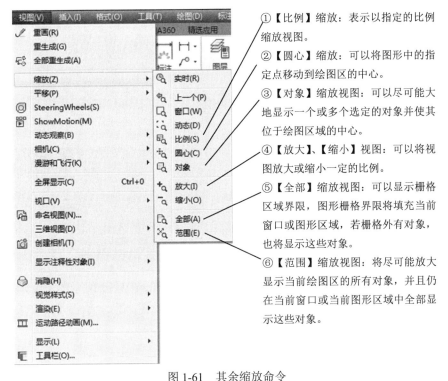

图1-61 其余缩放命令

3. 命名视图

（1）保存命名视图

命名视图的命令，如图1-62所示。

图1-62 命名视图的菜单命令

打开【视图管理器】对话框，如图 1-63 所示。

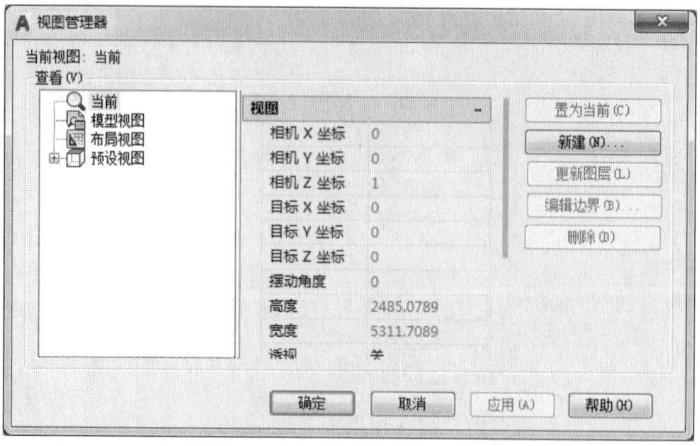

图 1-63 【视图管理器】对话框

在【视图管理器】对话框中单击【新建】按钮，打开如图 1-64 所示的【新建视图/快照特性】对话框。在该对话框中为该视图输入名称，输入视图类别。单击【确定】按钮，保存新视图并返回【视图管理器】对话框。

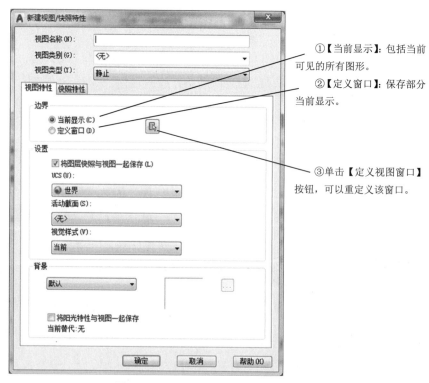

①【当前显示】：包括当前可见的所有图形。

②【定义窗口】：保存部分当前显示。

③单击【定义视图窗口】按钮，可以重定义该窗口。

图 1-64 【新建视图/快照特性】对话框

（2）恢复命名视图

在【菜单栏】中选择【视图】|【命名视图】菜单命令，打开保存过的【视图管理器】对话框，如图 1-65 所示。

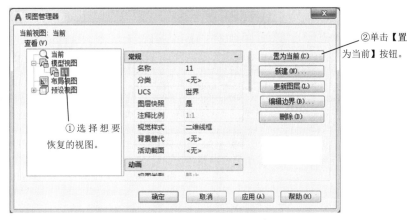

图 1-65 【视图管理器】对话框（一）

（3）删除命名视图

在【菜单栏】中选择【视图】|【命名视图】菜单命令，打开保存过的【视图管理器】对话框，如图 1-66 所示。

图 1-66 【视图管理器】对话框（二）

1.4.3 课堂练习——视图控制操作

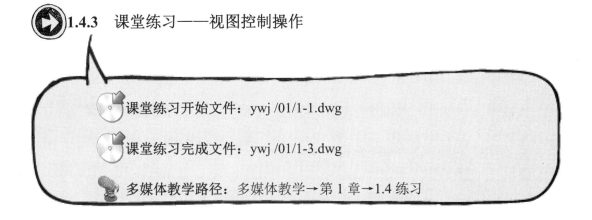

课堂练习开始文件：ywj /01/1-1.dwg

课堂练习完成文件：ywj /01/1-3.dwg

多媒体教学路径：多媒体教学→第 1 章→1.4 练习

Step1 打开文件，如图 1-67 所示。

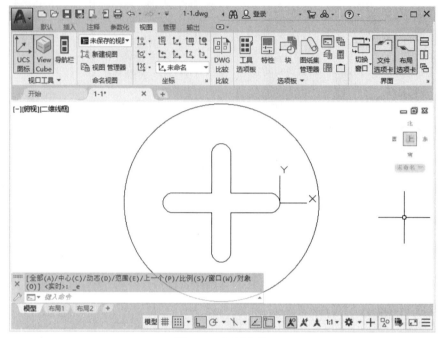

图 1-67　打开文件

Step2 缩放视图，如图 1-68 所示。

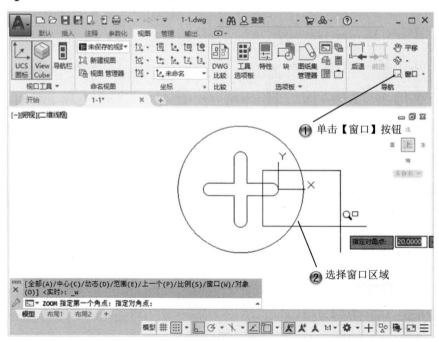

图 1-68　缩放视图

Step3 完成视图缩放，如图 1-69 所示。

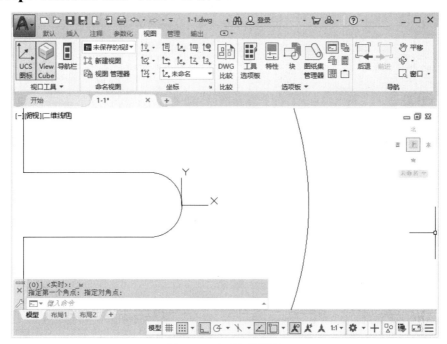

图 1-69　完成视图缩放

Step4 平移视图，如图 1-70 所示。

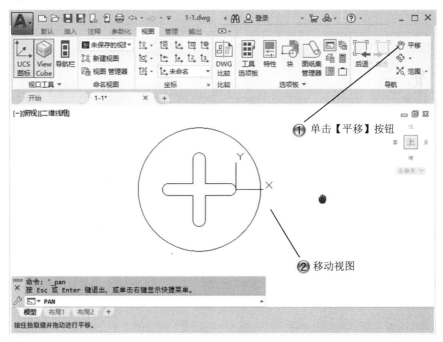

图 1-70　平移视图

Step5 视图后退,如图 1-71 所示。

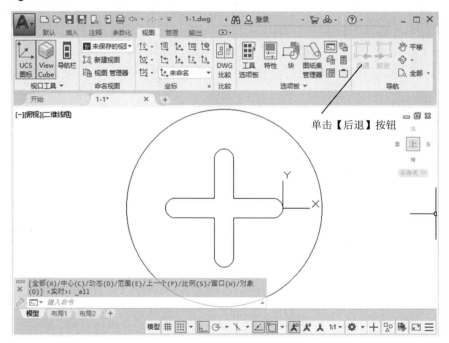

图 1-71　视图后退

Step6 视图缩放,如图 1-72 所示。

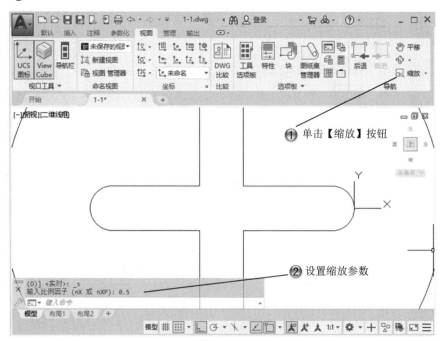

图 1-72　视图缩放

第 1 章
AutoCAD 2020 绘图基础

Step7 新建视图，如图 1-73 所示。

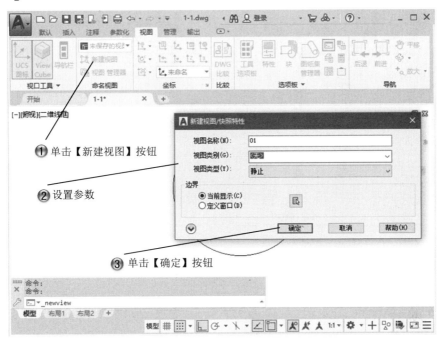

图 1-73　新建视图

Step8 设置视图参数，如图 1-74 所示。

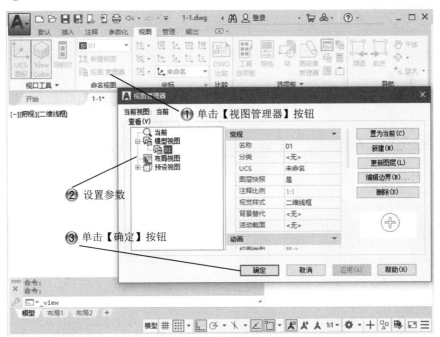

图 1-74　设置视图参数

Step9 完成视图控制，如图 1-75 所示。

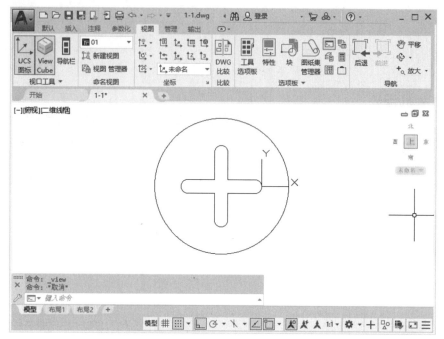

图 1-75　完成视图控制

1.5　专家总结

本章主要介绍了 AutoCAD 2020 的基本操作、工作界面的组成、图形文件管理及视图坐标系、视图控制工具等知识。通过本章的学习，读者应该熟练掌握 AutoCAD 中相关知识的使用。

1.6　课后习题

1.6.1　填空题

（1）CAD 的基本操作有_____种。
（2）新建坐标系的方法_____。
（3）设置绘图背景的方法是_____。

1.6.2 问答题

（1）视图控制的作用是什么？
（2）如何设置被选的对象颜色？

1.6.3 上机操作题

熟悉 AutoCAD2020 软件的操作界面和基本工具。新建一个图形文件，并进行保存。

第 2 章 绘制二维图形

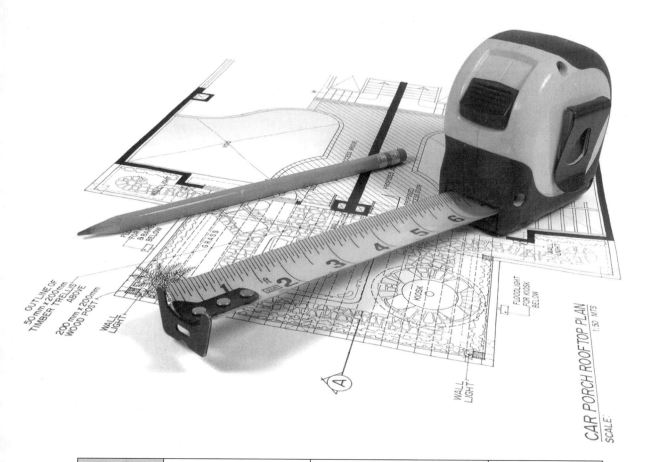

	内 容	掌握程度	课 时
课训目标	绘制基本图形	熟练运用	2
	绘制多线	熟练运用	2
	绘制多边形和圆弧	熟练运用	2

第 2 章
绘制二维图形

> 课程学习建议

图形是由一些基本元素组成的，如圆、直线和多边形等，而这些图形又是绘制复杂图形的基础。本章的目标就是使读者学会如何绘制一些基本图形和掌握一些基本的绘图技巧，为以后进一步绘图打下坚实的基础。

本课程主要基于绘制二维图形的应用而展开，其培训课程表如下。

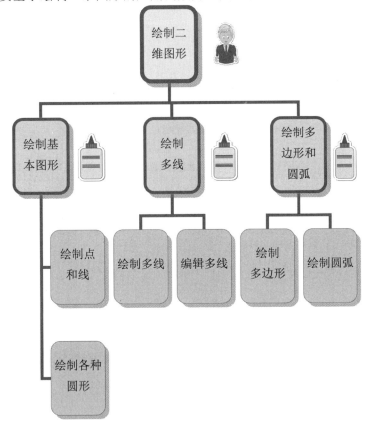

2.1 绘制基本图形

基本概念

点是一个相对的概念，是与其他对比物相比可以忽略的图形。直线由无数个点构成，没有端点，向两端无限延长，长度无法度量。射线是一种单向无限延伸的直线，在机械图形的绘制中，常用作绘图辅助线以确定一些特殊点或边界。构造线是一种双向无限延伸的直线，在机械图形的绘制中它也常用作绘图辅助线，以确定一些特殊点或边界。矩形命令的功能是绘制四边形，同时也可以绘制有倒角或者圆角的四边形，甚至可以设置厚度和宽度。当一条线段绕着它的一个端点在平面内旋转一周时，另一个端点的轨迹即为圆。

课堂讲解课时：2 课时

2.1.1 设计理论

　　点、直线、射线、构造线、圆是构成图形的最基本元素。在 D·希尔伯特建立的欧基里德几何的公理体系中，点、直线、平面属于基本概念。

　　AutoCAD 2020 提供的基本绘图命令，如图 2-1 所示。

图 2-1　基本绘图命令

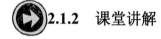2.1.2 课堂讲解

1. 绘制点的方式

绘制点的方式如图 2-2 和图 2-3 所示。

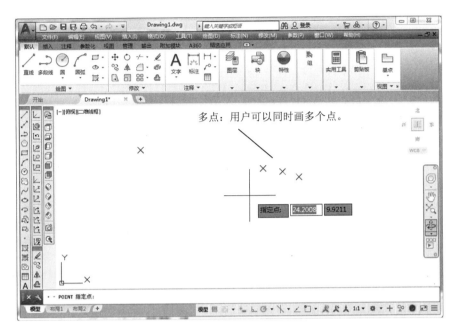

图 2-2　多点命令绘制的图形

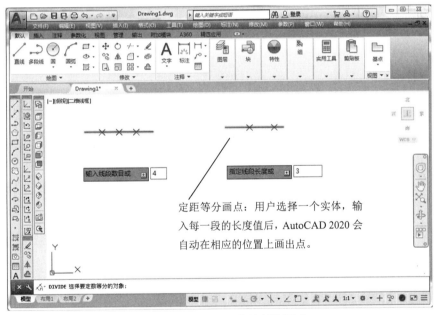

图 2-3　定距等分画点绘制的图形

在用户绘制点的过程中，可以改变点的形状和大小。

选择【格式】|【点样式】菜单命令，打开如图 2-4 所示的【点样式】对话框。

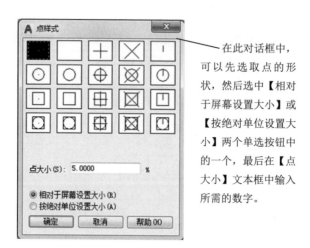

图 2-4 【点样式】对话框

2．绘制直线

下面介绍绘制直线的具体方法。

（1）调用绘制直线命令

绘制直线的命令调用方法，如图 2-5 所示。

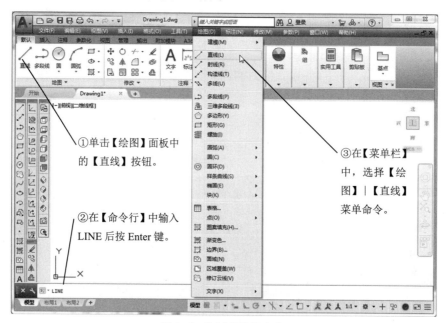

图 2-5 绘制直线的命令

（2）绘制直线的方法

执行命令后，命令行将提示用户指定第一点的坐标值，输入第一点后，命令行将提示用户指定下一点的坐标值或放弃，所绘制的图形如图 2-6 所示。

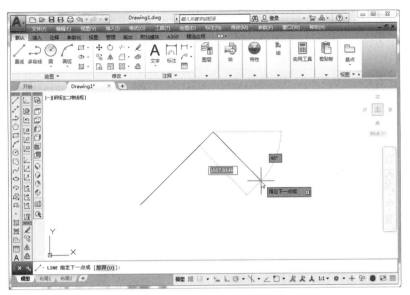

图 2-6　用 line 命令绘制的直线

3．绘制射线

（1）调用绘制射线命令

绘制射线的命令调用方法，如图 2-7 所示。

图 2-7　绘制射线的命令

（2）绘制射线的方法

选择【射线】命令后，命令行将提示用户指定起点，输入射线的起点坐标值。在输入起点之后，命令行将提示用户指定通过点，绘制的图形如图 2-8 所示。

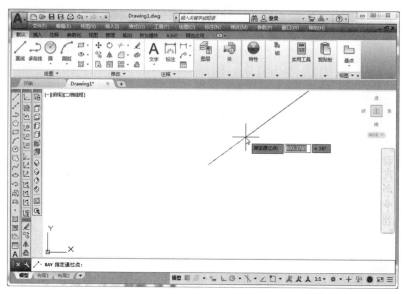

图 2-8　用 ray 命令绘制的射线

4. 绘制构造线

（1）调用绘制构造线命令

绘制构造线的命令调用方法，如图 2-9 所示。

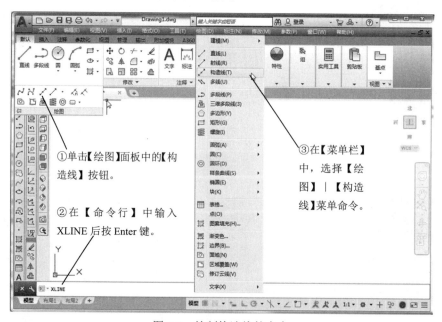

图 2-9　绘制构造线的命令

（2）绘制构造线的方法

选择【构造线】命令后，命令行将会提示用户操作，输入第 1 点的坐标值，右击或按 Enter 键后结束，绘制的图形如图 2-10 所示。

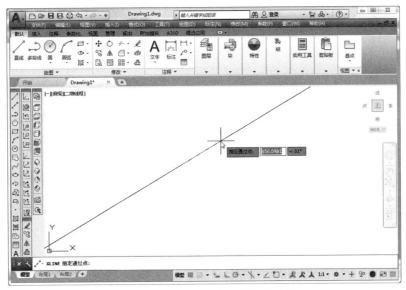

图 2-10 用 xline 命令绘制的构造线

5. 绘制矩形

执行【矩形】命令的三种方法，如图 2-11 所示。

图 2-11 矩形命令

选择【矩形】命令后，在命令行中出现提示，要求用户指定第一个角点，同时可以设置是否创建其他形式的矩形，创建的矩形如图 2-12 所示。

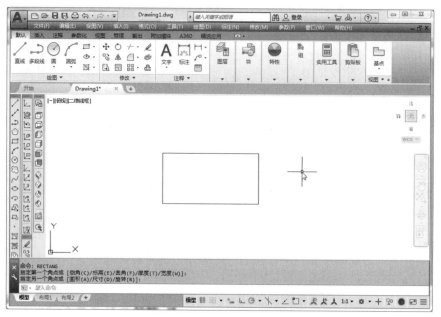

图 2-12 创建的普通矩形

在选择矩形命令后,设置倒角,创建有倒角的矩形,如图 2-13 所示。

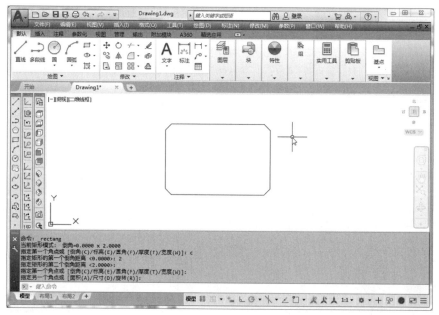

图 2-13 倒角矩形

6. 绘制圆形

调用绘制圆命令的方法,如图 2-14 所示。

图 2-14 绘制圆的命令

绘制圆的方法有多种，下面分别介绍。

(1) 圆心和半径画圆

该方法为 AutoCAD 默认的画圆方式。选择命令后，命令行将提示用户指定圆的圆心，指定圆的圆心后，再指定圆的半径或直径，绘制的图形如图 2-15 所示。

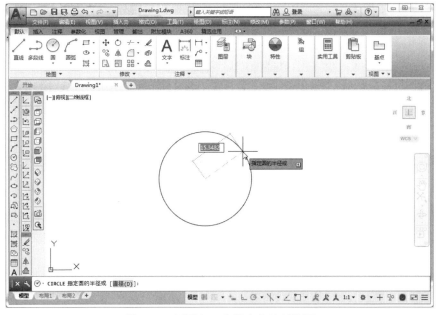

图 2-15　用圆心、半径命令绘制的圆

(2) 圆心、直径画圆

选择命令后，命令行将提示用户指定圆的圆心，指定圆的圆心后，将提示用户指定圆的直径，绘制的图形如图 2-16 所示。

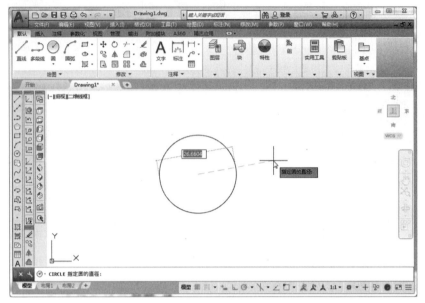

图 2-16　用圆心、直径命令绘制的圆

(3) 两点画圆

选择命令后，命令行将提示用户指定圆的圆心或指定圆直径的第一个端点，之后输入第一个端点的数值后，提示用户指定圆直径的第二个端点，绘制的图形如图 2-17 所示。

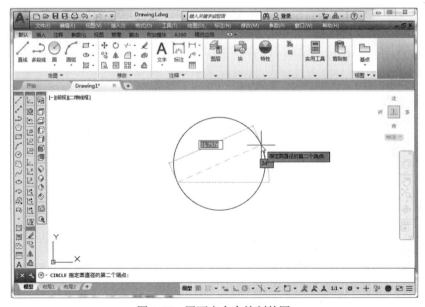

图 2-17　用两点命令绘制的圆

(4) 三点画圆

选择命令后,命令行将提示用户指定圆的圆心或指定圆上的第一个点,指定圆上的第一个点后,提示用户指定圆上的第二个点,指定圆上的第二个点后,提示用户指定圆上的第三个点,绘制的图形如图 2-18 所示。

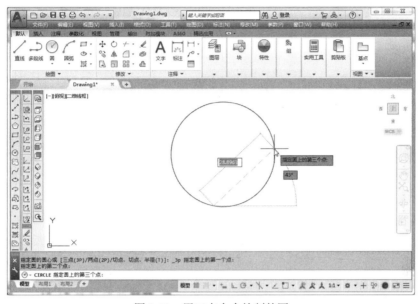

图 2-18 用三点命令绘制的圆

(5) 两个相切、半径

选择命令后,命令行将提示用户指定圆的圆心或半径,指定两个切点后,提示用户指定圆的半径,绘制的图形如图 2-19 所示。

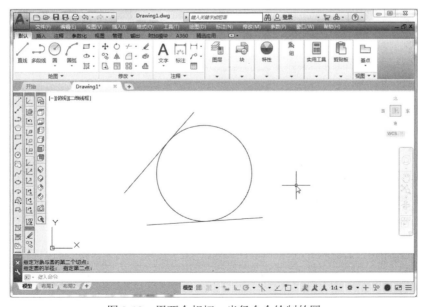

图 2-19 用两个相切、半径命令绘制的圆

（6）三个相切

选择命令后，选取与之相切的实体，指定圆上的第一个点、第二个点和第三个点，绘制的图形如图 2-20 所示。

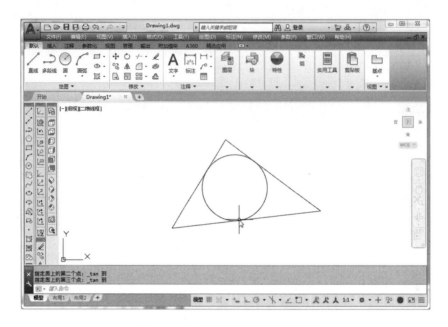

图 2-20　用三个相切命令绘制的圆

2.1.3　课堂练习——绘制基板

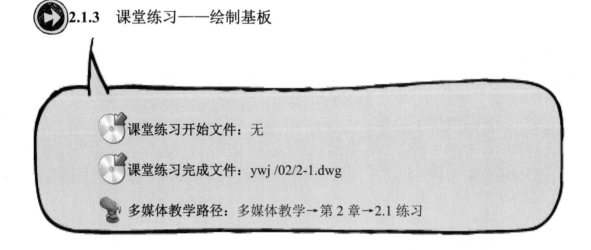

课堂练习开始文件：无

课堂练习完成文件：ywj /02/2-1.dwg

多媒体教学路径：多媒体教学→第 2 章→2.1 练习

Step1 绘制 100×60 的矩形，如图 2-21 所示。

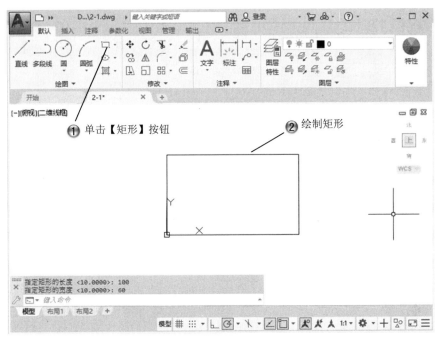

图 2-21　绘制 100×60 的矩形

Step2 绘制半径为 6 的圆形，如图 2-22 所示。

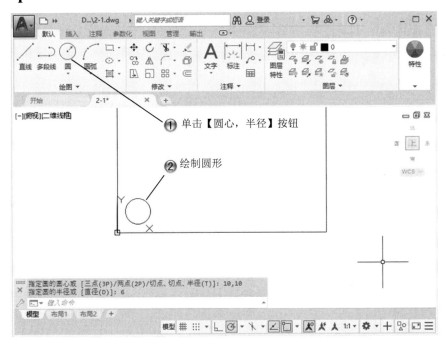

图 2-22　绘制半径为 6 的圆形

Step3 绘制半径为 6 的圆形，如图 2-23 所示。

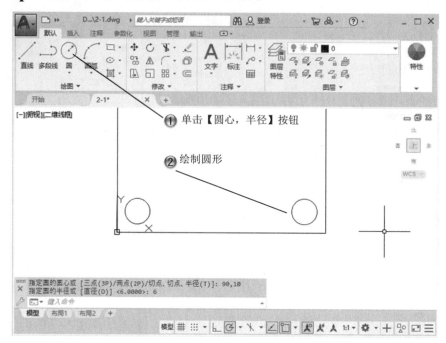

图 2-23　绘制半径为 6 的圆形

Step4 复制圆形，如图 2-24 所示。

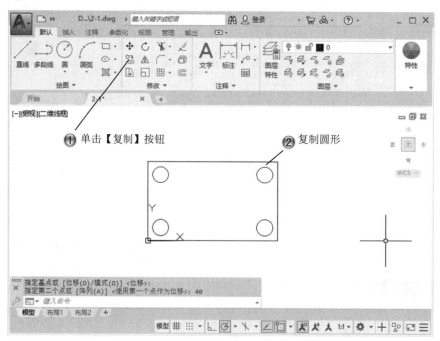

图 2-24　复制圆形

Step5 绘制水平直线，如图 2-25 所示。

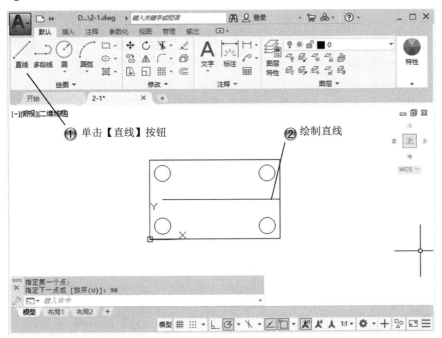

图 2-25 绘制水平直线

Step6 绘制垂线，如图 2-26 所示。

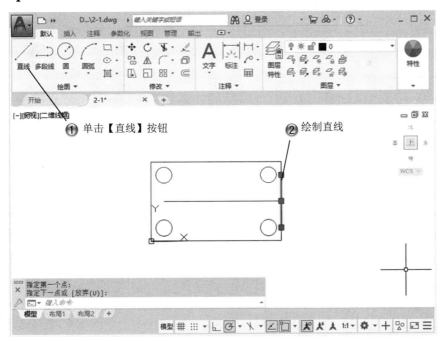

图 2-26 绘制垂线

Step7 移动垂线，如图 2-27 所示。

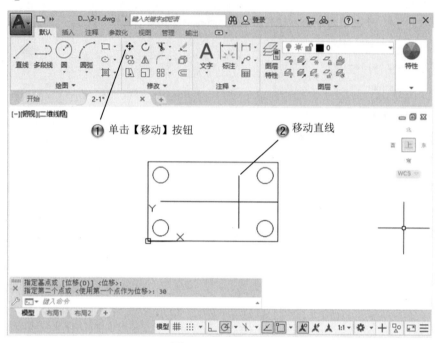

图 2-27　移动垂线

Step8 复制垂线，如图 2-28 所示。

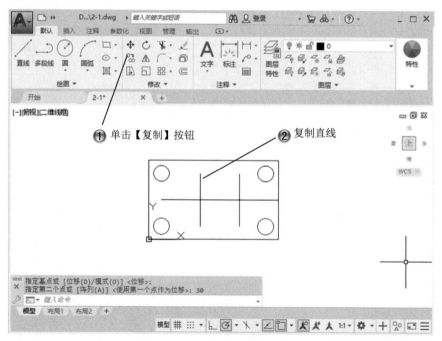

图 2-28　复制垂线

Step9 绘制半径为 15 的圆形，如图 2-29 所示。

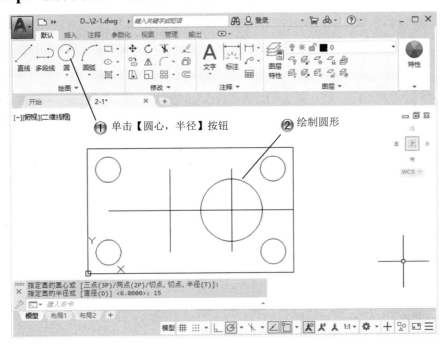

图 2-29　绘制半径为 15 的圆形

Step10 绘制半径为 10 的圆形，如图 2-30 所示。

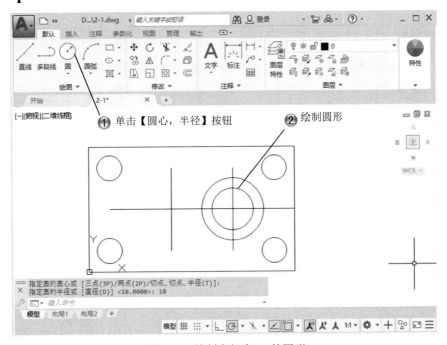

图 2-30　绘制半径为 10 的圆形

Step11 绘制半径为 8 的圆形，如图 2-31 所示。

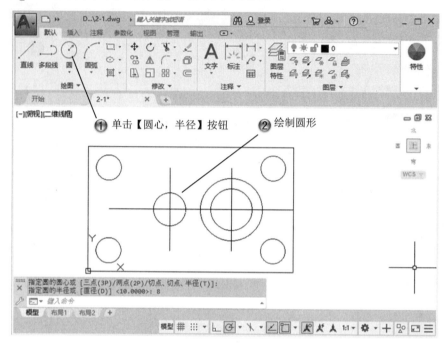

图 2-31　绘制半径为 8 的圆形

Step12 绘制切线，如图 2-32 所示。

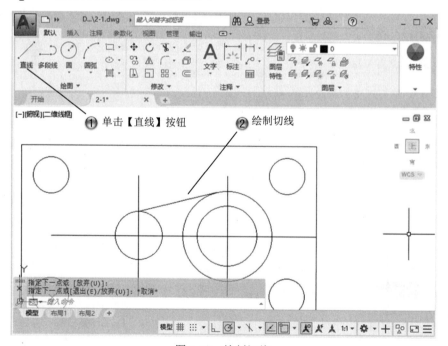

图 2-32　绘制切线

Step13 绘制两端切线，如图 2-33 所示。

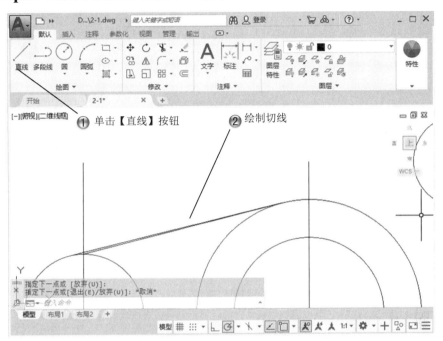

图 2-33　绘制两端切线

Step14 删除直线，如图 2-34 所示。

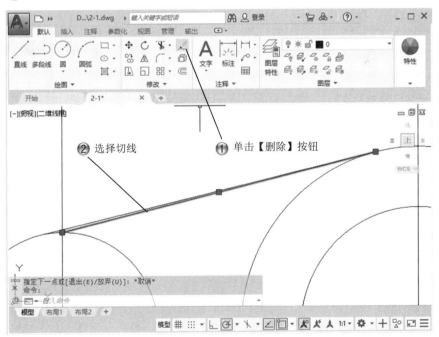

图 2-34　删除直线

Step15 镜像切线，如图 2-35 所示。

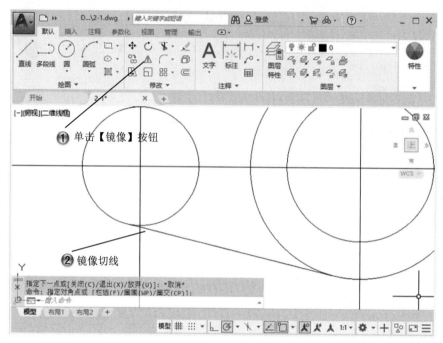

图 2-35　镜像切线

Step16 完成基本图形的绘制，如图 2-36 所示。

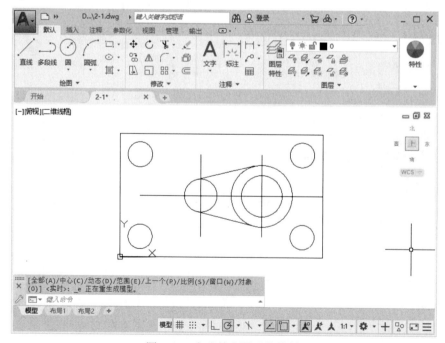

图 2-36　完成基本图形的绘制

2.2 绘制多线

基本概念

多线是工程中常用的一种对象,多线对象由 1 至 16 条平行线组成,这些平行线称为元素。

课堂讲解课时:2 课时

2.2.1 设计理论

在绘制多线时,可以使用包含两个元素的 STANDARD 样式,也可以指定一个以前创建的样式。在开始绘制之前,可以修改多线的对正和比例。要修改多线及其元素,可以使用通用的编辑命令、多线编辑命令和多线样式。

绘制多线的命令可以同时绘制若干条平行线,大大减轻了用 line 命令绘制平行线的工作量。在机械图形的绘制中,这条命令常用于绘制厚度均匀零件的剖切面轮廓线或它在某视图上的轮廓线。

2.2.2 课堂讲解

1. 绘制多线

(1)绘制多线的命令调用方法,如图 2-37 所示。

(2)绘制多线。在选择【多线】命令后,指定起点,输入第 1 点的坐标值,命令行将提示用户指定下一点,第 2 条多线从第 1 条多线的终点开始,以刚输入的点坐标为终点,画完后右击或按 Enter 键后结束。绘制的图形如图 2-38 所示。

2. 编辑多线

用户可以通过编辑来增加、删除顶点或者控制角点连接的显示等,还可以编辑多线的样式来改变各直线元素的属性等。

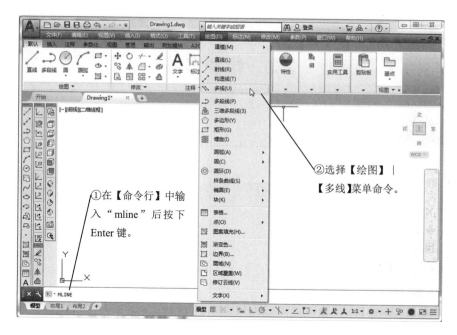

图 2-37 绘制多线命令

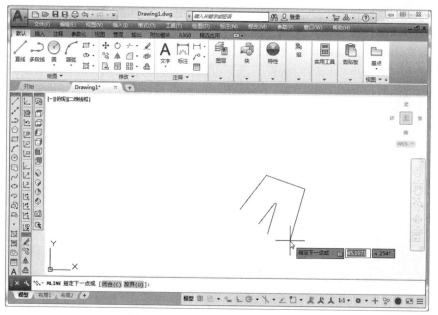

图 2-38 用 mline 命令绘制的多线

(1) 编辑相交的多线

如果在图形中有相交的多线,用户能够通过编辑相交的多线来控制它们相交的方式。多线可以相交成十字形或 T 字形,并且十字形或 T 字形可以被闭合、打开或合并。编辑相交的多线的步骤如图 2-39 和图 2-40 所示。

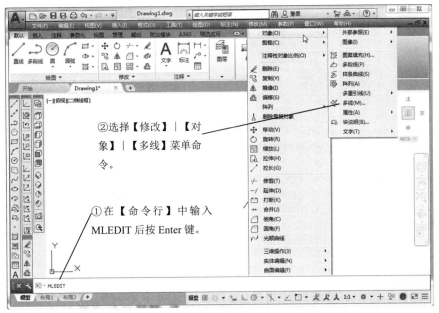

图 2-39　选择多线命令

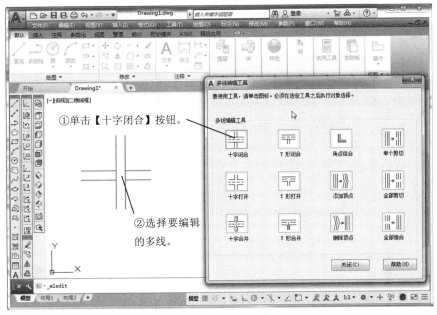

图 2-40　选择多线样式

（2）编辑多线的样式

多线样式用于控制多线中直线元素的数目、颜色、线型、线宽及每个元素的偏移量。还可以修改合并的显示、端点封口和背景填充等。

编辑多线样式的命令，如图 2-41 所示。

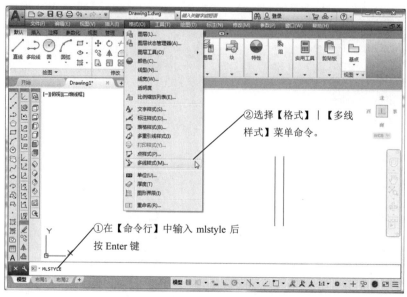

图 2-41　编辑多线样式的命令

执行此命令后打开如图 2-42 所示的【多线样式】对话框。在此对话框中，可以对多线进行编辑，如新建、修改、重命名、删除、加载、保存多线样式等。

> 不能将外部参照中的多线样式设置为当前样式。

名师点拨

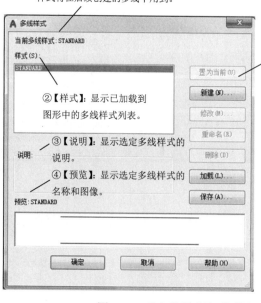

图 2-42　【多线样式】对话框

单击【多线样式】对话框的【新建】按钮后，显示如图 2-43 所示的【创建新的多线样式】对话框，从中可以创建新的多线样式。

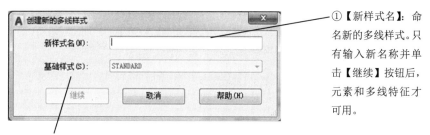

①【新样式名】：命名新的多线样式。只有输入新名称并单击【继续】按钮后，元素和多线特征才可用。

②【基础样式】：确定要用于创建新多线样式的多线样式。要节省时间，请选择与要创建的多线样式相似的多线样式。

图 2-43　【创建新的多线样式】对话框

【继续】按钮：命名新的多线样式后单击【继续】按钮，显示如图 2-44 所示的【新建多线样式】对话框。

①【说明】：为多线样式添加说明。
②【封口】：控制多线起点和端点封口。
③【直线】：显示穿过多线每一端的直线段。
④【外弧】：显示多线的最外端元素之间的圆弧。
⑤【内弧】：显示成对的内部元素之间的圆弧。
⑥【角度】：指定端点封口的角度。
⑦【填充】：控制多线的背景填充。
⑧【填充颜色】：设置多线的背景填充色。
⑨【显示连接】：控制每条多线线段顶点处连接的显示。

图 2-44　【新建多线样式】对话框

【新建多线样式】对话框的【线型】按钮：显示并设置多线样式中元素的线型。如果选择【线型】，将显示如图 2-45 所示的【选择线型】对话框，该对话框列出了已加载的线型。如要加载新线型，则单击【加载】按钮。将显示如图 2-46 所示的【加载或重载线型】对话框。

图 2-45　【选择线型】对话框

图 2-46　【加载或重载线型】对话框

2.2.3　课堂练习——绘制房间平面

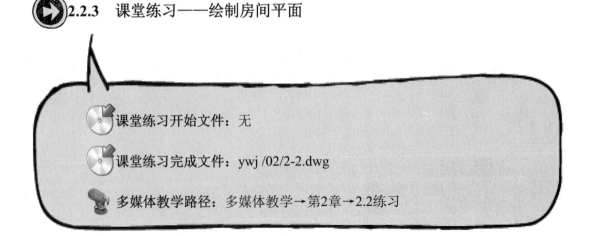

课堂练习开始文件：无

课堂练习完成文件：ywj /02/2-2.dwg

多媒体教学路径：多媒体教学→第2章→2.2练习

第 2 章
绘制二维图形

Step1 选择多线命令,如图 2-47 所示。

图 2-47　选择多线命令

Step2 绘制长度为 30 的多线段,如图 2-48 所示。

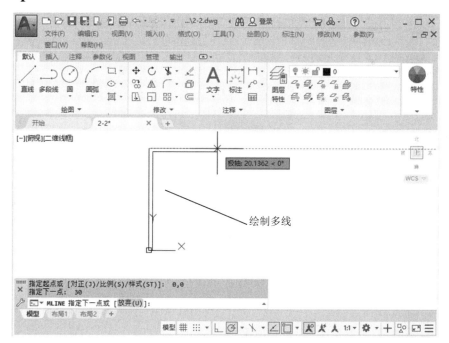

图 2-48　绘制多线段 30

Step3 绘制长度为 20 的多线段,如图 2-49 所示。

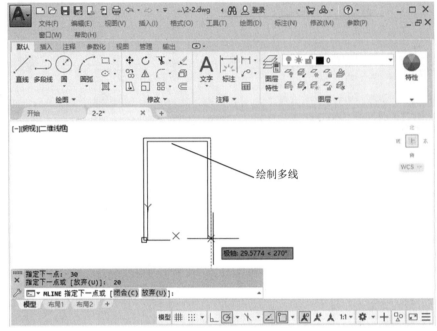

图 2-49　绘制多线段 20

Step4 绘制长度为 30 的多线段,如图 2-50 所示。

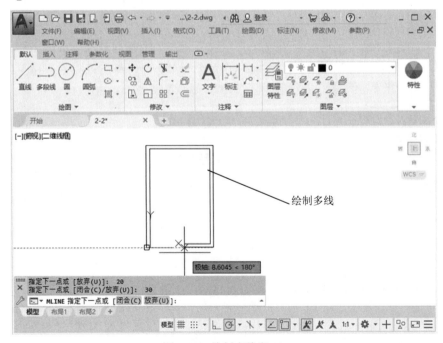

图 2-50　绘制多线段 30

Step5 绘制封闭多线段，如图 2-51 所示。

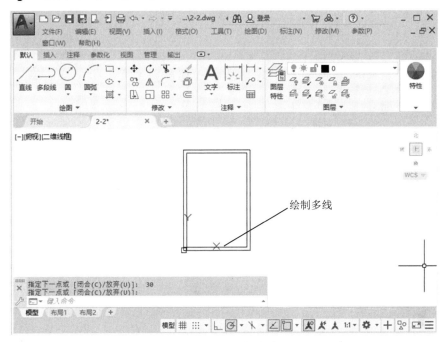

图 2-51　绘制封闭多线段

Step6 选择多线命令，如图 2-52 所示。

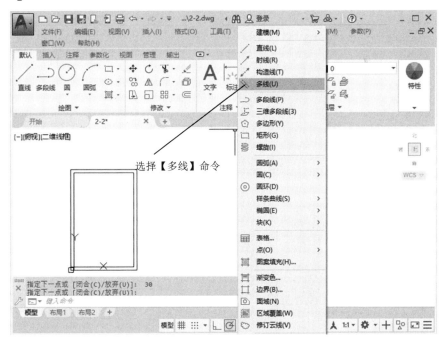

图 2-52　选择多线命令

Step7 绘制长度为 50 的多线段，如图 2-53 所示。

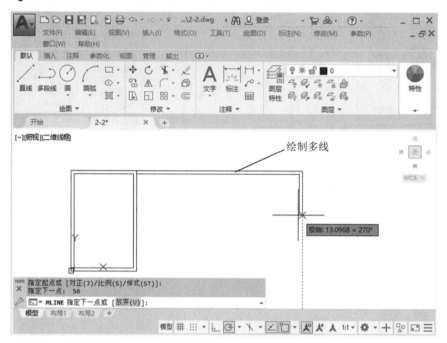

图 2-53　绘制多线段 50

Step8 绘制长度为 30 的多线段，如图 2-54 所示。

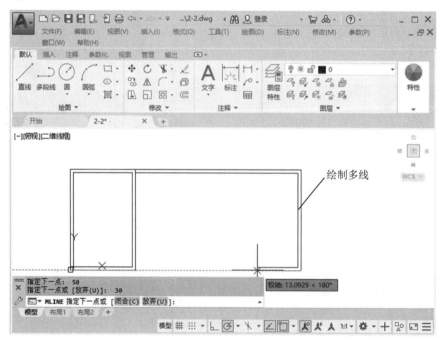

图 2-54　绘制多线段 30

Step9 绘制封闭多线段，如图 2-55 所示。

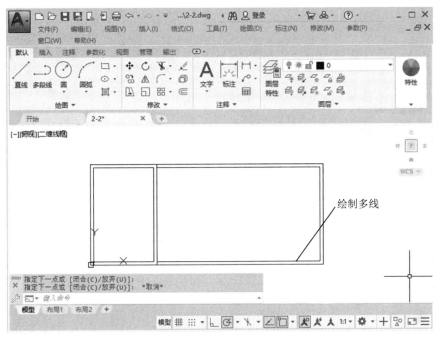

图 2-55　绘制封闭多线段

Step10 绘制 4×6 的矩形，如图 2-56 所示。

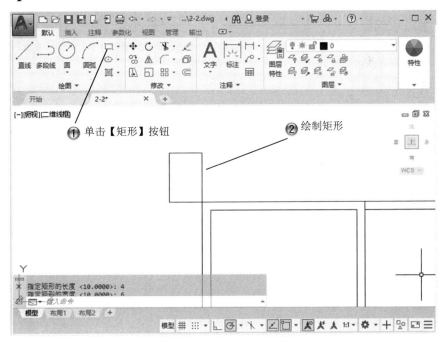

图 2-56　绘制 4×6 的矩形

Step11 填充矩形,如图 2-57 所示。

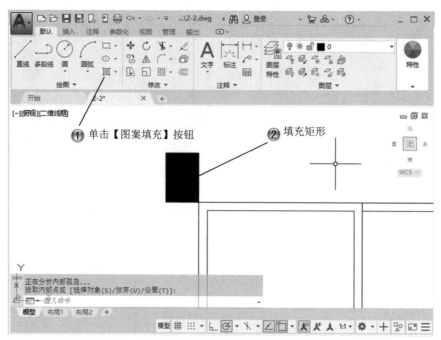

图 2-57　填充矩形

Step12 移动矩形,如图 2-58 所示。

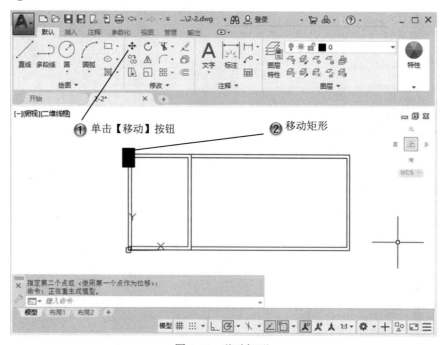

图 2-58　移动矩形

Step13 复制矩形,如图 2-59 所示。

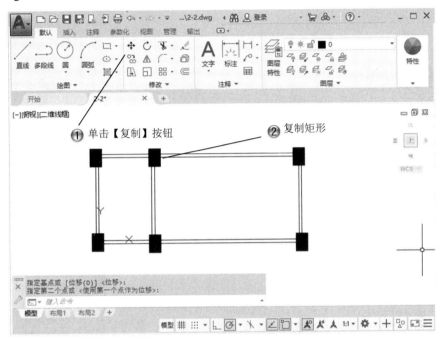

图 2-59 复制矩形

2.3 绘制多边形和圆弧

  由三条或三条以上的线段首尾顺次连接所组成的封闭图形称作多边形。按照不同的标准,多边形可以分为正多边形和非正多边形、凸多边形和凹多边形等。圆上任意两点间的部分称作圆弧,简称弧。以 A、B 为端点的圆弧读作弧 AB 或圆弧 AB。大于半圆的弧称作优弧,小于半圆的弧称作劣弧。圆弧的度数是指这段圆弧所对圆心角的度数。

2.3.1 设计理论

多边形命令可以创建边长相等的多边形。绘制圆弧的命令方法有很多，本节介绍的方法有：三点画弧；起点、圆心、端点；起点、圆心、角度；起点、圆心、长度；起点、端点、角度；起点、端点、方向；起点、端点、半径；圆心、起点、端点；圆心、起点、角度；圆心、起点、长度。

2.3.2 课堂讲解

1. 绘制多边形

执行【多边形】命令的三种方法，如图 2-60 所示。

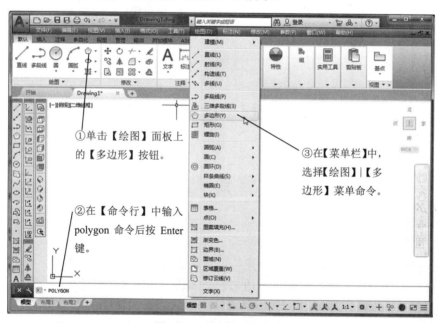

图 2-60 【多边形】命令

选择【多边形】命令后，在命令行中出现提示，要求用户选择多边形中心点，随后设置内接或外切圆半径，创建的多边形，如图 2-61 所示。

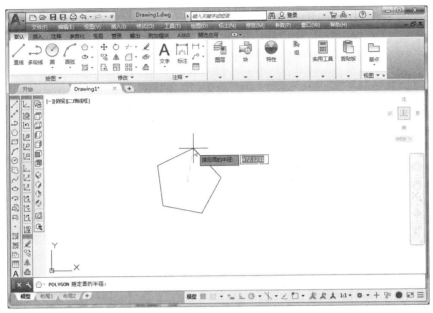

图 2-61 等边五边形

2. 绘制圆弧

绘制圆弧的命令调用方法，如图 2-62 所示。

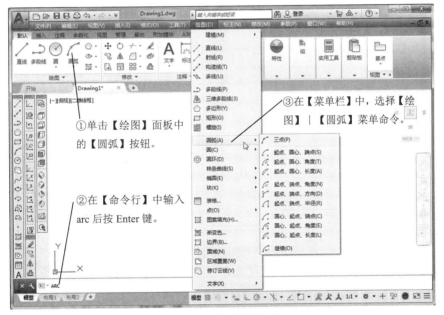

图 2-62 绘制圆弧命令

（1）三点画弧

AutoCAD 提示用户输入起点、第二点和端点，顺时针或逆时针绘制圆弧，绘图区显示的图形如图 2-63 所示。

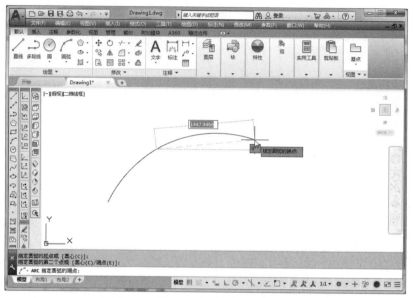

图 2-63 用三点画弧命令绘制的圆弧

(2) 起点、圆心、端点

AutoCAD 提示用户输入起点、圆心、端点,在给出圆弧的起点和圆心后,弧的半径就确定了,端点只是决定弧长,因此,圆弧不一定通过终点。用此命令绘制的圆弧如图 2-64 所示。

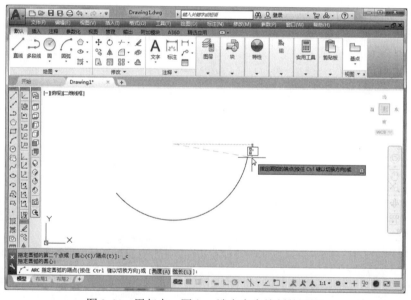

图 2-64 用起点、圆心、端点命令绘制的圆弧

(3) 起点、圆心、角度

AutoCAD 提示用户输入起点、圆心、角度(此处的角度为包含角,即为圆弧的中心到两个端点的两条射线之间的夹角,如夹角为正值,按顺时针方向画弧,如为负值,则按逆时针方向画弧),用此命令绘制的圆弧如图 2-65 所示。

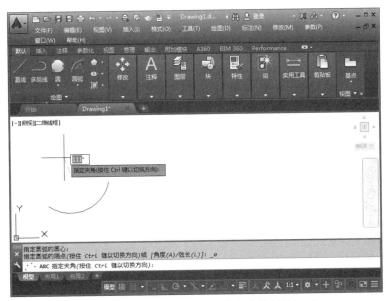

图 2-65　用起点、圆心、角度命令绘制的圆弧

(4) 起点、圆心、长度

AutoCAD 提示用户输入起点、圆心、弦长，当逆时针画弧时，如果弦长为正值，则绘制的是与给定弦长相对应的最小圆弧，如果弦长为负值，则绘制的是与给定弦长相对应的最大圆弧；顺时针画弧则正好相反。用此命令绘制的图形如图 2-66 所示。

图 2-66　用起点、圆心、长度命令绘制的圆弧

(5) 起点、端点、角度

AutoCAD 提示用户输入起点、端点、角度（此角度为包含角），当角度为正值时，按逆时针画弧，否则按顺时针画弧。用此命令绘制的图形如图 2-67 所示。

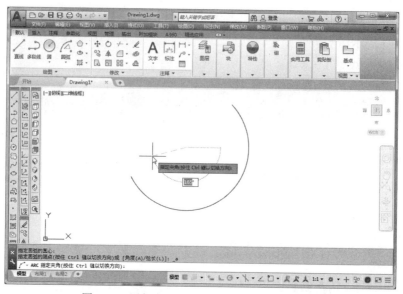

图 2-67 用起点、端点、角度命令绘制的圆弧

(6) 起点、端点、方向

AutoCAD 提示用户输入起点、端点、方向（所谓方向，指的是圆弧的起点切线方向，以度数来表示），用此命令绘制的图形如图 2-68 所示。

> 在此情况下，用户只能沿逆时针方向画弧，如果半径是正值，则绘制的是起点与终点之间的短弧，否则为长弧。

名师点拨

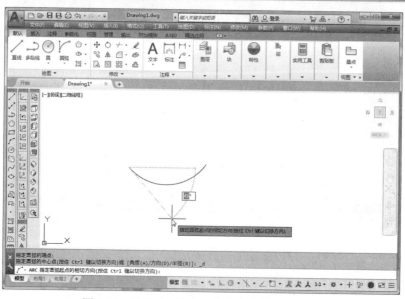

图 2-68 用起点、端点、方向命令绘制的圆弧

(7)起点、端点、半径

AutoCAD 提示用户输入起点、端点、半径,此命令绘制的图形如图 2-69 所示。

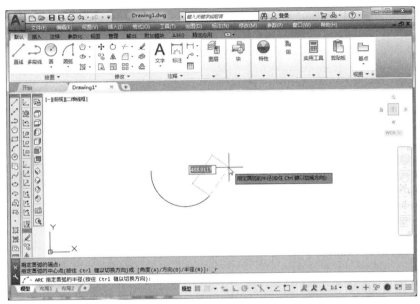

图 2-69　用起点、端点、半径命令绘制的圆弧

(8)圆心、起点、端点

AutoCAD 提示用户输入圆心、起点、端点,此命令绘制的图形如图 2-70 所示。

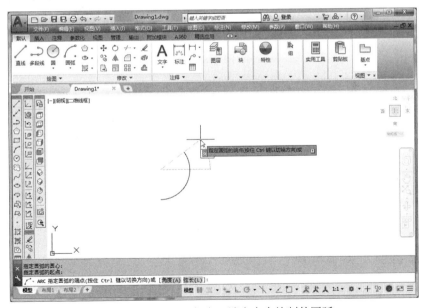

图 2-70　用圆心、起点、端点命令绘制的圆弧

(9)圆心、起点、角度

AutoCAD 提示用户输入圆心、起点、角度,此命令绘制的图形如图 2-71 所示。

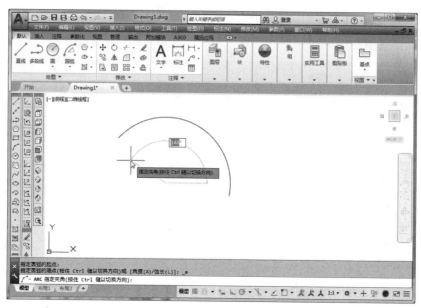

图 2-71 用圆心、起点、角度命令绘制的圆弧

（10）圆心、起点、长度

AutoCAD 提示用户输入圆心、起点、长度（此长度也为弦长），此命令绘制的图形如图 2-72 所示。

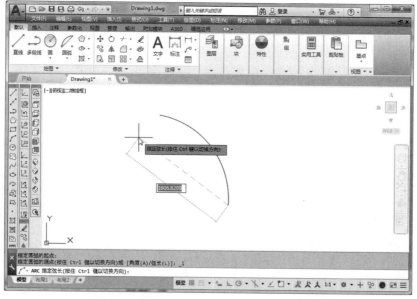

图 2-72 用圆心、起点、长度命令绘制的圆弧

第 2 章
绘制二维图形

2.3.3 课堂练习——绘制螺栓

课堂练习开始文件：无

课堂练习完成文件：ywj /02/2-3.dwg

多媒体教学路径：多媒体教学→第 2 章→2.3 练习

Step1 绘制直线，如图 2-73 所示。

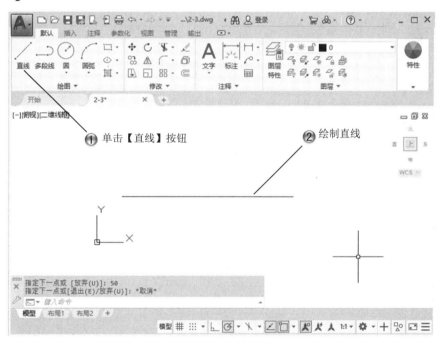

图 2-73　绘制直线

Step2 绘制半径为 6 的圆形，如图 2-74 所示。

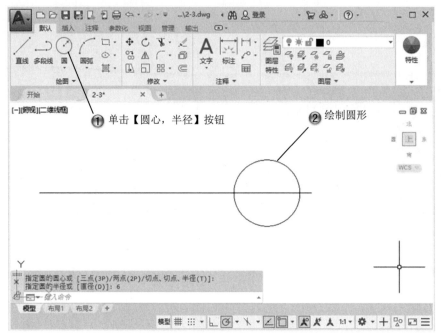

图 2-74　绘制半径为 6 的圆形

Step3 绘制六边形，如图 2-75 所示。

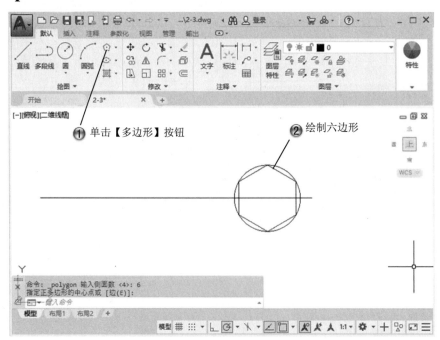

图 2-75　绘制六边形

Step4 绘制半径为 3 的圆形，如图 2-76 所示。

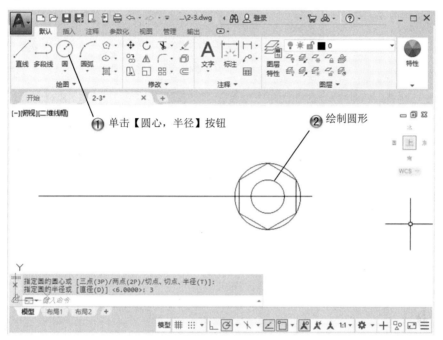

图 2-76　绘制半径为 3 的圆形

Step5 绘制半径为 5.5 的圆形，如图 2-77 所示。

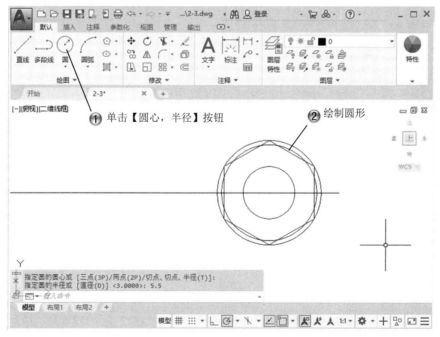

图 2-77　绘制半径为 5.5 的圆形

Step6 修剪图形，如图 2-78 所示。

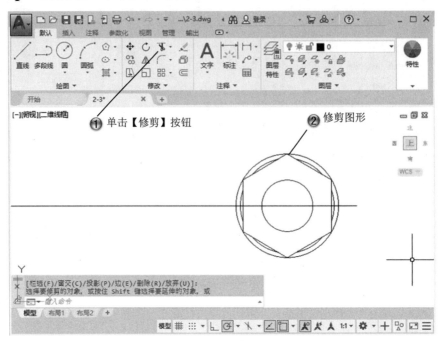

图 2-78　修剪图形

Step7 绘制两条直线，如图 2-79 所示。

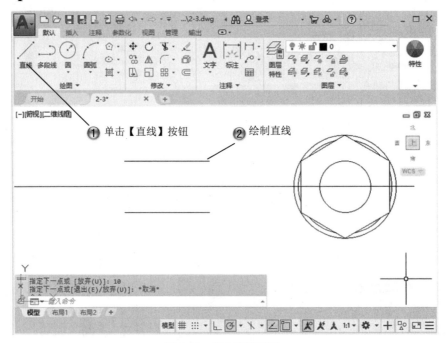

图 2-79　绘制两条直线

Step8 绘制垂线，如图 2-80 所示。

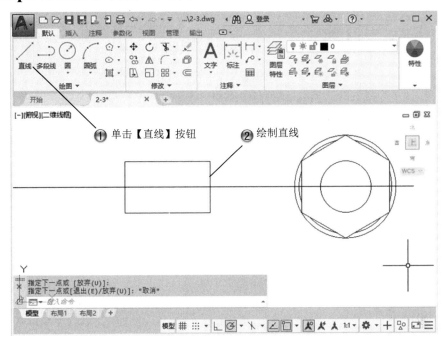

图 2-80　绘制垂线

Step9 绘制倒角，如图 2-81 所示。

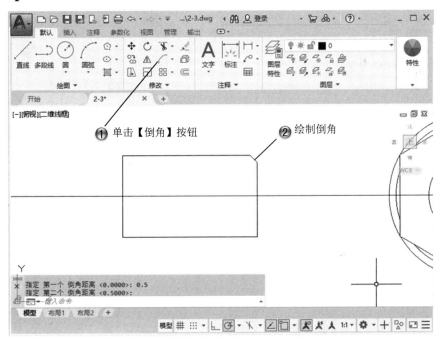

图 2-81　绘制倒角

Step10 绘制其余倒角，如图 2-82 所示。

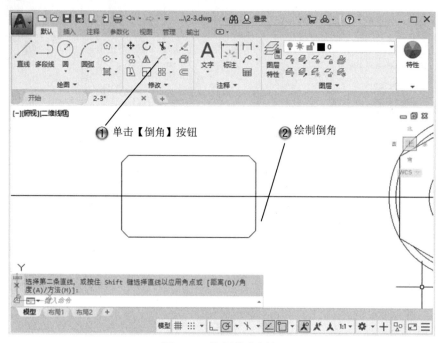

图 2-82　绘制其余倒角

Step11 绘制垂直直线，如图 2-83 所示。

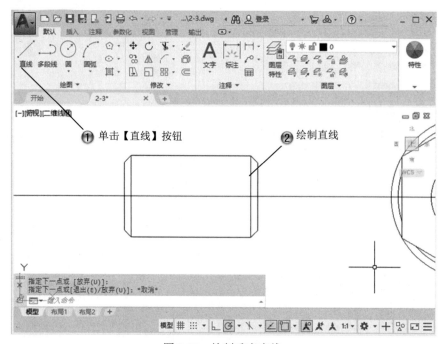

图 2-83　绘制垂直直线

Step12 绘制水平直线，如图 2-84 所示。

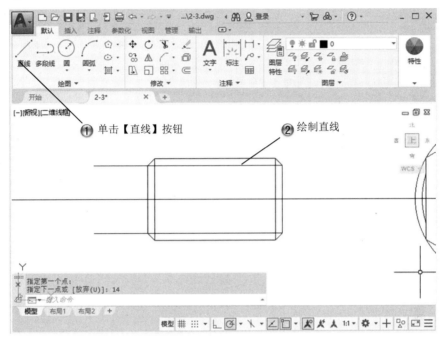

图 2-84　绘制水平直线

Step13 绘制 12×4 的矩形，如图 2-85 所示。

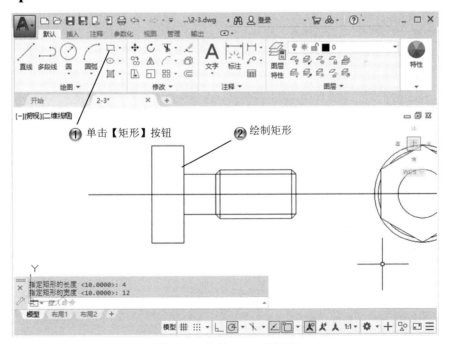

图 2-85　绘制 12×4 的矩形

Step14 绘制水平直线，如图 2-86 所示。

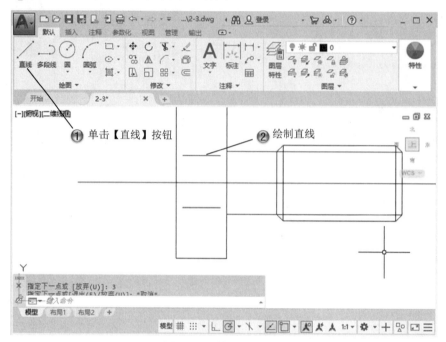

图 2-86　绘制水平直线

Step15 绘制圆角，如图 2-87 所示。

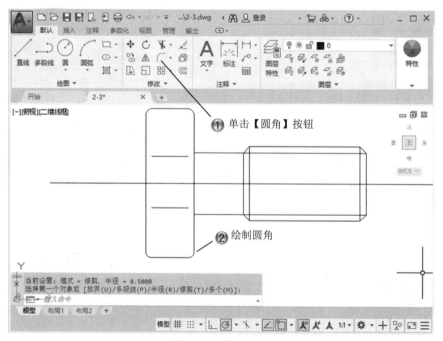

图 2-87　绘制圆角

Step16 绘制样条曲线，如图 2-88 所示。

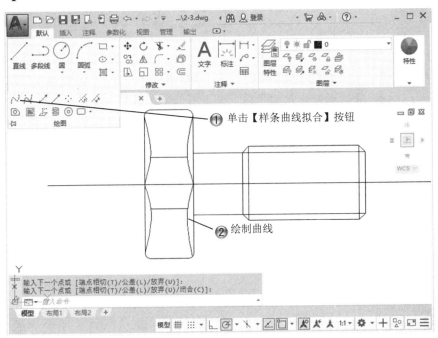

图 2-88　绘制样条曲线

Step17 完成图形绘制，如图 2-89 所示。

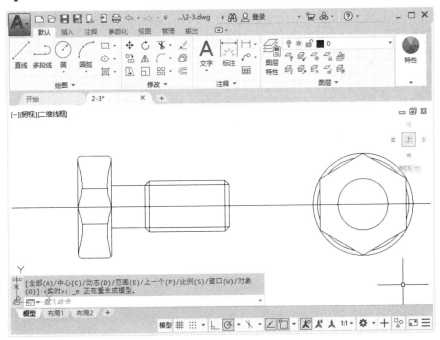

图 2-89　完成图形绘制

2.4 专家总结

本章主要介绍了 AutoCAD 2020 中的二维平面绘图命令，并对 AutoCAD 绘制平面图形的技巧进行了详细讲解。通过本章的学习，读者可以熟练掌握 AutoCAD 2020 绘制基本二维图形的方法。

2.5 课后习题

2.5.1 填空题

（1）CAD 基本图形有_____种。
（2）多线的命令行命令是_____。
（3）绘制圆弧的种类有_____、_____、_____、_____。

2.5.2 问答题

（1）如何绘制七边形？
（2）多线的作用是什么？

2.5.3 上机操作题

如图 2-90 所示，使用本章学过的命令来创建轮子的图纸。
一般创建步骤和方法：
（1）设置绘图环境。
（2）绘制中心线。
（3）绘制圆形部分。
（4）阵列对象。

图 2-90　轮子图纸

第3章 编辑二维图形

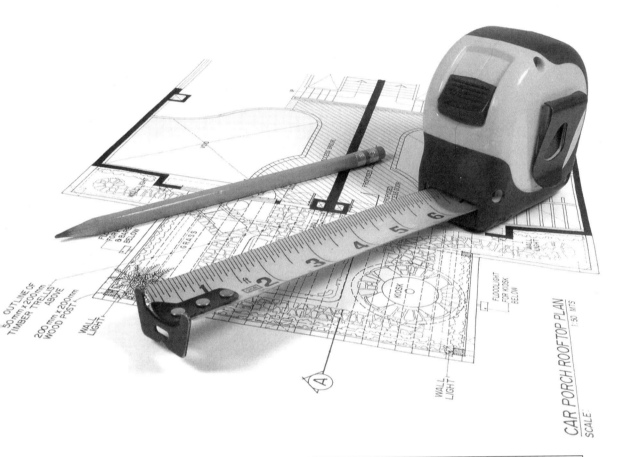

内　　容	掌握程度	课　时
基本编辑	熟练运用	2
扩展编辑	熟练运用	2
图案填充	熟练运用	2

课训目标

> 课程学习建议

在绘图的过程中，会发现某些图形不是一次就可以绘制出来的，并且不可避免地会出现一些错误操作，这时就要用到编辑命令。通过本章的学习，读者应学会一些基本的编辑命令，如镜像、偏移、阵列、移动、旋转、缩放、拉伸等。

本课程主要基于图形的二维编辑进行讲解，其培训课程表如下。

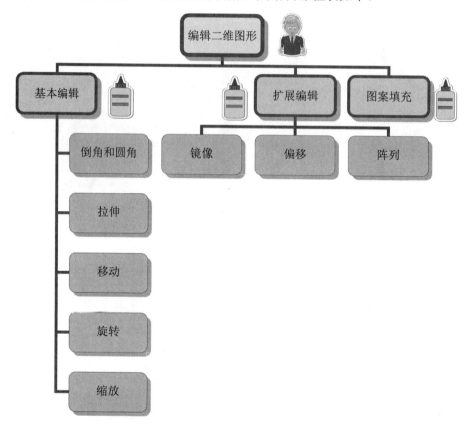

3.1 基本编辑

倒角命令可以按照要求的角度和距离对两条线进行连接。圆角命令可以以一定半径的圆弧连接直线。

修剪命令的功能是将一个对象以另一个对象或它的投影面作为边界进行精确的修剪编辑。

移动图形对象是使某一图形沿着基点移动一段距离，使对象到达合适的位置。

旋转对象是指用户将图形对象旋转一个角度，使之符合用户的要求，旋转后的对象与原对象的距离取决于旋转的基点与被旋转对象的距离。

缩放命令可以将实际的图形对象放大或缩小。

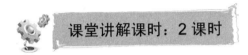
课堂讲解课时：2 课时

3.1.1 设计理论

在 AutoCAD 中，绘制的图形如果要进行编辑，必不可少的步骤是使用倒角、修剪、旋转、缩放等命令对图形进行修改。

3.1.2 课堂讲解

1. 倒角

执行【倒角】命令的三种方法，如图 3-1 所示。

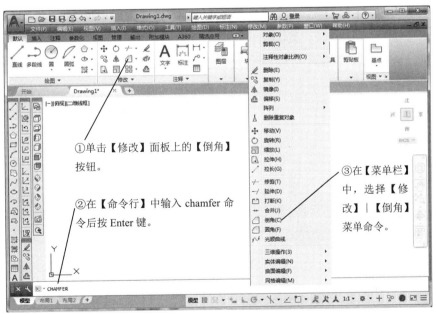

图 3-1　执行【倒角】命令

选择【倒角】命令后，在命令行中出现提示，要求用户选择倒角直线，这时可选取倒角形式。完成后绘图区如图 3-2 所示。

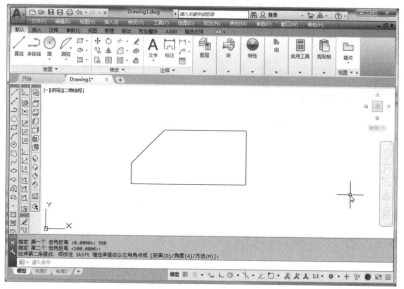

图 3-2　倒角图形

使用距离倒角的图形和命令，如图 3-3 所示。

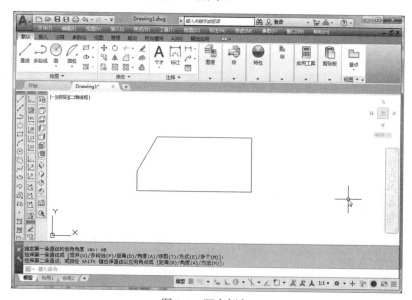

图 3-3　距离倒角

2. 圆角

执行【圆角】命令的三种方法，如图 3-4 所示。

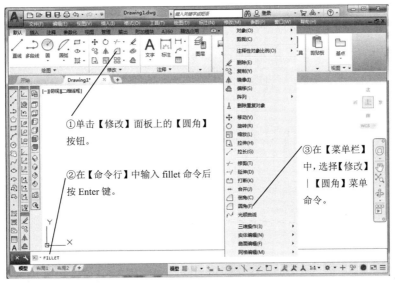

图 3-4　执行【圆角】命令

选择【圆角】命令后,在命令行中出现提示,要求用户选择圆角对象,这时可选取圆角形式。完成操作后的绘图区如图 3-5 所示。

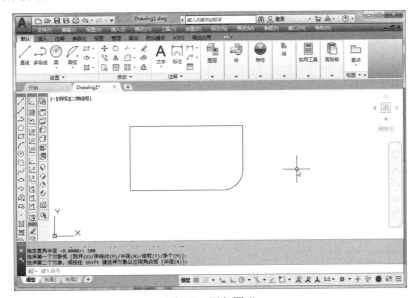

图 3-5　圆角图形

3．拉伸

执行【拉伸】命令的 3 种方法,如图 3-6 所示。

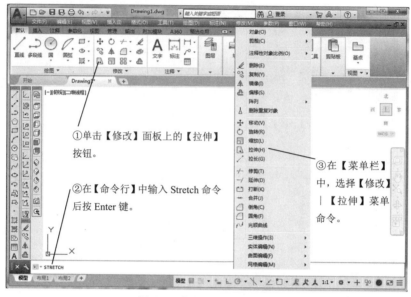

图 3-6 执行【拉伸】命令

选择【拉伸】命令后出现 ▫ 图标，选择对象后，指定对角点，在指定第二个点后绘制的图形如图 3-7 所示。

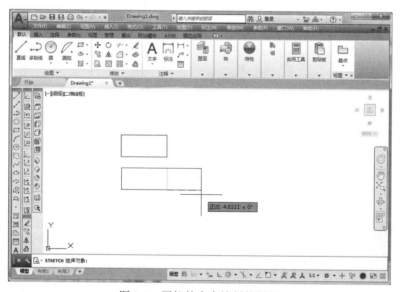

图 3-7 用拉伸命令绘制的图形

> 圆、点等不能拉伸，选择拉伸命令时，圆、点、块以及文字是特例，当基点在圆心、点的中心、块的插入点或文字行的最左边的点时，会移动图形对象而不会拉伸。当基点在这些位置之外时，不会产生任何影响。

名师点拨

4. 修剪

执行【修剪】命令的三种方法，如图 3-8 所示。

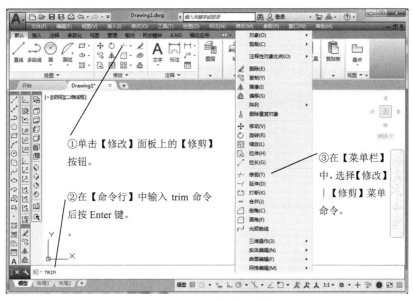

图 3-8　执行【修剪】命令

选择【修剪】命令后出现 图标，在命令行中出现提示，要求用户选择实体作为将要被修剪实体的边界，这时可选取修剪实体的边界。选择要修剪的对象后，绘制的图形如图 3-9 所示。

图 3-9　用修剪命令绘制的图形

> 在修剪命令中，AutoCAD 会一直认为用户要修剪实体，直至按下空格键或 Enter 键为止。

名师点拨

5. 移动

执行移动命令的三种方法，如图 3-10 所示。

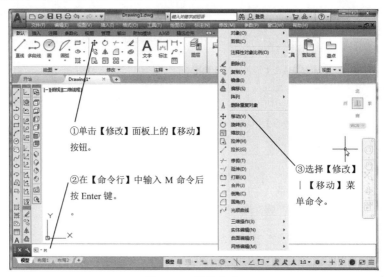

图 3-10　移动命令

选择【移动】命令后出现 图标，移动鼠标到要移动图形对象的位置。单击选择需要移动的图形对象，然后右击。AutoCAD 提示用户选择基点，选择基点后移动鼠标至相应的位置，最终绘制的图形如图 3-11 所示。

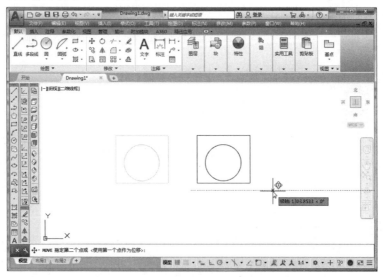

图 3-11　用移动命令将图形对象由原来位置移动到需要的位置

6. 旋转

执行旋转命令的 3 种方法，如图 3-12 所示。

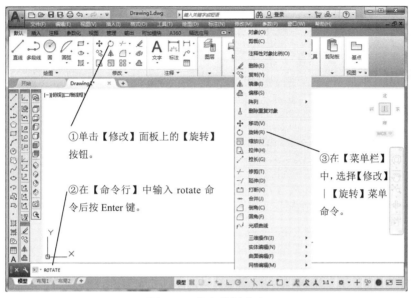

图 3-12　执行旋转命令

执行此命令后出现 图标，移动鼠标到要旋转的图形对象位置，单击选择需要旋转的图形对象后右击，AutoCAD 提示用户选择基点，选择基点后移动鼠标至相应的位置，最终绘制的图形如图 3-13 所示。

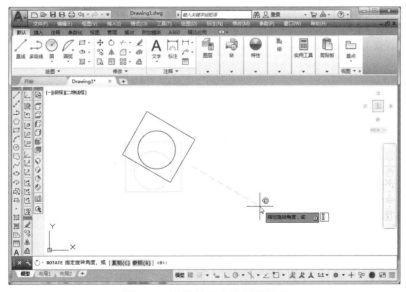

图 3-13　用旋转命令绘制的图形

7. 缩放

执行缩放命令的 3 种方法，如图 3-14 所示。

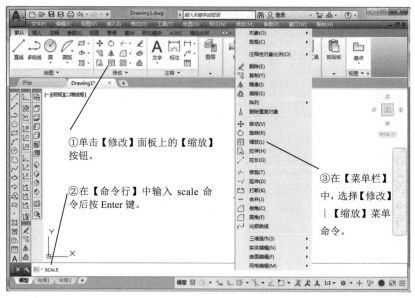

图 3-14　执行缩放命令

执行此命令后出现 图标，AutoCAD 提示用户选择需要缩放的图形对象后移动鼠标到要缩放的图形对象位置。单击选择需要缩放的图形对象后右击，AutoCAD 提示用户选择基点。选择基点后在命令行中输入缩放比例系数后按 Enter 键，缩放完毕。绘制的图形如图 3-15 所示。

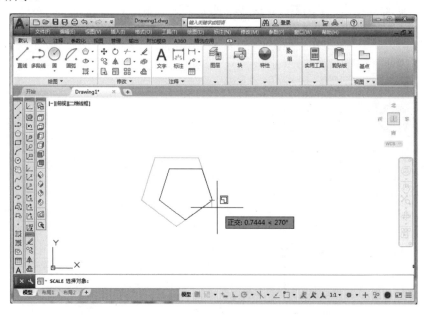

图 3-15　用缩放命令将图形对象缩小后的最终效果

3.1.3 课堂练习——绘制皮带轮

- 课堂练习开始文件：无
- 课堂练习完成文件：ywj //03/3-1.dwg
- 多媒体教学路径：多媒体教学→第 3 章→3.1 练习

Step1 设置图层特性，如图 3-16 所示。

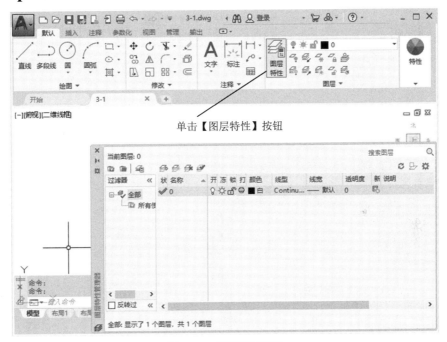

图 3-16　设置图层特性

Step2 创建中心线图层，如图 3-17 所示。

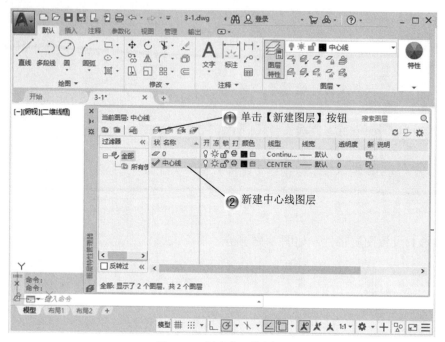

图 3-17　创建中心线图层

Step3 绘制中心线，如图 3-18 所示。

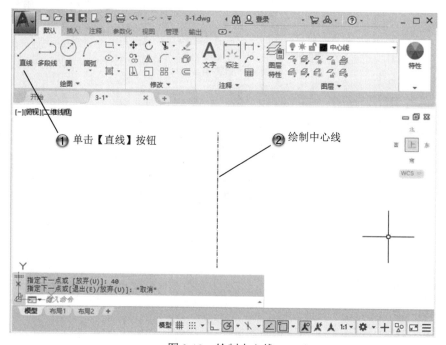

图 3-18　绘制中心线

Step4 绘制 4×1 的矩形，如图 3-19 所示。

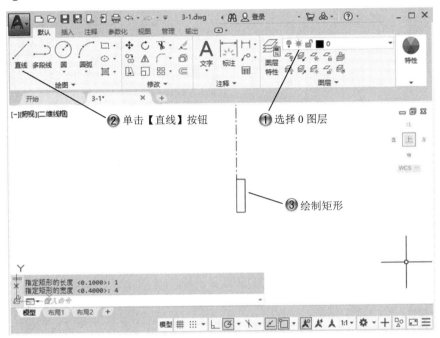

图 3-19　绘制 4×1 的矩形

Step5 移动矩形，如图 3-20 所示。

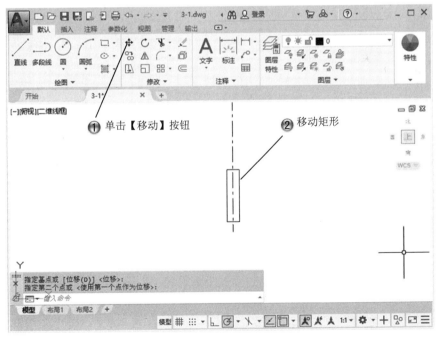

图 3-20　移动矩形

Step6 绘制 2×0.2 的矩形，如图 3-21 所示。

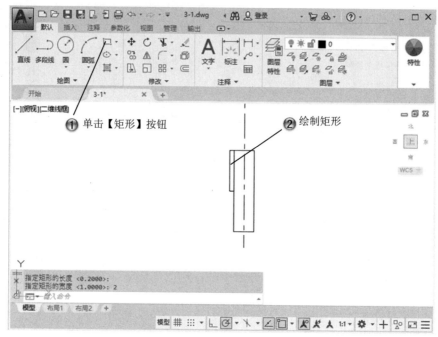

图 3-21　绘制 2×0.2 的矩形

Step7 移动矩形，如图 3-22 所示。

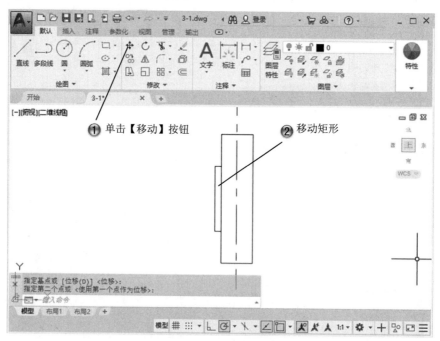

图 3-22　移动矩形

Step8 绘制 4×0.4 的矩形，如图 3-23 所示。

图 3-23　绘制 4×0.4 的矩形

Step9 移动矩形，如图 3-24 所示。

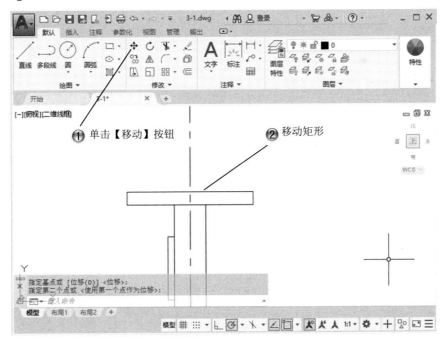

图 3-24　移动矩形

Step10 复制矩形,如图 3-25 所示。

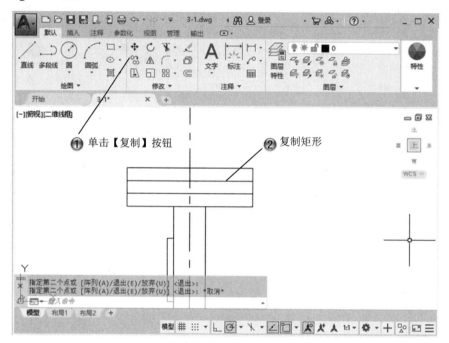

图 3-25　复制矩形

Step11 分解图形,如图 3-26 所示。

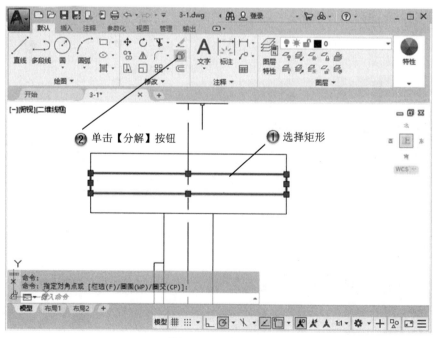

图 3-26　分解图形

Step12 拉伸图形，如图 3-27 所示。

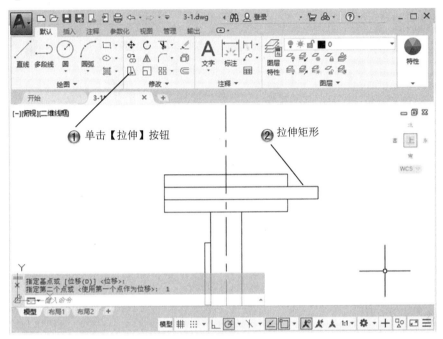

图 3-27　拉伸图形

Step13 移动直线，如图 3-28 所示。

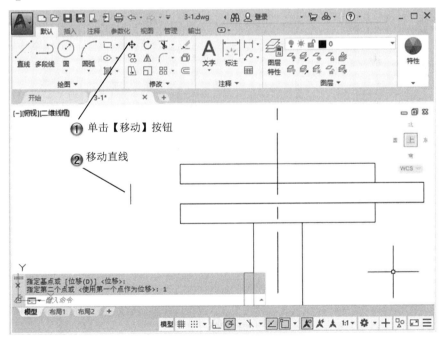

图 3-28　移动直线

Step14 绘制直线，如图 3-29 所示。

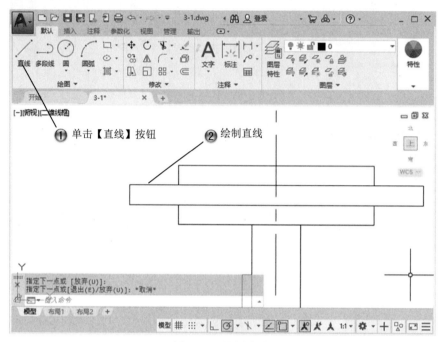

图 3-29 绘制直线

Step15 放大矩形，如图 3-30 所示。

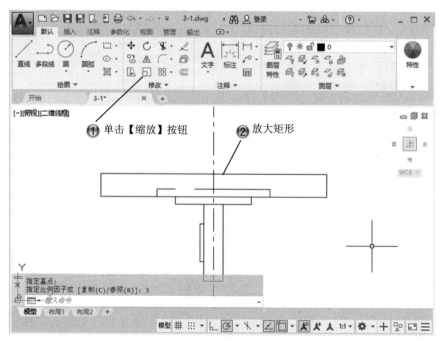

图 3-30 放大矩形

Step16 移动矩形,如图 3-31 所示。

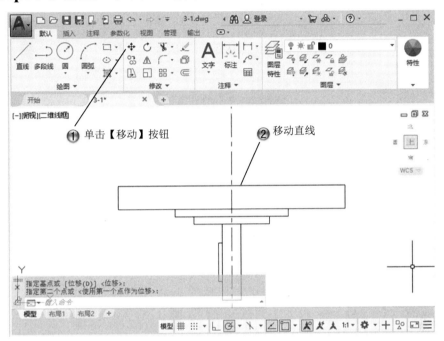

图 3-31　移动矩形

Step17 绘制 8×3 的矩形,如图 3-32 所示。

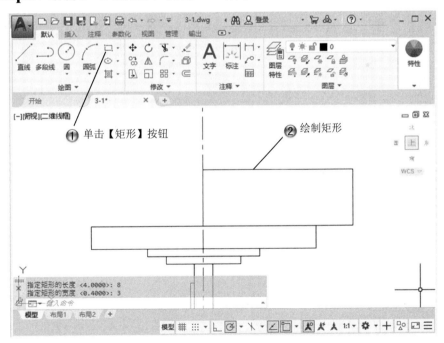

图 3-32　绘制 8×3 的矩形

Step18 移动矩形，如图 3-33 所示。

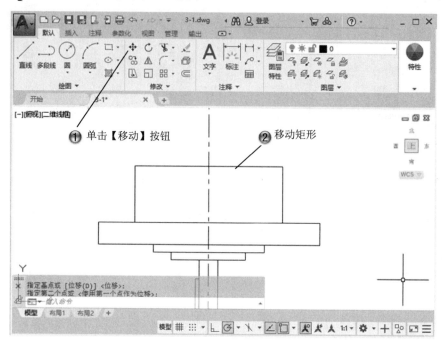

图 3-33　移动矩形

Step19 绘制 10×4 的矩形，如图 3-34 所示。

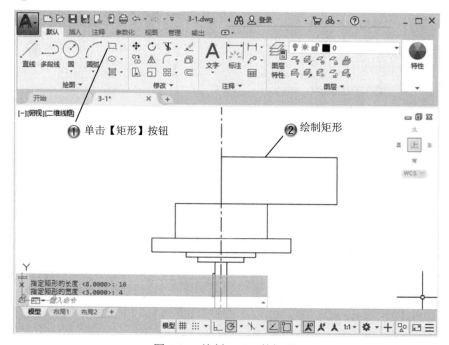

图 3-34　绘制 10×4 的矩形

Step20 移动矩形,如图 3-35 所示。

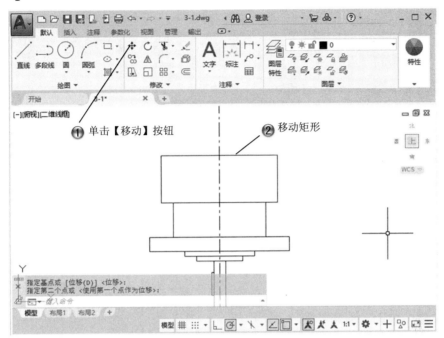

图 3-35 移动矩形

Step21 分解图形,如图 3-36 所示。

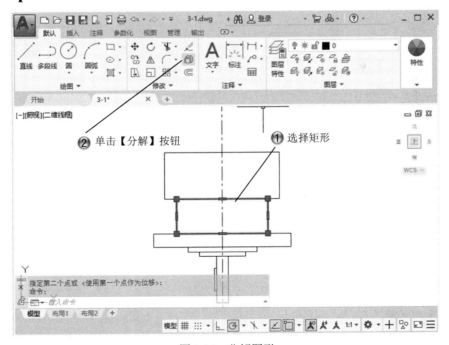

图 3-36 分解图形

Step22 绘制圆角，如图 3-37 所示。

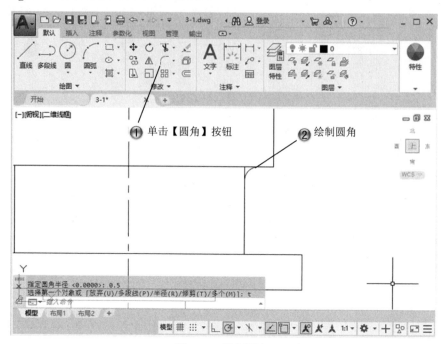

图 3-37 绘制圆角

Step23 绘制其余圆角，如图 3-38 所示。

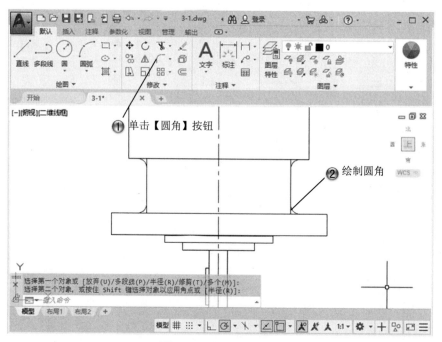

图 3-38 绘制其余圆角

Step24 修剪图形，如图 3-39 所示。

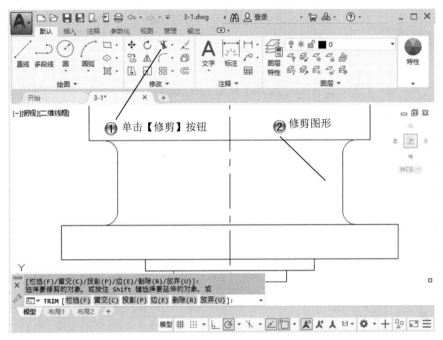

图 3-39　修剪图形

Step25 完成图形的绘制和编辑，如图 3-40 所示。

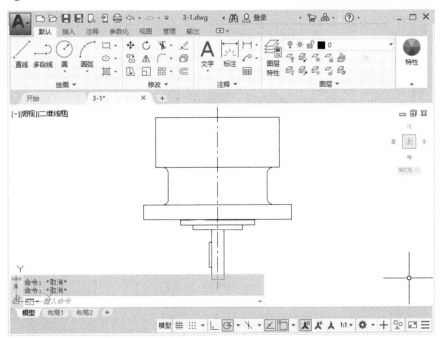

图 3-40　完成图形的绘制和编辑

3.2 扩展编辑

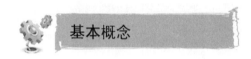

镜像是对草图进行对称复制；偏移是按照一定距离进行的线条复制；阵列是按一定规律对同一个图形的多次复制。

3.2.1 设计理论

AutoCAD 为用户提供了镜像命令，可以把已绘制好的图形复制到其他的地方。AutoCAD 提供了偏移命令，当两个图形严格相似，只是在位置上有偏差时，可以用偏移命令。偏移命令使用户可以很方便地绘制此类图形，特别是在绘制许多相似的图形时，此命令要比使用复制命令快捷。AutoCAD 为用户提供了阵列命令，可以把已绘制的图形复制到其他的地方。

3.2.2 课堂讲解

1. 镜像

执行镜像命令的三种方法，如图 3-41 所示。

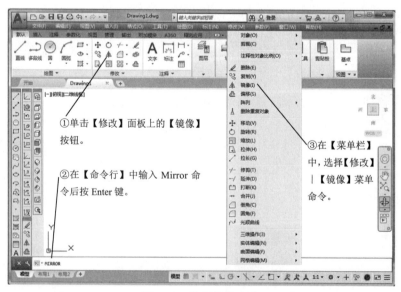

图 3-41 执行镜像命令

在 AutoCAD 中，此命令默认用户会继续选择下一个实体，右击或按下 Enter 键即可结束选择。然后在提示下选取镜像线的第 1 点和第 2 点。用此命令绘制的图形如图 3-42 所示。

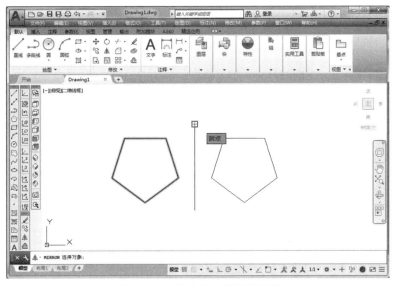

图 3-42 用镜像命令绘制的图形

2. 偏移

执行偏移命令的 3 种方法，如图 3-43 所示。

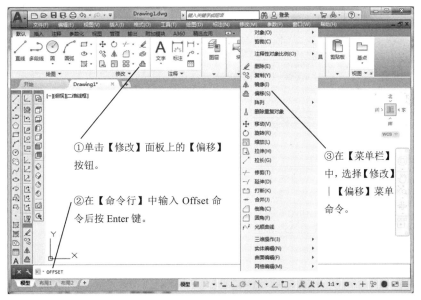

图 3-43 执行偏移命令

选择命令后，指定偏移距离，选择要偏移的对象，指定要偏移的那一侧上的点后绘制的图形如图 3-44 所示。

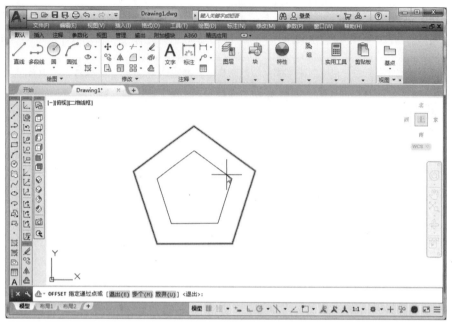

图 3-44　用偏移命令绘制的图形

3．阵列

执行阵列命令的三种方法，如图 3-45 所示。

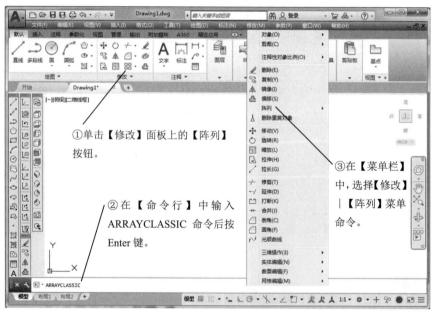

图 3-45　执行阵列命令

执行命令后，AutoCAD 会自动打开【阵列创建】选项卡。用【矩形阵列】命令绘制的图形如图 3-46 所示。

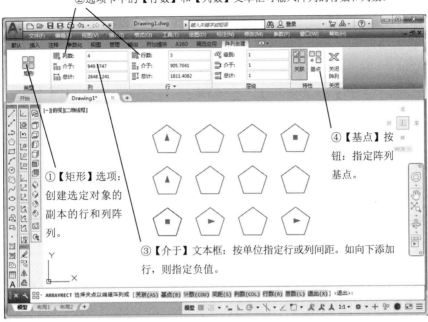

图 3-46 矩形阵列的图形

当选择【环形阵列】按钮后，设置【项目数】和其他参数，创建的阵列图形如图 3-47 所示。

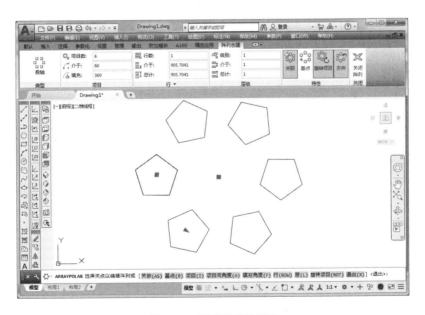

图 3-47 环形阵列的图形

3.2.3 课堂练习——编辑皮带轮

- 课堂练习开始文件：ywj /03/3-1.dwg
- 课堂练习完成文件：ywj /03/3-2.dwg
- 多媒体教学路径：多媒体教学→第 3 章→3.2 练习

Step1 绘制 10×1 的矩形，如图 3-48 所示。

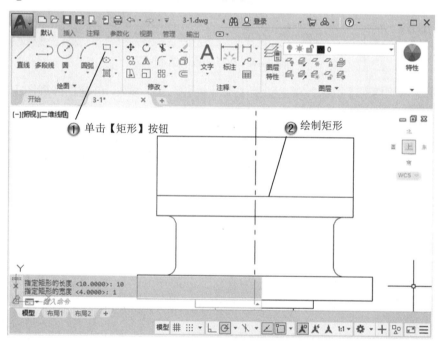

图 3-48　绘制 10×1 的矩形

Step2 选择阵列命令，如图 3-49 所示。

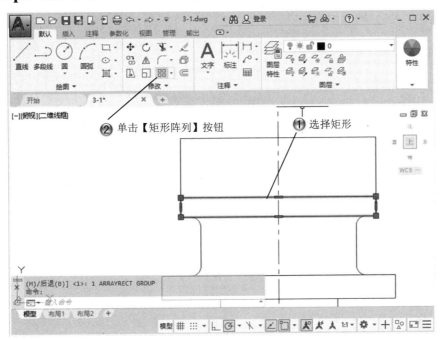

图 3-49　选择阵列命令

Step3 复制矩形，如图 3-50 所示。

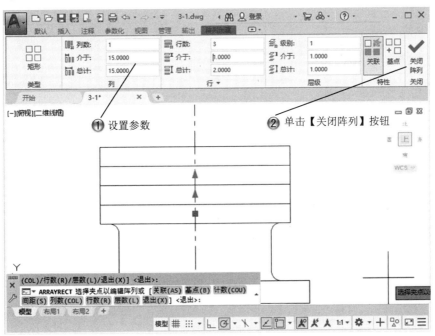

图 3-50　复制矩形

Step4 绘制 4×2 的矩形，如图 3-51 所示。

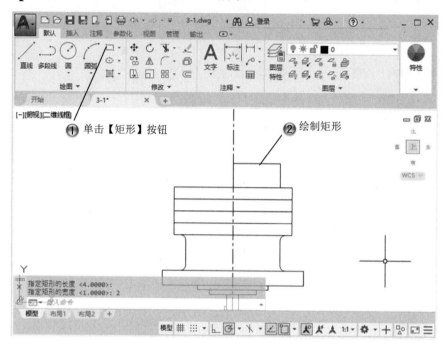

图 3-51　绘制 4×2 的矩形

Step5 移动矩形，如图 3-52 所示。

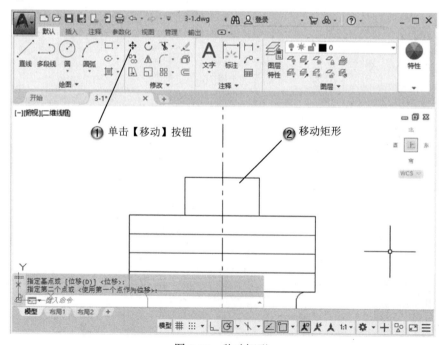

图 3-52　移动矩形

Step6 绘制圆角，如图 3-53 所示。

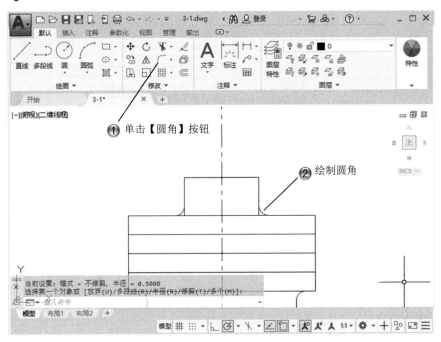

图 3-53　绘制圆角

Step7 绘制对称圆角，如图 3-54 所示。

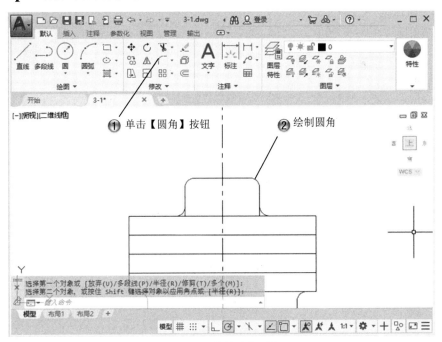

图 3-54　绘制对称圆角

Step8 修剪图形，如图 3-55 所示。

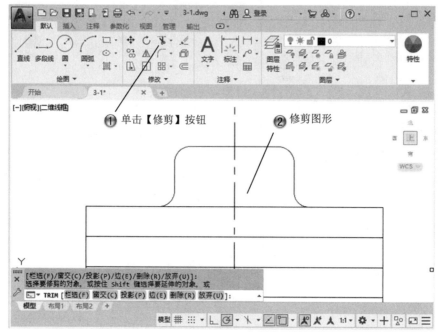

图 3-55　修剪图形

Step9 镜像图形，如图 3-56 所示。

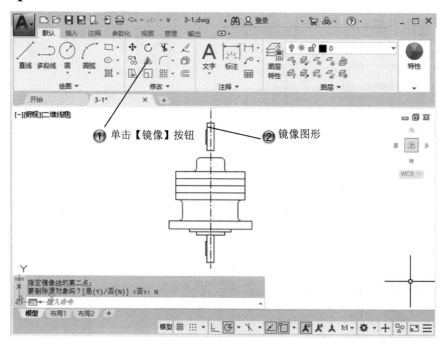

图 3-56　镜像图形

Step10 移动图形，如图 3-57 所示。

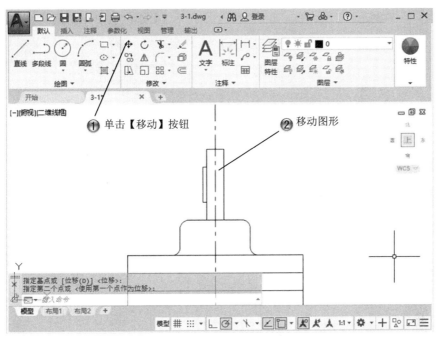

图 3-57　移动图形

Step11 移动矩形，如图 3-58 所示。

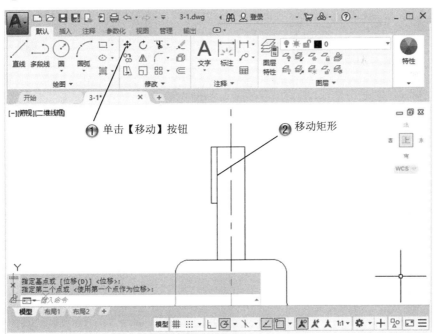

图 3-58　移动矩形

Step12 绘制垂线，如图 3-59 所示。

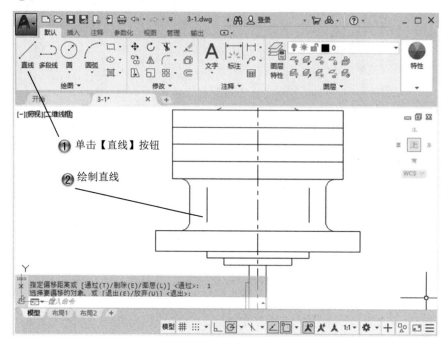

图 3-59　绘制垂线

Step13 完成图形扩展编辑，如图 3-60 所示。

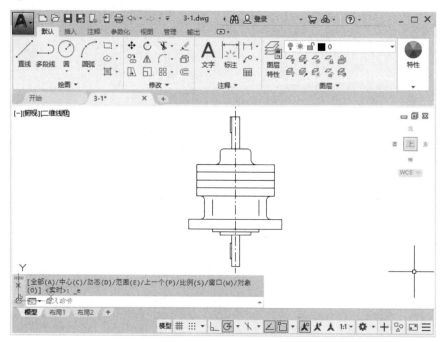

图 3-60　完成图形扩展编辑

3.3 图案填充

在机械绘图中,经常需要填充某种特定图案中的某个区域,从而表达该区域的特征,这种填充操作称为图案填充。图案填充的应用非常广泛,例如,在机械工程图中,可以用图案填充表达一个剖面的区域,也可以使用不同的图案填充来表达不同的部件或材料。

3.3.1 设计理论

AutoCAD 提供实体填充和 50 多种行业标准填充图案,可以使用它们区分对象的部件或表现对象的材质。AutoCAD 还提供 14 种符合 ISO(国际标准化组织)标准的填充图案。当选择 ISO 图案时,可以指定笔宽。笔宽确定图案中的线宽。【边界图案填充】对话框【图案】区域的【图案填充】选项卡,显示 acad.pat 文本文件中定义的所有填充图案的名称。

3.3.2 课堂讲解

1. 设置图案填充

在 AutoCAD 2020 中,可以通过 3 种方法设置图案填充,如图 3-61 所示。

使用图 3-61 中的任意一种方法,输入 t 命令,按回车键,均能弹出【图案填充和渐变色】对话框,在其中的【图案填充】选项卡中,可以设置图案填充时的类型和图案、角度和比例等特性,如图 3-62 所示。

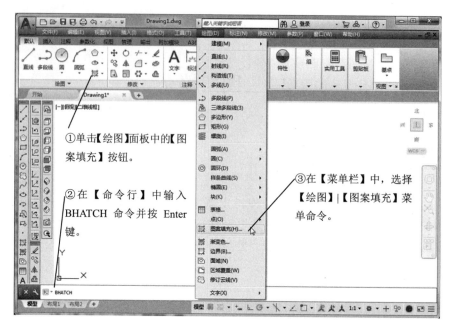

图 3-61 图案填充命令

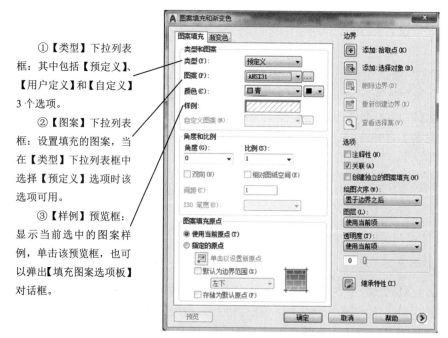

图 3-62 【图案填充和渐变色】对话框

2．类型和图案

在【图案填充】选项卡的【类型和图案】选项组中，可以设置图案填充的类型和图案，在【图案】下拉列表框中可以根据图案名选择图案，也可以单击其右侧的按钮，弹出【填充图案选项板】对话框，如图3-63所示，在其中用户可根据需要进行相应的选择。

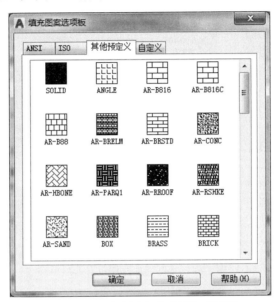

图3-63　【填充图案选项板】对话框

3．角度和比例

在【图案填充】选项卡的【角度和比例】选项组中，可以设置用户所定义类型的图案、填充的角度和比例等参数。

4．图案填充原点

在【图案填充】选项卡的【图案填充原点】选项组中，可以设置图案填充原点的位置，因为许多图案填充需要对齐边界上的某一个点，如图3-64所示。

5．边界

在【图案填充】选项卡的【边界】选项组中包括【添加：拾取点】、【添加：选择对象】等按钮，各主要按钮的含义如图3-65所示。

6．设置孤岛

在进行图案填充时，通常将位于一个已定义好的填充区域内的封闭区域成为孤岛，单击【图案填充和渐变色】对话框右下角的【更多选项】按钮，将显示更多选项，可以对孤岛和边界进行设置，如图3-66所示。

①【使用当前原点】单选按钮：可以使用当前 UCS 的坐标原点（0，0）作为图案填充原点。

②【指定的原点】单选按钮：可以指定一个点作为图案填充原点。

图 3-64　【图案填充原点】选项组

①【添加：拾取点】按钮：以拾取点的形式来指定填充区域的边界。

②【添加：选择对象】按钮：单击该按钮，将切换到绘图区域，可以用选择对象的方式来定义填充区域。

③【删除边界】按钮：单击该按钮，可以取消系统自动计算或用户指定的边界。

④【重新创建边界】按钮：重新创建图案填充的边界。

⑤【查看选择集】按钮：查看已定义的填充边界，单击该按钮，将切换到绘图区域，已定义的填充边界将显亮。

图 3-65　【边界】选项组

①【边界集】选项组：可以定义填充的对象集，AutoCAD 将根据这些对象来确定填充边界。默认情况下，系统根据【当前视口】中的所有可见对象确定填充边界。也可以单击【新建】按钮，切换到绘图区域，然后通过指定对象类型定义边界集，此时【边界集】下拉列表框中将显示【现有集合】选项。

②【允许的间隙】选项组：通过【公差】文本框设置填充时填充区域所允许的间隙大小。在该参数范围内，可以将一个几乎封闭的区域看作是一个封闭的填充边界，默认值为 0，这时填充对象必须是完全封闭的区域。

③【继承选项】选项组：用于确定在使用继承属性创建图案填充时图案填充原点的位置，可以是当前的原点或原图案填充的原点。

图 3-66　展开的【图案填充和渐变色】对话框

在【孤岛】选项组中，启用【孤岛检测】复选框，可以指定在最外层边界内填充对象的方法，包括【普通】、【外部】和【忽略】3 种填充方法，各种填充方法的效果如图 3-67 所示。

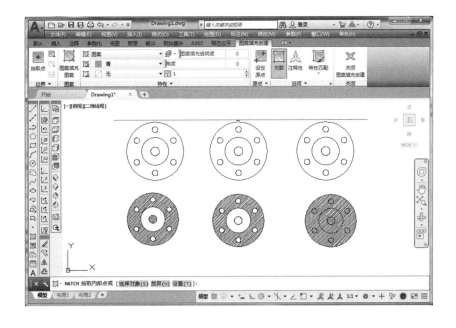

图 3-67　孤岛的 3 种填充效果

7. 编辑图案填充

创建图案填充后，如果需要修改填充区域的边界，可以选择【修改】|【对象】|【图案填充】菜单命令，然后在绘图区域中单击需要编辑的图案填充对象，这时将弹出【图案填充编辑】对话框，如图 3-68 所示，可以看出【图案填充编辑】对话框与【图案填充和渐变色】对话框的内容基本相同，只是某些选项被禁止使用，在其中只能修改图案、比例、旋转角度和关联性等，而不能修改其边界。

在编辑图案填充时，系统变量 PICKSTYLE 起着重要的作用，其值有 4 个，各值的主要作用如下：

【0】：禁止编组或关联图案选择，即当用户选择图案时仅选择图案自身，而不会选择与之关联的对象。

【1】：允许编组对象，即图案可以被加入到对象编组中，是 PICKSTYLE 的默认设置。

【2】：允许关联的图案选择。

【3】：允许编组和关联的图案选择。

图 3-68　【图案填充编辑】对话框

8. 分解填充的图案

图案是一种特殊的块，称为匿名块，无论形状多么复杂，它都是一个单独的对象。可以选择【修改】|【分解】菜单命令，来分解一个已存在的关联图案。图案被分解后，它将不再是一个单一的对象，而是一组组成图案的线条。同时，图案分解后也失去了与图形的关联性，因此将无法再使用【修改】|【对象】|【图案填充】菜单命令来编辑。

3.3.3 课堂练习——填充皮带轮剖面

课堂练习开始文件：ywj /03/3-2.dwg

课堂练习完成文件：ywj /03/3-3.dwg

多媒体教学路径：多媒体教学→第 3 章→3.3 练习

Step1 打开零件图纸，如图 3-69 所示。

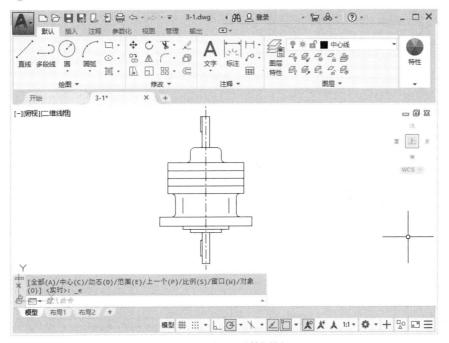

图 3-69　打开零件图纸

Step2 绘制中心线，如图 3-70 所示。

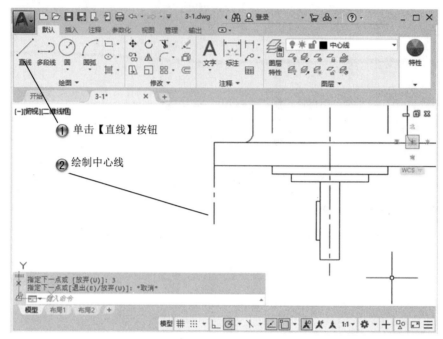

图 3-70　绘制中心线

Step3 移动中心线，如图 3-71 所示。

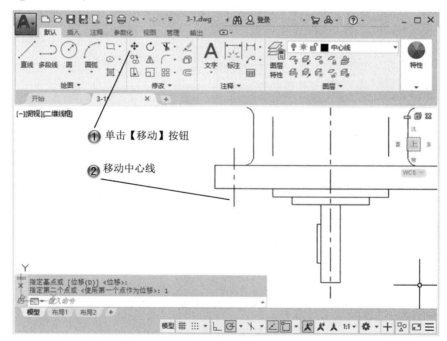

图 3-71　移动中心线

Step4 复制直线，如图 3-72 所示。

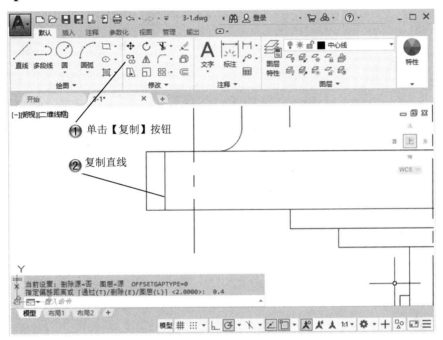

图 3-72　复制直线

Step5 创建偏移直线，如图 3-73 所示。

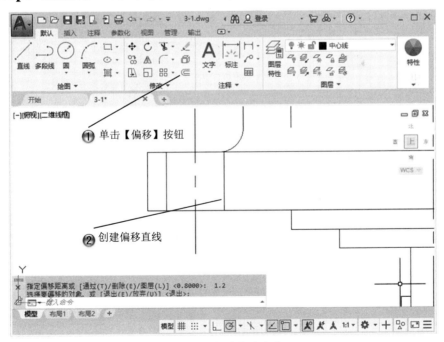

图 3-73　创建偏移直线

Step6 绘制样条曲线，如图 3-74 所示。

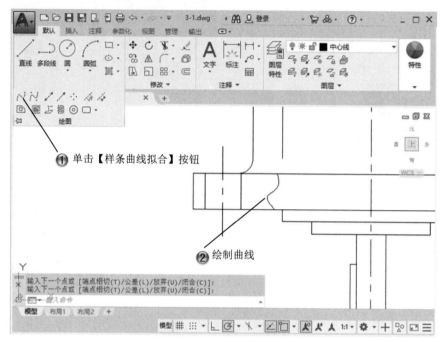

图 3-74　绘制样条曲线

Step7 选择图案填充命令，如图 3-75 所示。

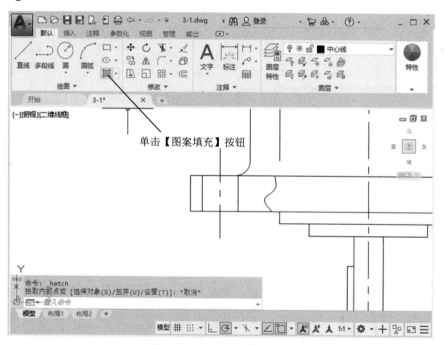

图 3-75　选择图案填充命令

Step8 设置填充样式，如图 3-76 所示。

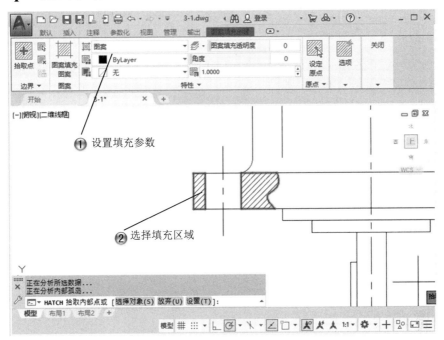

图 3-76　设置填充样式

Step9 完成图案填充，如图 3-77 所示。

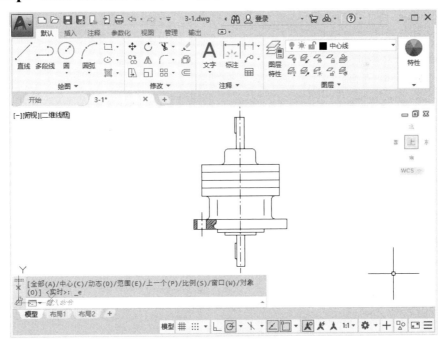

图 3-77　完成图案填充

3.4 专家总结

本章主要介绍了在 AutoCAD 2020 中如何更加快捷地选择图形及进行图形编辑，并对 AutoCAD 的图形编辑技巧进行了详细的讲解，包括删除图形、恢复图形、复制图形、镜像图形及修改图形等。通过本章的学习，读者应该可以熟练掌握在 AutoCAD 2020 中选择、编辑图形的方法。

3.5 课后习题

3.5.1 填空题

（1）基本编辑命令有_____种。
（2）扩展编辑有_____。
（3）图案填充的作用是_____。

3.5.2 问答题

（1）如何设置图案填充的样式？
（2）复制和镜像的不同点是什么？

3.5.3 上机操作题

如图 3-78 所示，使用本章学过的各种命令来创建阀盖图纸。
一般创建步骤和方法：
（1）绘制主视图部分，使用镜像命令完成视图。
（2）延伸直线绘制侧视图。
（3）标注零件。
（4）绘制图框。

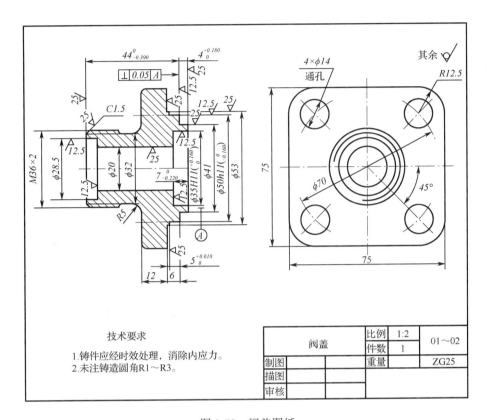

图 3-78 阀盖图纸

第 4 章　建立和编辑文字

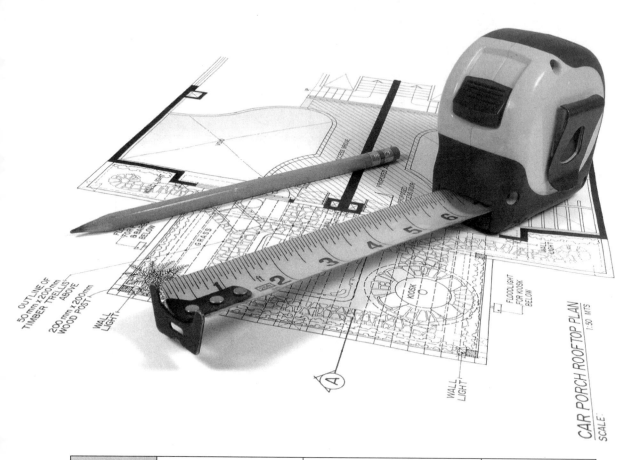

内　容	掌握程度	课　时
单行文字	熟练运用	2
多行文字	熟练运用	2
文字样式	了解	1

课训目标

第4章 建立和编辑文字

课程学习建议

创建文字是图形绘制的重要组成部分，它是图形的文字表达。AutoCAD 提供了多种文字样式，可以满足建筑、机械、电子等大多数应用领域的要求。在绘图时使用位置标注，能够对图形的各个部分添加提示和解释等辅助信息，既方便用户绘制，又方便使用者阅读。本章将讲述单行和多行文字、设置文字样式的方法和技巧。

本课程主要基于建立和编辑文字进行讲解，其培训课程表如下。

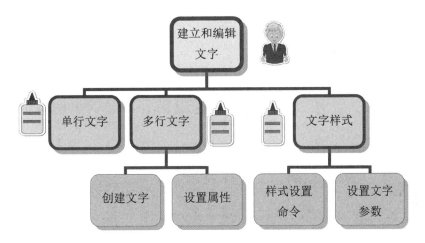

4.1 单行文字

单行文字是独立的对象，可以进行单独修改，用于文字较少的地方。

4.1.1 设计理论

单行文字一般用于对图形对象的规格说明、标题栏信息和标签等，也可以作为图形的一个有机组成部分。对于不需要使用多种字体的简短内容，可以使用【单行文字】命令建立单行文字。

4.1.2 课堂讲解

创建单行文字的几种方法，如图4-1所示。

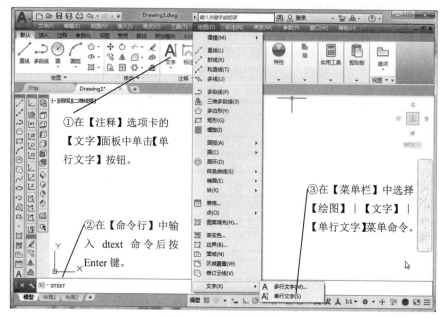

图4-1 创建单行文字

每行文字都是独立的对象，可以重新定位、调整格式或进行其他修改。

创建单行文字时，要指定文字样式并设置对正方式。文字样式设置文字对象的默认特征。对正决定字符的哪一部分与插入点对正，创建的单行文字样例，如图4-2所示。

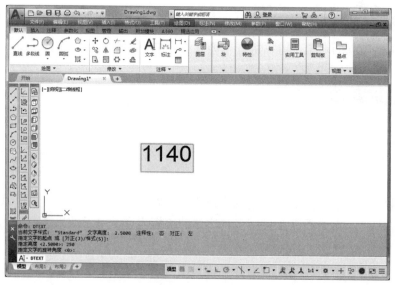

图4-2 单行文字

选择单行文字命令后，在【命令行】中输入 J 并按 Enter 键，执行此命令后，AutoCAD 会出现如图 4-3 所示的选项。

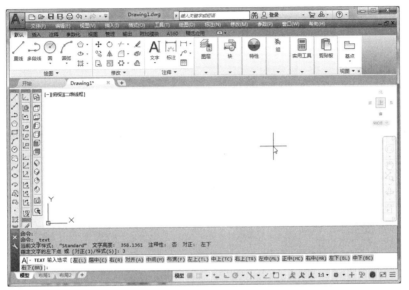

图 4-3　单行文字的对齐方式

用户可以有多种对齐方式选择，各种对齐方式及其说明如表 4-1 所示。

> 要结束单行文字输入，在一个空白行处按 Enter 键即可。
>
> 名师点拨

表 4-1　各种对齐方式及其说明

对齐方式	说　　明
对齐(A)	提供文字基线的起点和终点，文字在基线上均匀排列，这时可以调整字高比例以防止字符变形
布满(F)	给定文字基线的起点和终点。文字在此基线上均匀排列，而文字的高度保持不变，这时文字的间距要进行调整
居中(C)	给定一个点的位置，文字以该点为中心水平排列
中间(M)	指定文字串的中间点
右(R)	指定文字串的右基线点
左上(TL)	指定文字串的顶部左端点与大写字母顶部对齐
中上(TC)	指定文字串的顶部中心点与大写字母顶部为中心点
右上(TR)	指定文字串的顶部右端点与大写字母顶部对齐
左中(ML)	指定文字串的中部左端点与大写字母和文字基线之间的线对齐
正中(MC)	指定文字串的中部中心点与大写字母和文字基线之间的中心线对齐
右中(MR)	指定文字串的中部右端点与大写字母和文字基线之间的一点对齐
左下(BL)	指定文字左侧起始点，与水平线的夹角为字体的选择角，且过该点的直线就是文字中最低字符字底的基线

续表

对齐方式	说　明
中下(BC)	指定文字沿排列方向的中心点，最低字符字底的基线与 BL 相同
右下(BR)	指定文字串的右端底部是否对齐

4.1.3　课堂练习——绘制垫片

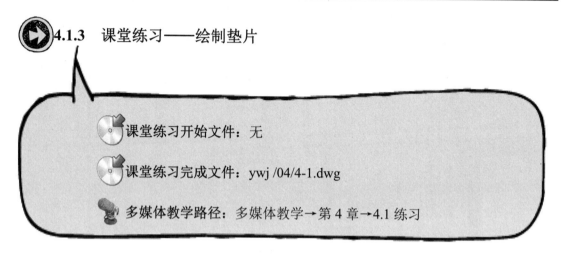

课堂练习开始文件：无

课堂练习完成文件：ywj /04/4-1.dwg

多媒体教学路径：多媒体教学→第 4 章→4.1 练习

Step1 绘制半径为 50 的圆形，如图 4-4 所示。

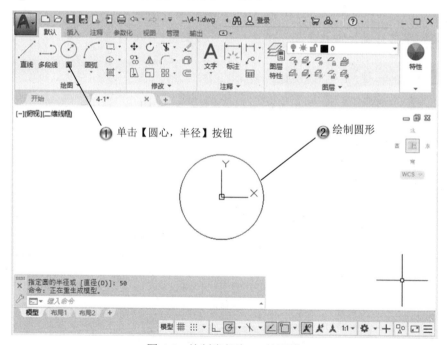

图 4-4　绘制半径为 50 的圆形

Step2 绘制小圆，如图 4-5 所示。

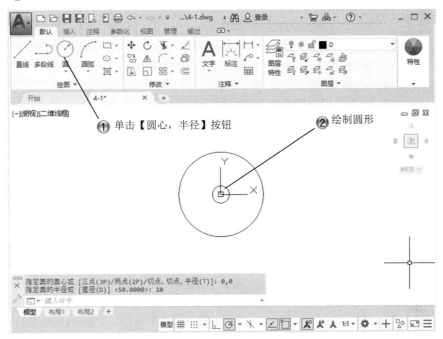

图 4-5　绘制小圆

Step3 移动圆形，如图 4-6 所示。

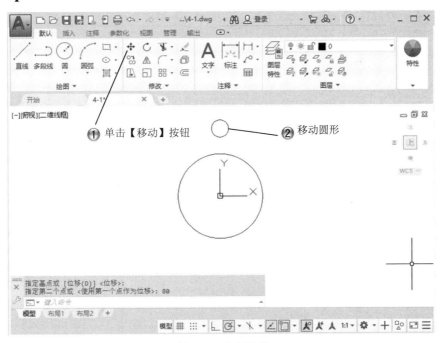

图 4-6　移动圆形

Step4 绘制半径为 20 的圆形，如图 4-7 所示。

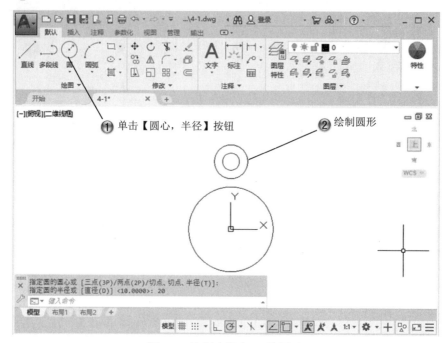

图 4-7　绘制半径为 20 的圆形

Step5 绘制切线，如图 4-8 所示。

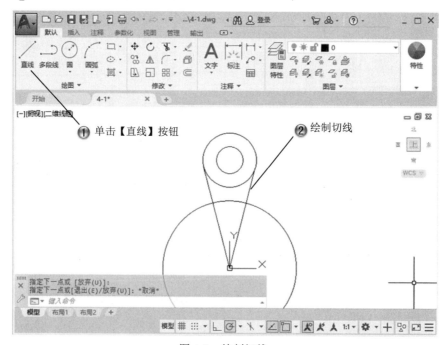

图 4-8　绘制切线

Step6 绘制圆角,如图 4-9 所示。

图 4-9　绘制圆角

Step7 修剪图形,如图 4-10 所示。

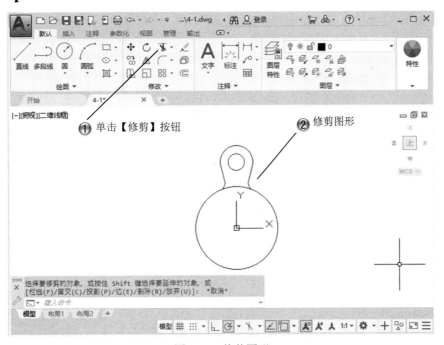

图 4-10　修剪图形

Step8 选择阵列命令，如图 4-11 所示。

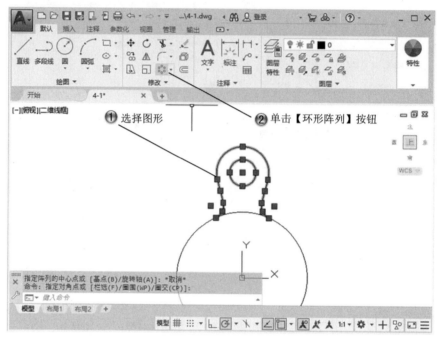

图 4-11　选择阵列命令

Step9 设置阵列参数，如图 4-12 所示。

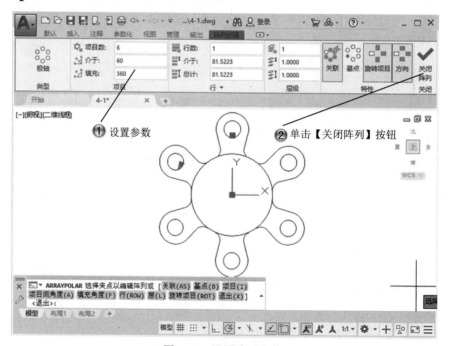

图 4-12　设置阵列参数

Step10 绘制半径为 30 的圆形，如图 4-13 所示。

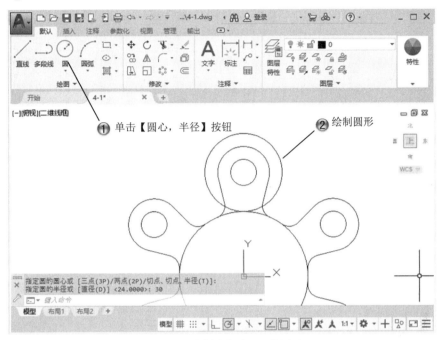

图 4-13　绘制半径为 30 的圆形

Step11 选择阵列命令，如图 4-14 所示。

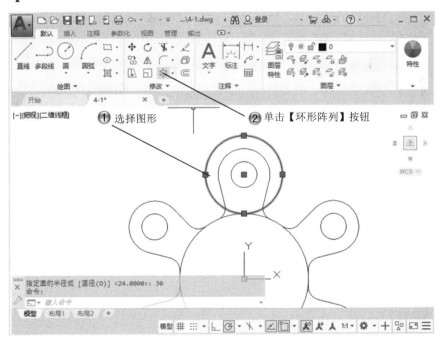

图 4-14　选择阵列命令

Step12 设置阵列参数，如图 4-15 所示。

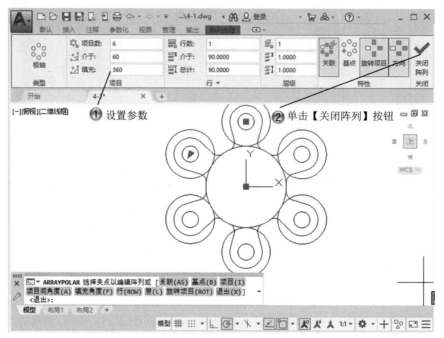

图 4-15　设置阵列参数

Step13 绘制半径为 30 的圆形，如图 4-16 所示。

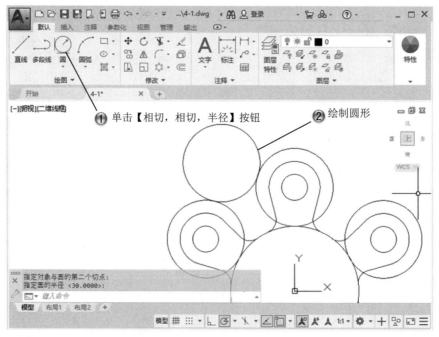

图 4-16　绘制半径为 30 的圆形

Step14 选择阵列命令，如图4-17所示。

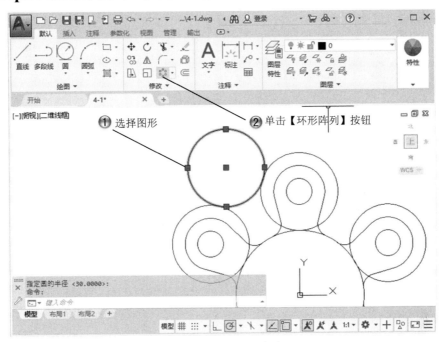

图4-17 选择阵列命令

Step15 设置阵列参数，如图4-18所示。

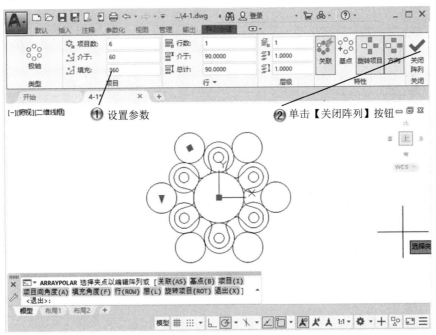

图4-18 设置阵列参数

Step16 分解图形，如图 4-19 所示。

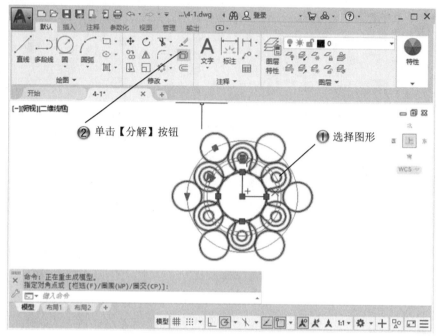

图 4-19　分解图形

Step17 修剪圆形，如图 4-20 所示。

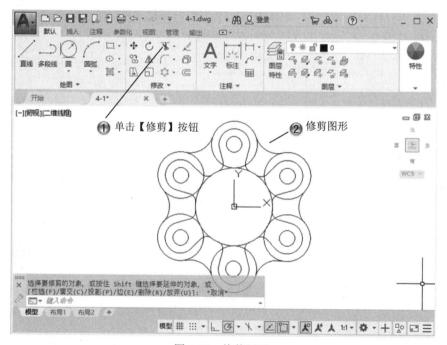

图 4-20　修剪圆形

Step18 修剪图形，如图 4-21 所示。

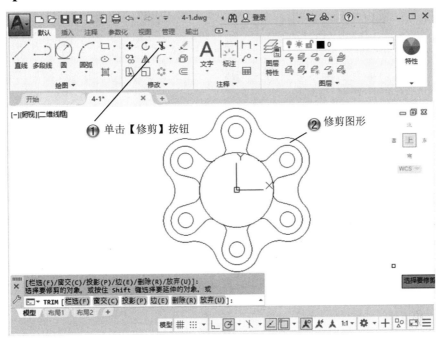

图 4-21　修剪图形

Step19 添加文字，如图 4-22 所示。

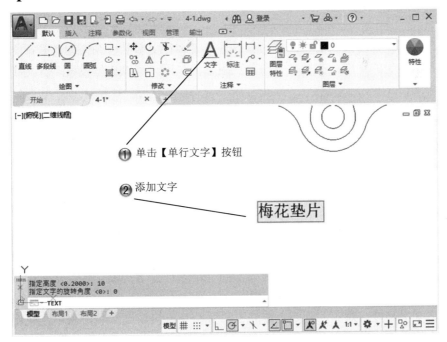

图 4-22　添加文字

Step20 完成图形绘制，如图 4-23 所示。

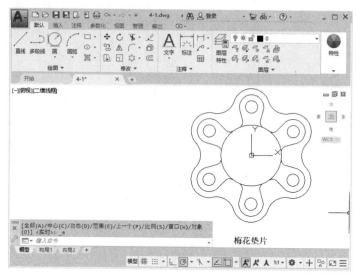

图 4-23　完成图形绘制

4.2　多行文字

基本概念

对于较长和较为复杂的文字内容，可以使用【多行文字】命令来创建多行文字。多行文字可以布满指定的宽度，在垂直方向上无限延伸。用户可以自行设置多行文字对象中单个字符的格式。

课堂讲解课时：2 课时

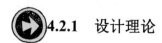

4.2.1　设计理论

多行文字由任意数目的文字行或段落组成，与单行文字不同的是在一个多行文字编辑任务中，创建的所有文字行或段落都被当作同一个多行文字对象。多行文字可以被移动、旋转、删除、复制、镜像、拉伸或比例缩放。

可以将文字高度、对正、行距、旋转、样式和宽度应用到文字对象中，或将字符格式应用到特定的字符中。对齐方式要考虑文字边界以决定文字要插入的位置。

与单行文字相比，多行文字具有更多的编辑选项。可以将下画线、字体、颜色和高度变化应用到段落中的单个字符、词语或词组。

4.2.2 课堂讲解

可以通过 3 种方式创建多行文字，如图 4-24 所示。

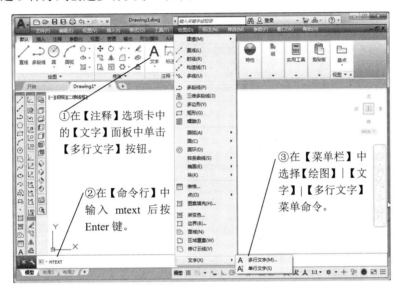

图 4-24 创建多行文字

用【多行文字】命令创建的文字如图 4-25 所示。

图 4-25 用【多行文字】命令创建的文字

> 创建多行文字对象的高度取决于输入的文字总量。

名师点拨

其中，在【文字编辑器】选项卡中包括【样式】、【格式】、【段落】、【插入】、【拼写检查】、【工具】、【选项】、【关闭】8 个面板，可以根据不同的需要对多行文字进行编辑和修改，如图 4-26 和图 4-27 所示。

①在【样式】面板中可以选择文字样式，选择或输入文字高度。

②在【格式】面板中可以对字体进行设置，如可以修改为粗体、斜体等。

图 4-26 【样式】等面板

③在【段落】面板中可以对段落进行设置，包括对正、编号、分布、对齐等的设置。

⑦在【选项】面板中可以显示其他文字选项列表。

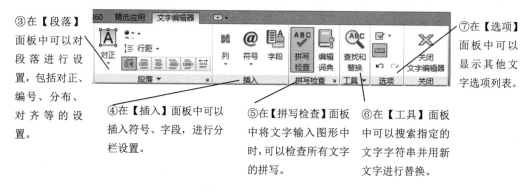

④在【插入】面板中可以插入符号、字段，进行分栏设置。

⑤在【拼写检查】面板中将文字输入图形中时，可以检查所有文字的拼写。

⑥在【工具】面板中可以搜索指定的文字字符串并用新文字进行替换。

图 4-27 【段落】等面板

4.3 文字样式

基本概念

在 AutoCAD 绘制的图形中，所有的文字都有与之相关的文字样式。当输入文字时，AutoCAD 会使用当前的文字样式作为其默认的样式，该样式可以包括字体、样式、高度、宽度比例和其他文字特性。

第4章
建立和编辑文字

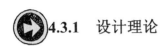

4.3.1 设计理论

在 AutoCAD 软件中,可以利用的文字样式字库有两类。一类是存放在 AutoCAD 安装目录的 Fonts 目录中,字库的后缀名为 shx,这一类是 AutoCAD 的专有字库,英文字母和汉字分属于不同的字库。第二类是存放在 Windows 系统目录的 Fonts 目录中,字库的后缀名为 ttf,这一类是 Windows 系统的通用字库,除 AutoCAD 之外,其他软件,如 Office 和聊天软件等,都是采用这个字库。其中汉字字库都已包含英文字母。

4.3.2 课堂讲解

打开文字样式对话框的几种方法,如图 4-28 所示。

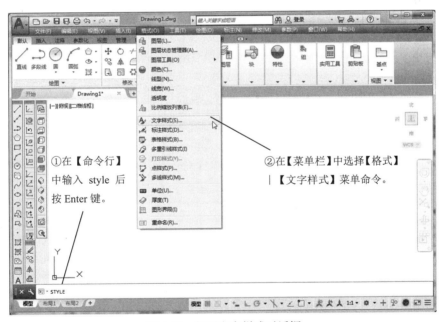

图 4-28　打开文字样式对话框

【文字样式】对话框如图 4-29 所示,它包含了 4 组参数选项组:【样式】选项组、【字体】选项组、【大小】选项组和【效果】选项组,由于【大小】选项组中的参数通常会按默认进行设置,不做修改,因此,下面着重介绍其他三个选项组的参数设置方法。

· 163 ·

在【样式】选项组中可以新建、重命名和删除文字样式。用户可以从左边的下拉列表框中选择相应的文字样式名称，用单击【新建】按钮来新建一种文字样式的名称，用鼠标右键单击选择样式，在右键快捷菜单中选择【重命名】命令为某一文字样式重新命名，还可以单击【删除】按钮删除某一文字样式的名称。

图 4-29 【文字样式】对话框

1. 【样式】选项组参数设置

当现有的文字样式不够使用时，需要创建新的文字样式，在打开的【文字样式】对话框中，单击【新建】按钮，可以打开如图 4-30 所示的【新建文字样式】对话框。

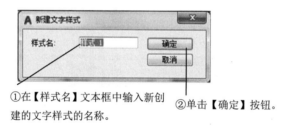

①在【样式名】文本框中输入新创建的文字样式的名称。　　②单击【确定】按钮。

图 4-30 【新建文字样式】对话框

2. 【字体】选项组参数设置

AutoCAD 为用户提供了许多不同的字体，用户可以在如图 4-31 所示的【字体名】下拉列表框中选择要使用的字体，可以在【字体样式】下拉列表框中选择要使用的字体样式。

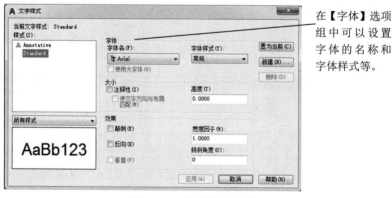

在【字体】选项组中可以设置字体的名称和字体样式等。

图 4-31 【字体】选项组

3. 【效果】选项组参数设置

下面介绍启用【颠倒】、【反向】和【垂直】复选框，以分别设置样式和设置后的文字效果。

当启用【颠倒】复选框时，显示的【颠倒】文字效果，如图 4-32 所示。

在【效果】选项组中可以设置字体的排列方法和距离等。用户可以启用【颠倒】、【反向】和【垂直】复选框来分别设置文字的排列样式，也可以在【宽度因子】和【倾斜角度】文本框中输入相应的数值以设置文字的辅助排列样式。

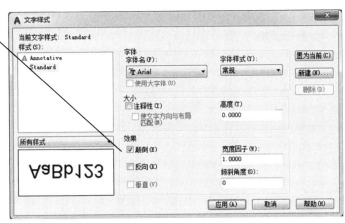

图 4-32　启用【颠倒】复选框

4.3.3　课堂练习——绘制六角头螺栓并标注技术要求

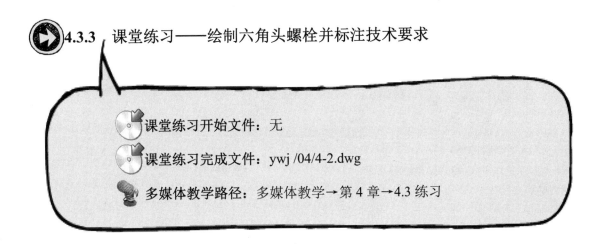

- 课堂练习开始文件：无
- 课堂练习完成文件：ywj /04/4-2.dwg
- 多媒体教学路径：多媒体教学→第 4 章→4.3 练习

Step1 设置图层，如图 4-33 所示。

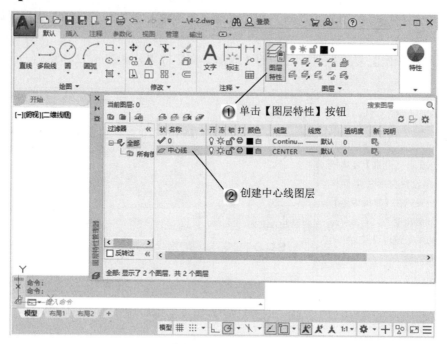

图 4-33　设置图层

Step2 绘制中心线，如图 4-34 所示。

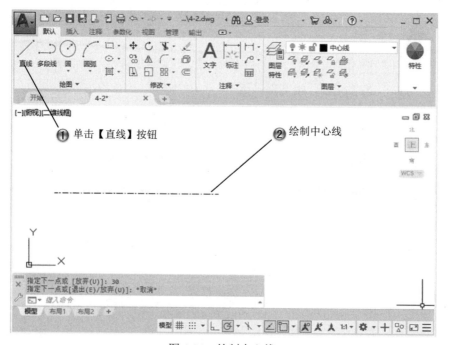

图 4-34　绘制中心线

Step3 绘制十字中心线，如图 4-35 所示。

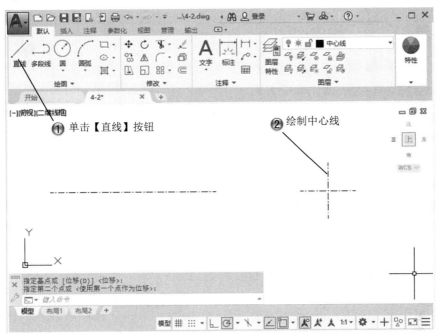

图 4-35　绘制十字中心线

Step4 绘制六边形，如图 4-36 所示。

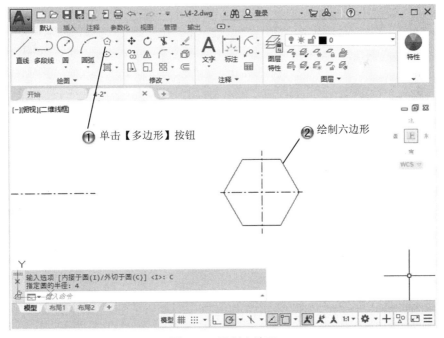

图 4-36　绘制六边形

Step5 绘制圆形，如图4-37所示。

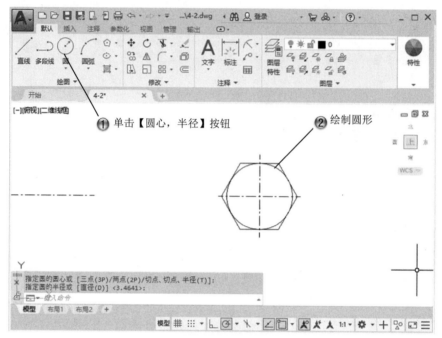

图4-37　绘制圆形

Step6 绘制8×4的矩形，如图4-38所示。

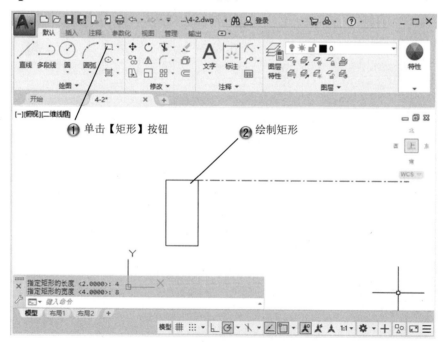

图4-38　绘制8×4的矩形

Step7 移动矩形,如图 4-39 所示。

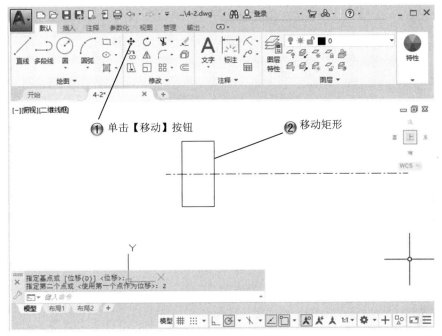

图 4-39　移动矩形

Step8 绘制直线,如图 4-40 所示。

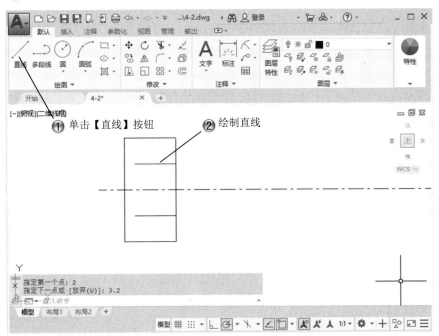

图 4-40　绘制直线

Step9 绘制圆角，如图 4-41 所示。

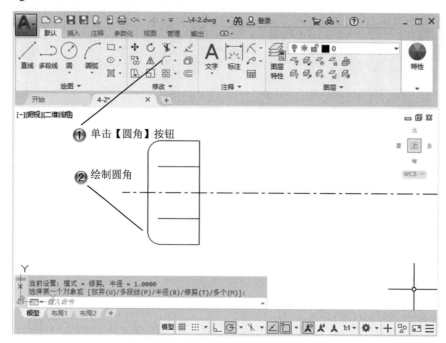

图 4-41　绘制圆角

Step10 绘制直线，如图 4-42 所示。

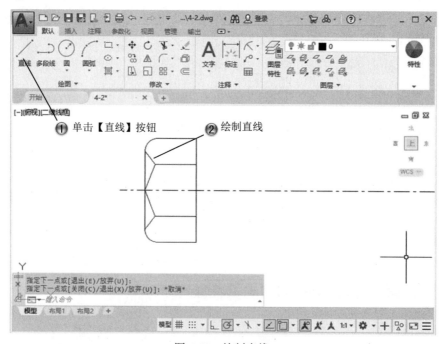

图 4-42　绘制直线

Step11 绘制 6×0.5 的矩形，如图 4-43 所示。

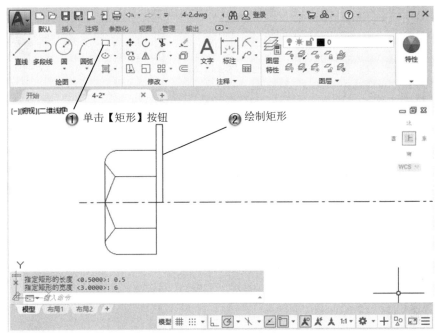

图 4-43　绘制 6×0.5 的矩形

Step12 移动矩形，如图 4-44 所示。

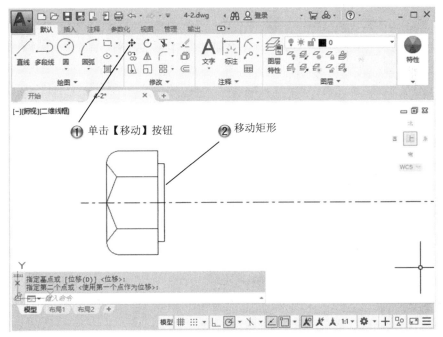

图 4-44　移动矩形

Step13 绘制 45 度角度线，如图 4-45 所示。

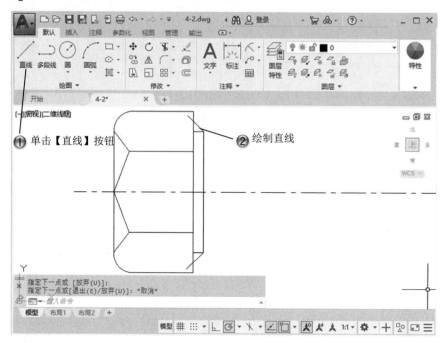

图 4-45　绘制 45 度角度线

Step14 修剪图形，如图 4-46 所示。

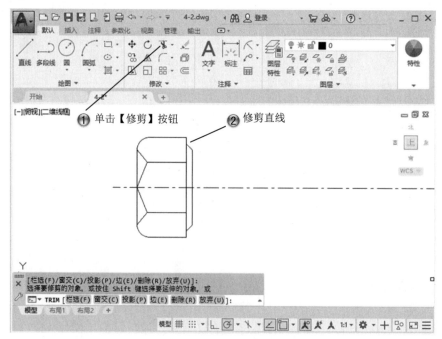

图 4-46　修剪图形

Step15 绘制 10×4 的矩形，如图 4-47 所示。

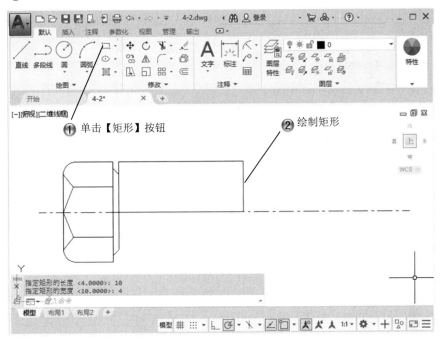

图 4-47　绘制 10×4 的矩形

Step16 移动矩形，如图 4-48 所示。

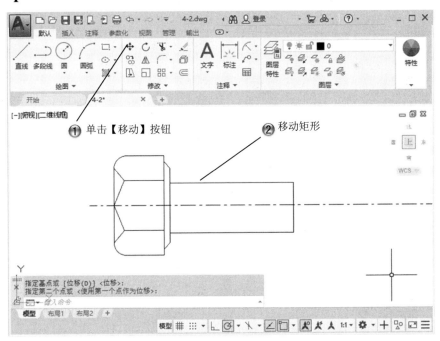

图 4-48　移动矩形

Step17 绘制 10×3.6 的矩形，如图 4-49 所示。

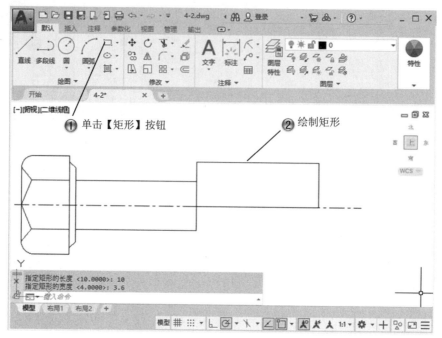

图 4-49　绘制 10×3.6 的矩形

Step18 移动矩形，如图 4-50 所示。

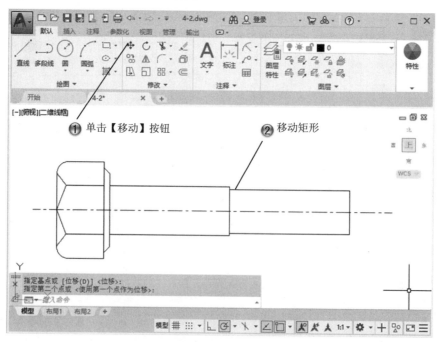

图 4-50　移动矩形

Step19 绘制倒角，如图 4-51 所示。

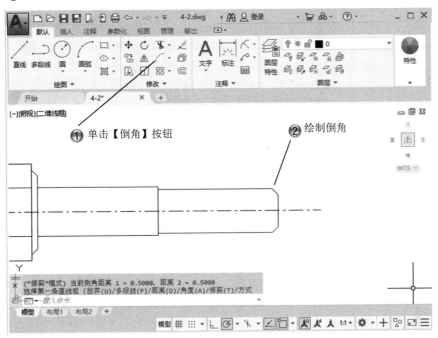

图 4-51　绘制倒角

Step20 绘制直线，如图 4-52 所示。

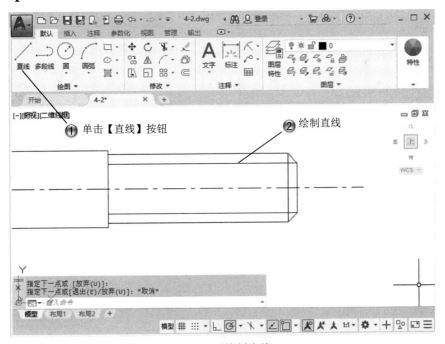

图 4-52　绘制直线

Step21 选择【文字样式】命令，如图4-53所示。

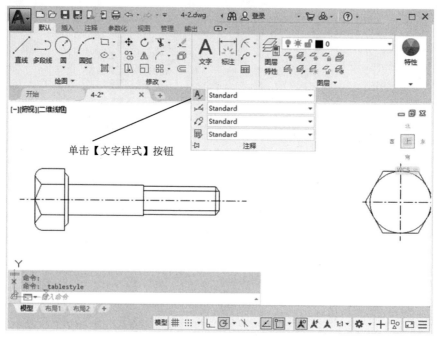

图4-53 选择【文字样式】命令

Step22 设置文字样式，如图4-54所示。

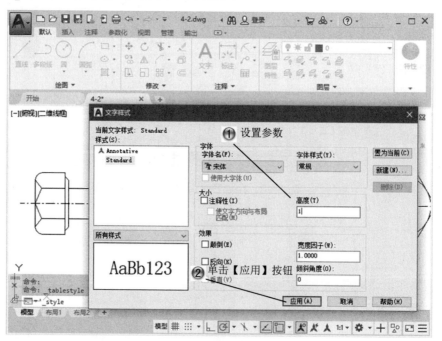

图4-54 设置文字样式

Step23 选择文字命令,如图 4-55 所示。

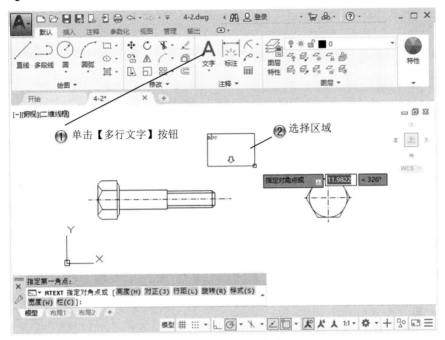

图 4-55　选择文字命令

Step24 添加文字,如图 4-56 所示。

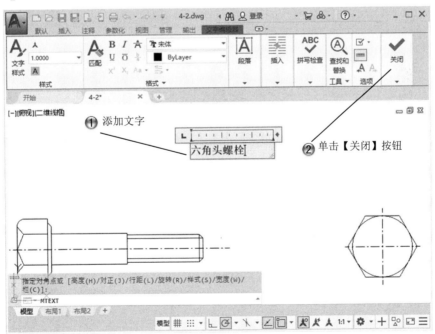

图 4-56　添加文字

Step25 选择文字命令，如图 4-57 所示。

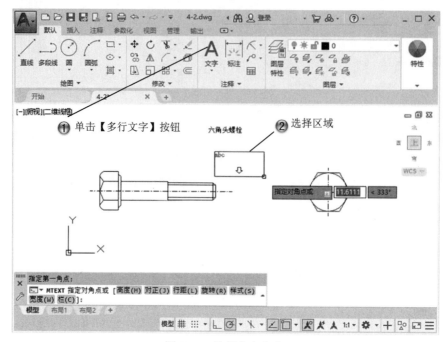

图 4-57　选择文字命令

Step26 添加文字，如图 4-58 所示。

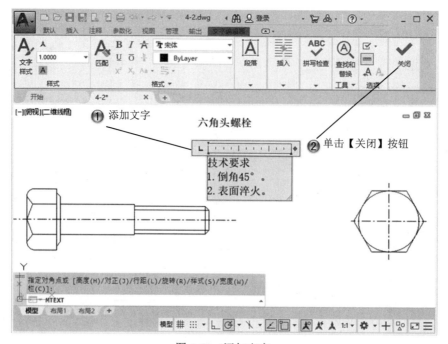

图 4-58　添加文字

Step27 完成图形绘制，如图 4-59 所示。

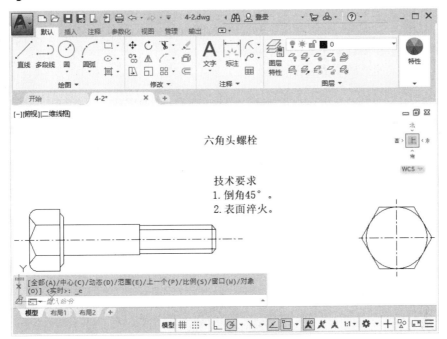

图 4-59　完成图形绘制

4.4　专家总结

本章主要介绍了 AutoCAD 2020 创建文字和修改文字样式的操作，从而使绘制的图形表达更准确。通过本章的学习，读者应该可以熟练掌握 AutoCAD 2020 中文字创建的方法。

4.5　课后习题

4.5.1　填空题

（1）文字创建的方法有_____种。
（2）单行文字的修改方法是_____。

4.5.2 问答题

(1) 单行文字和多行文字的区别有哪些？
(2) 文字样式的修改步骤有哪些？

4.5.3 上机操作题

如图 4-60 所示，使用本章学过的命令来创建并注释蝶阀草图。
一般创建步骤和方法：
(1) 绘制主视图。
(2) 进行阵列。
(3) 创建注释文字。

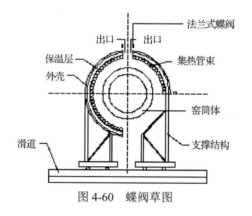

图 4-60　蝶阀草图

第 5 章 尺寸标注

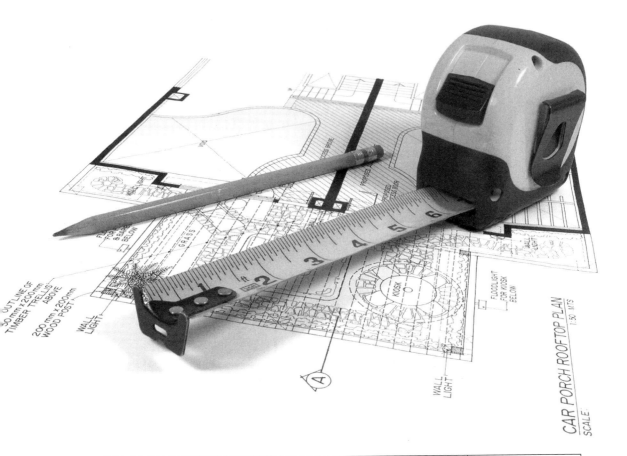

内　容	掌握程度	课　时
创建尺寸标注	熟练运用	2
标注形位公差	熟练运用	2
尺寸标注样式	熟练运用	2

课训目标

课程学习建议

尺寸标注是图形绘制的重要组成部分，它是图形的测量注释，可以测量和显示对象的长度、角度等测量值。AutoCAD 提供了多种标注样式和多种设置标注的方法，可以满足建筑、机械、电子等大多数应用领域的要求。在绘图时使用尺寸标注，能够对图形的各个部分添加提示和解释等辅助信息，既方便用户绘制，又方便使用者阅读。本章将讲述设置尺寸标注样式的方法、对图形进行尺寸标注的方法。

本课程主要基于尺寸标注进行讲解，其培训课程表如下。

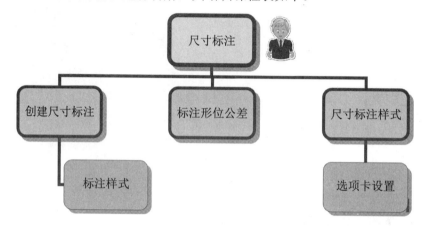

5.1 创建尺寸标注

图样上的尺寸由尺寸界线、尺寸线、尺寸起止符号和尺寸数字组成。尺寸界线用细实线绘画，一般应与被注长度线垂直，

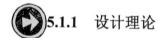

5.1.1 设计理论

除正常的标注外，在 AutoCAD 标注文字时，有很多特殊的字符和标注，这些特殊字符和标注由控制字符来实现，AutoCAD 的特殊字符及其对应的控制字符如表 5-1 所示。

表 5-1 特殊字符及其对应的控制字符

特殊符号或标注	控 制 字 符	示 例
圆直径标注符号（Ø）	%%c	Ø48
百分号	%%%	%30
正/负公差符号（±）	%%p	20±0.8
度符号（°）	%%d	48°
字符数 nnn	%%nnn	Abc
加上画线	%%o	$\overline{123}$
加下画线	%%u	$\underline{123}$

在 AutoCAD 的实际操作中也会遇到要求对数据标注上下标的情况，下面介绍标注数据上下标的方法。

（1）上标：编辑文字时，输入 2^，然后选中 2^，单击文字编辑菜单中的 a/b 按钮。

（2）下标：编辑文字时，输入^2，然后选中^2，单击文字编辑菜单中的 a/b 按钮。

（3）上下标：编辑文字时，输入 2^2，然后选中 2^2，单击文字编辑菜单中的 a/b 按钮。

5.1.2 课堂讲解

1. 线性标注

创建线性尺寸标注有 3 种方法，如图 5-1 所示。

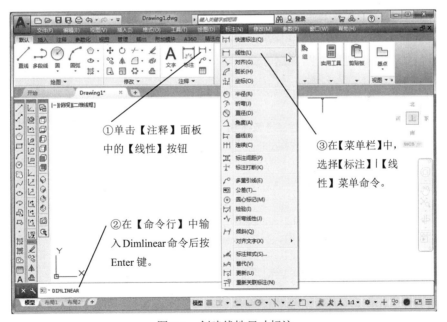

图 5-1 创建线性尺寸标注

线性尺寸标注用于标注图形的水平尺寸、垂直尺寸，如图 5-2 所示。

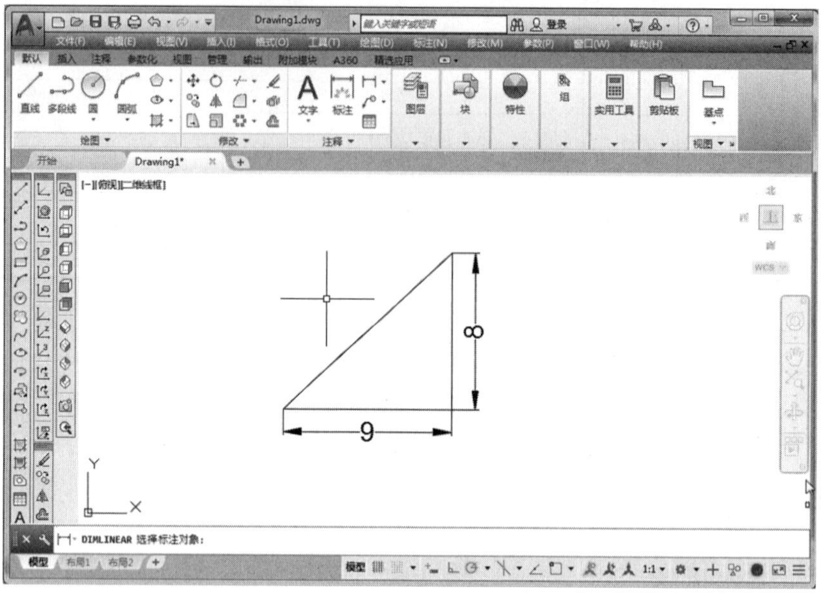

图 5-2　线性尺寸标注

2. 对齐标注

创建对齐尺寸标注有 3 种方法，如图 5-3 所示。

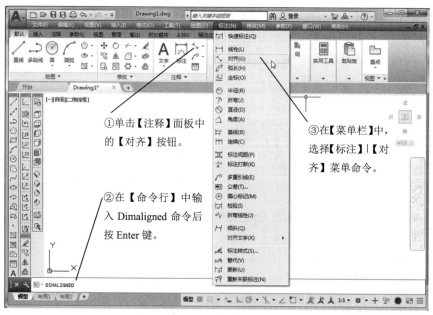

图 5-3　创建对齐尺寸标注

对齐尺寸标注是指标注两点间的距离，标注的尺寸线平行于两点间的连线，如图 5-4 所示为对齐尺寸标注。

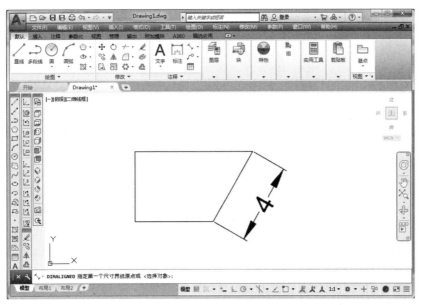

图 5-4　对齐尺寸标注

3. 半径标注

创建半径尺寸标注有 3 种方法，如图 5-5 所示。

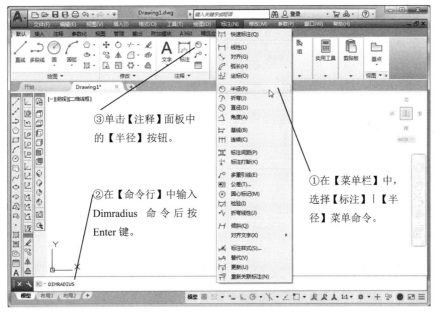

图 5-5　创建半径尺寸标注

半径尺寸标注用于标注圆或圆弧的半径，如图 5-6 所示。

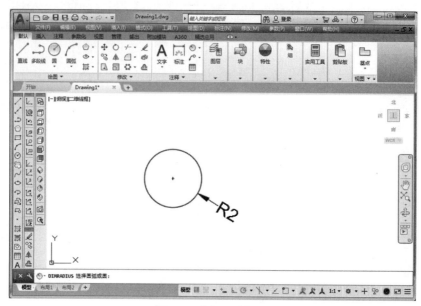

图 5-6 半径尺寸标注

4. 直径标注

创建直径尺寸标注有 3 种方法，如图 5-7 所示。

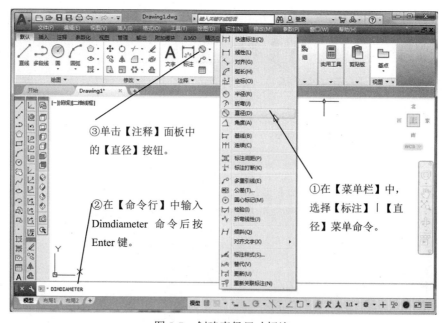

图 5-7 创建直径尺寸标注

直径尺寸标注用于标注圆的直径，如图 5-8 所示。

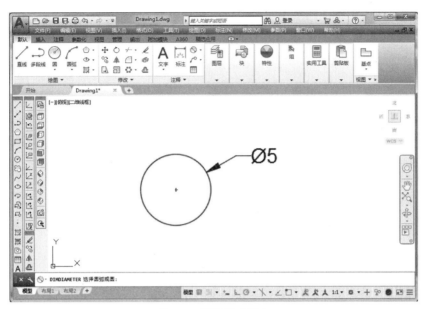

图 5-8　直径尺寸标注

5. 角度标注

创建角度尺寸标注有 3 种方法，如图 5-9 所示。

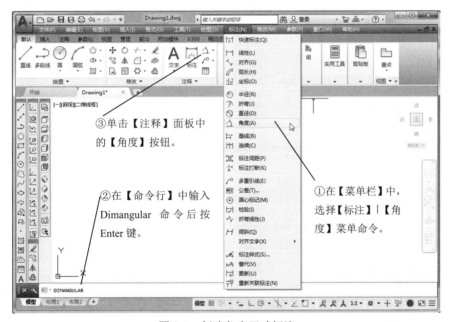

图 5-9　创建角度尺寸标注

角度尺寸标注用于标注两条不平行线的夹角或圆弧的夹角，如图 5-10 所示为角度尺寸标注。

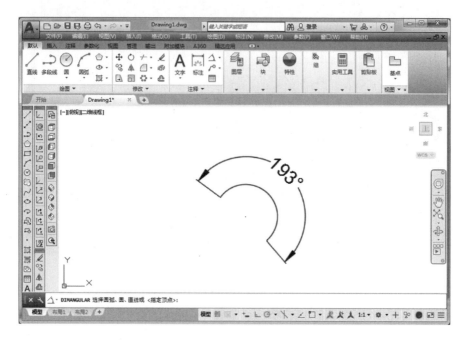

图 5-10　角度尺寸标注

5.1.3　课堂练习——标注基座图尺寸

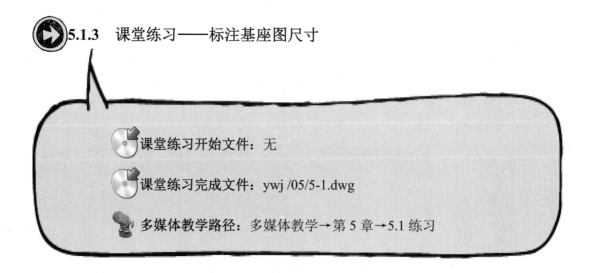

课堂练习开始文件：无

课堂练习完成文件：ywj /05/5-1.dwg

多媒体教学路径：多媒体教学→第 5 章→5.1 练习

Step1 设置图层，如图 5-11 所示。

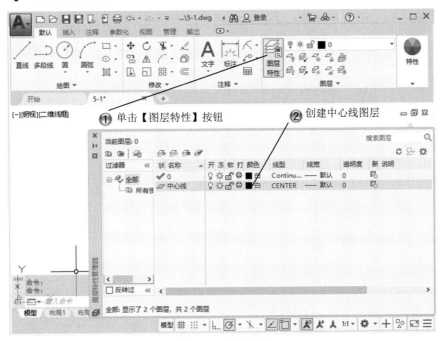

图 5-11　设置图层

Step2 绘制中心线，如图 5-12 所示。

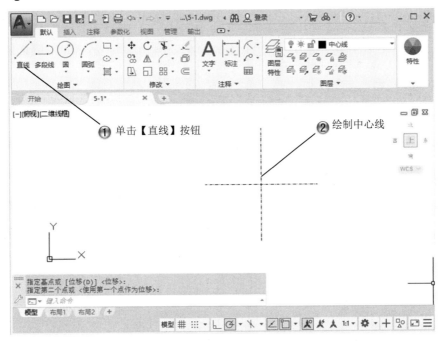

图 5-12　绘制中心线

Step3 绘制半径为 2 的圆形，如图 5-13 所示。

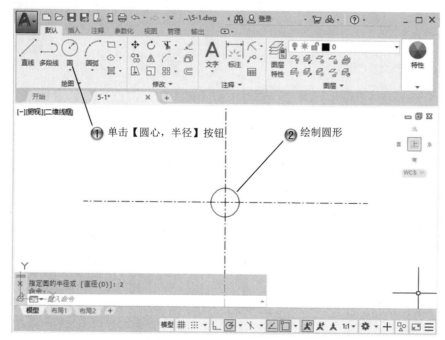

图 5-13　绘制半径为 2 的圆形

Step4 绘制半径为 3 的圆形，如图 5-14 所示。

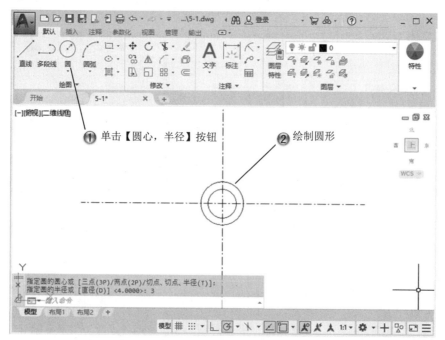

图 5-14　绘制半径为 3 的圆形

Step5 绘制半径为 5 的圆形，如图 5-15 所示。

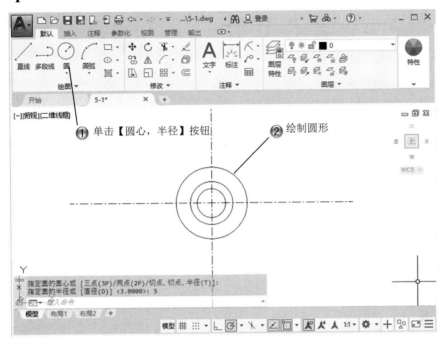

图 5-15　绘制半径为 5 的圆形

Step6 绘制半径为 5.5 的圆形，如图 5-16 所示。

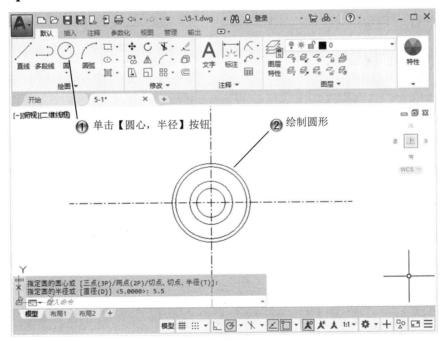

图 5-16　绘制半径为 5.5 的圆形

Step7 绘制半径为 8 的圆形，如图 5-17 所示。

图 5-17　绘制半径为 8 的圆形

Step8 绘制半径为 10 的圆形，如图 5-18 所示。

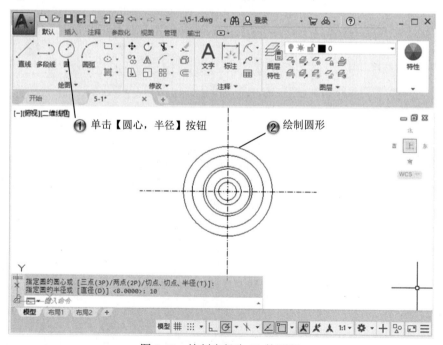

图 5-18　绘制半径为 10 的圆形

Step9 绘制 26×2 的矩形，如图 5-19 所示。

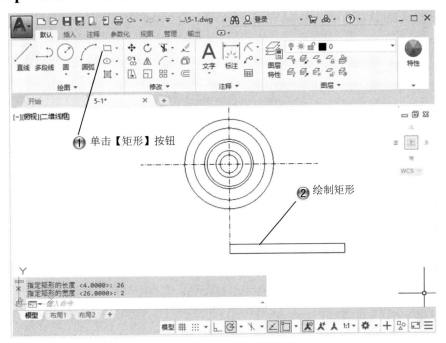

图 5-19　绘制 26×2 的矩形

Step10 移动矩形，如图 5-20 所示。

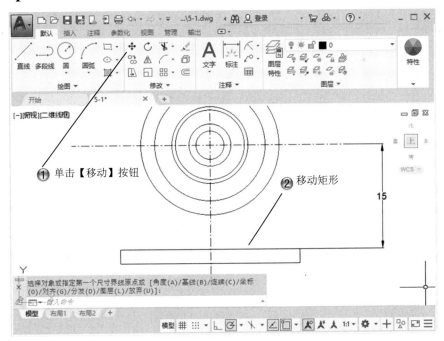

图 5-20　移动矩形

Step11 绘制圆角，如图 5-21 所示。

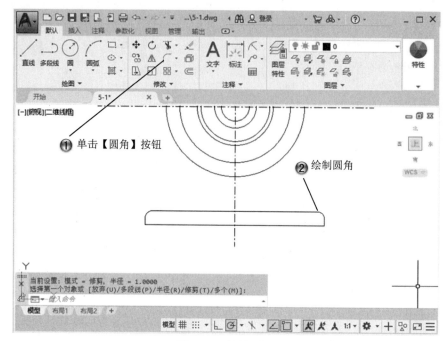

图 5-21　绘制圆角

Step12 绘制切线，如图 5-22 所示。

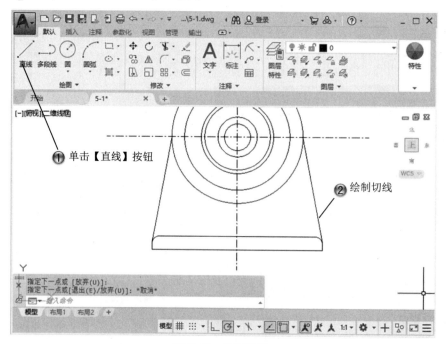

图 5-22　绘制切线

Step13 绘制 8×1 的矩形，如图 5-23 所示。

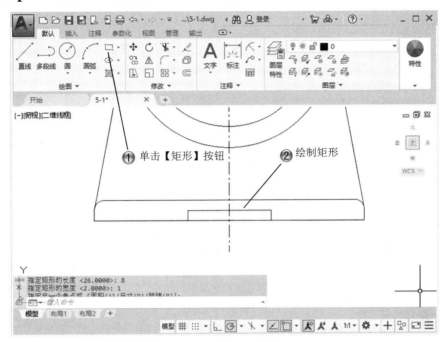

图 5-23　绘制 8×1 的矩形

Step14 绘制圆角，如图 5-24 所示。

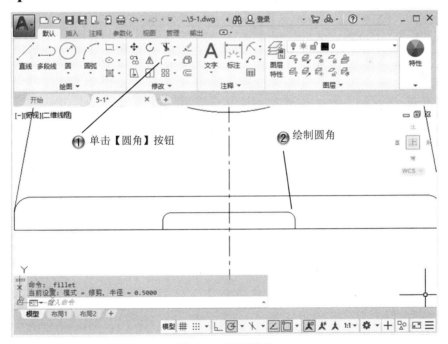

图 5-24　绘制圆角

Step15 修剪图形，如图 5-25 所示。

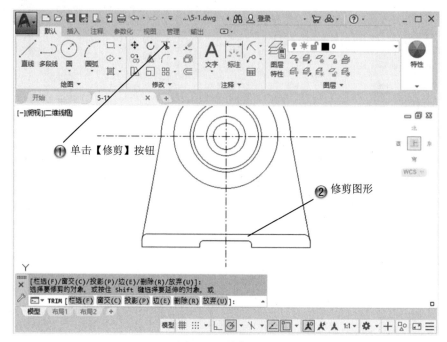

图 5-25　修剪图形

Step16 绘制直线，如图 5-26 所示。

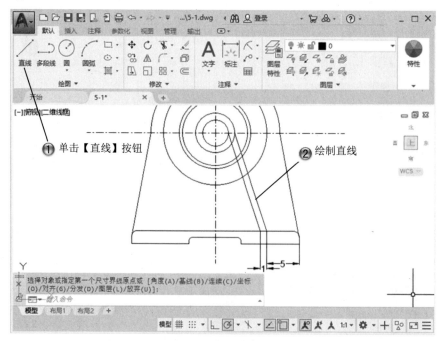

图 5-26　绘制直线

Step17 镜像直线，如图 5-27 所示。

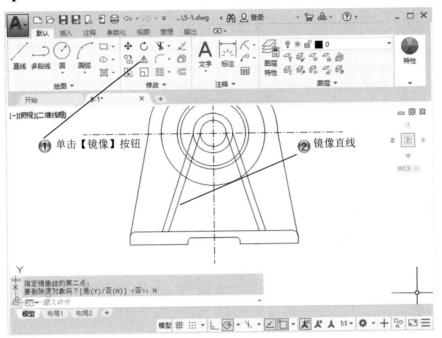

图 5-27　镜像直线

Step18 修剪图形，如图 5-28 所示。

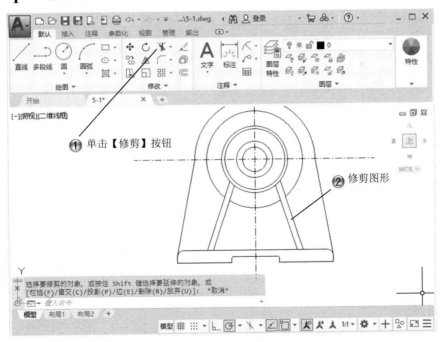

图 5-28　修剪图形

Step19 绘制六边形，如图 5-29 所示。

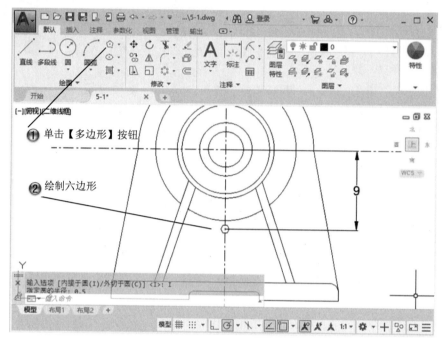

图 5-29　绘制六边形

Step20 选择阵列命令，如图 5-30 所示。

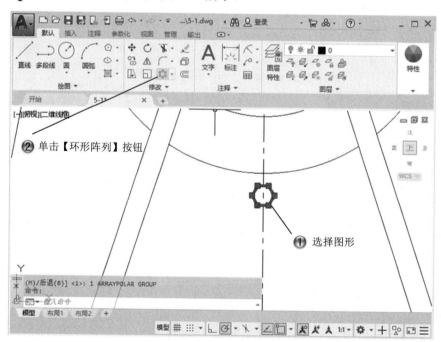

图 5-30　选择阵列命令

Step21 设置阵列参数，如图 5-31 所示。

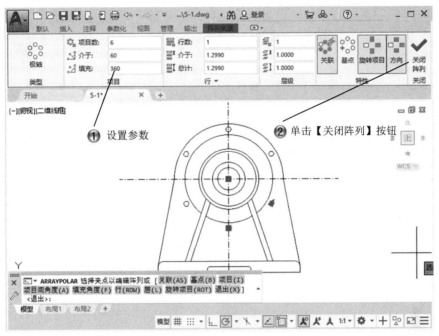

图 5-31　设置阵列参数

Step22 添加尺寸标注，如图 5-32 所示。

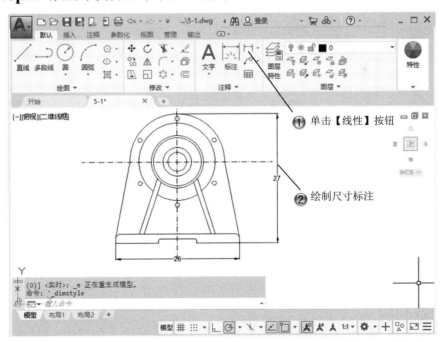

图 5-32　添加尺寸标注

Step23 添加下部尺寸标注，如图 5-33 所示。

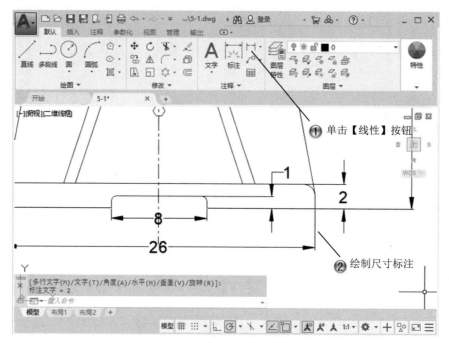

图 5-33　添加下部尺寸标注

Step24 添加半径标注，如图 5-34 所示。

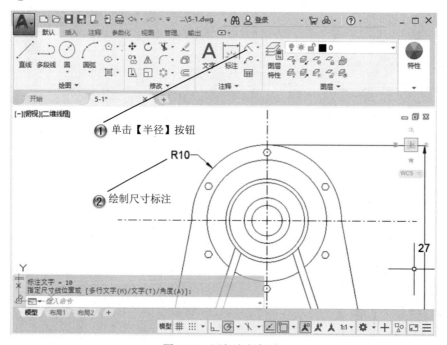

图 5-34　添加半径标注

Step25 添加直径标注,如图 5-35 所示。

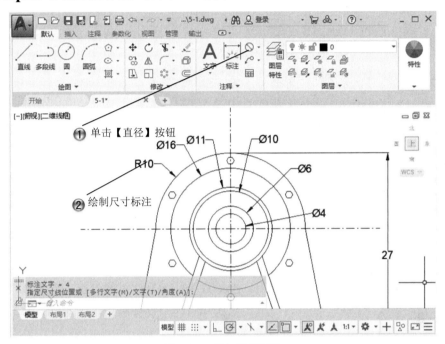

图 5-35　添加直径标注

Step26 完成视图标注,如图 5-36 所示。

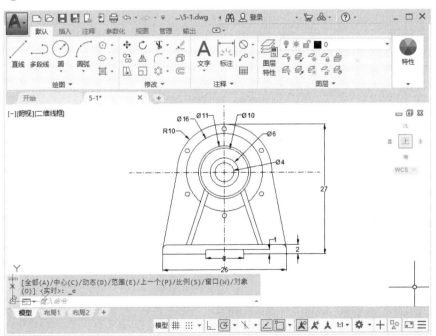

图 5-36　完成视图标注

5.2 标注形位公差

基本概念

形位公差包括形状公差和位置公差。任何零件都是由点、线、面构成的，这些点、线、面称为要素。零件机械加工后的实际要素相对于理想要素总有误差，包括形状误差和位置误差。这类误差会影响机械产品的功能，设计时应规定相应的公差并按规定的标准符号标注在图样上。

课堂讲解课时：2 课时

5.2.1 设计理论

坐标尺寸标注用于标注指定点到用户坐标系（UCS）原点的坐标方向距离。基线尺寸标注用于标注以同一基准为起点的一组相关尺寸。圆心标记用于绘制圆或者圆弧的圆心十字型标记或中心线。

5.2.2 课堂讲解

1. 坐标尺寸标注

创建坐标尺寸标注有 3 种方法，如图 5-37 所示。

图 5-37　创建坐标尺寸标注

点的坐标标注，如图 5-38 所示。

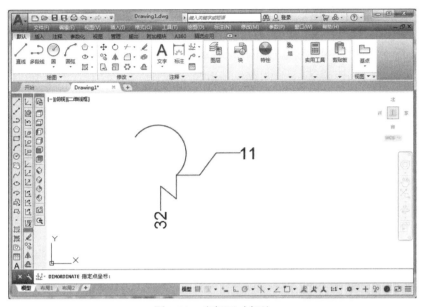

图 5-38　坐标尺寸标注

2．基线尺寸标注

创建基线尺寸标注有 2 种方法，如图 5-39 所示。

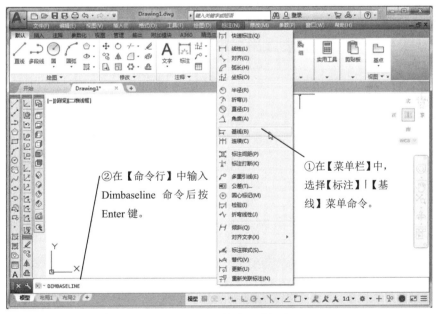

图 5-39　创建基线尺寸标注

如果当前任务中未创建任何标注，执行上述任一操作后，系统将提示用户选择线性标注、坐标标注或角度标注，以用作基线标注的基准。基线尺寸标注如图 5-40 所示。

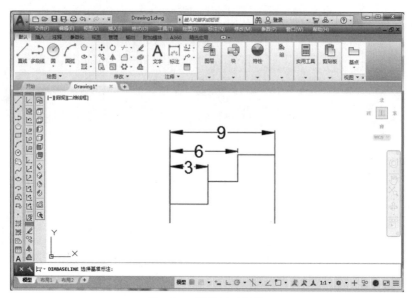

图 5-40 基线尺寸标注

3. 连续尺寸标注

创建连续尺寸标注有 2 种方法，如图 5-41 所示。

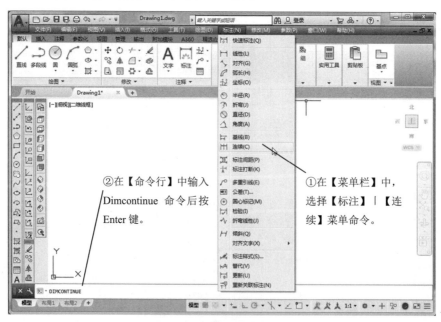

图 5-41 创建连续尺寸标注

如果当前任务中未创建任何标注，执行上述任一操作后，系统将提示用户选择线性标注、坐标标注或角度标注，以用作连续标注的基准。

连续尺寸标注用于标注一组连续相关尺寸，即前一尺寸标注是后一尺寸标注的基准，如图 5-42 所示。

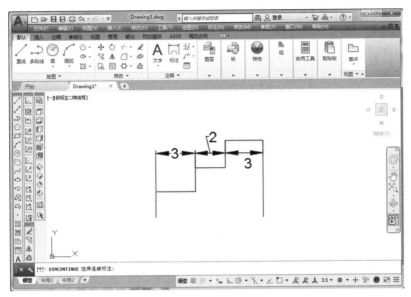

图 5-42　连续尺寸标注

4. 圆心标记

圆心标记的创建方法有 2 种，如图 5-43 所示。

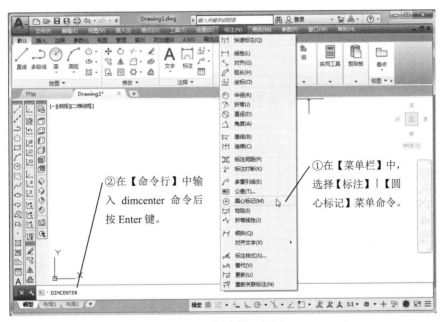

图 5-43　创建圆心标记

如果用户既需要绘制十字型标记又需要绘制中心线，则首先必须在【修改标注样式】对话框的【符号与箭头】选项卡中选择【圆心标记】为【直线】选项，并在【大小】微调框中输入相应的数值来设定圆心标记的大小（若只需要绘制十字型标记，则选择【圆心标记】为【标记】选项），如图 5-44 所示。

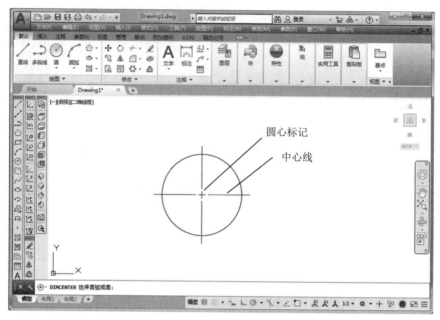

图 5-44 圆心标记

5. 引线尺寸标注

创建引线尺寸标注的方法：在【命令行】中输入 qleader 命令后按 Enter 键。

引线尺寸标注是从图形上的指定点引出连续的引线，用户可以在引线上输入标注文字，如图 5-45 所示。

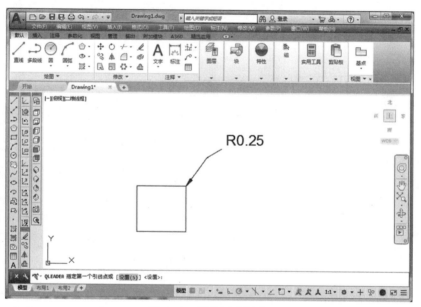

图 5-45 引线尺寸标注

此时打开【引线设置】对话框，如图 5-46 所示。

第 5 章 尺寸标注

①【注释】选项卡：设置引线注释类型、指定多行文字选项，并指明是否需要重复使用注释。

②【引线和箭头】选项卡：设置引线和箭头格式。

③【附着】选项卡：设置引线和多行文字注释的附着位置。

图 5-46 【引线设置】对话框

5.2.3 课堂练习——标注基座图公差

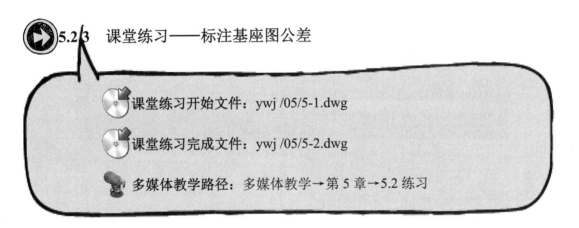

课堂练习开始文件：ywj /05/5-1.dwg

课堂练习完成文件：ywj /05/5-2.dwg

多媒体教学路径：多媒体教学→第 5 章→5.2 练习

Step1 绘制中心线，如图 5-47 所示。

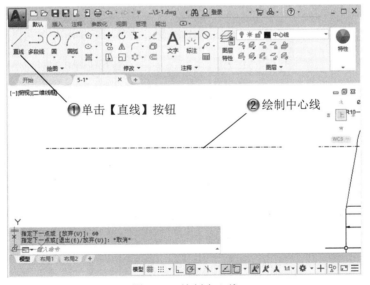

①单击【直线】按钮　②绘制中心线

图 5-47 绘制中心线

Step2 绘制 6×4 的矩形，如图 5-48 所示。

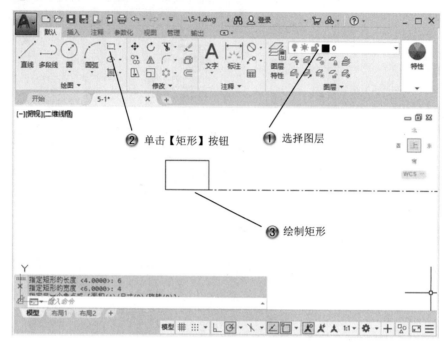

图 5-48　绘制 6×4 的矩形

Step3 移动矩形，如图 5-49 所示。

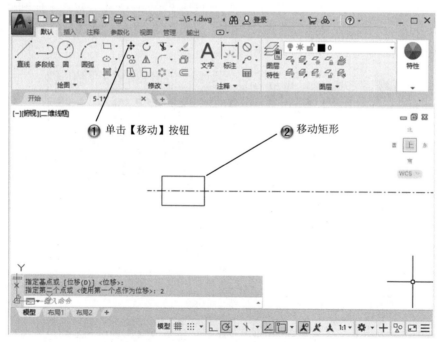

图 5-49　移动矩形

Step4 绘制 6×2 的矩形，如图 5-50 所示。

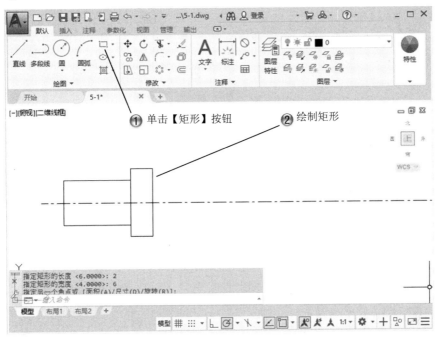

图 5-50　绘制 6×2 的矩形

Step5 绘制 10×1 的矩形，如图 5-51 所示。

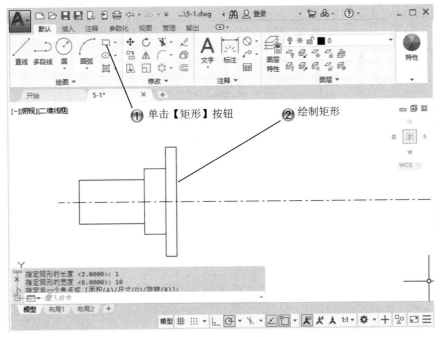

图 5-51　绘制 10×1 的矩形

Step6 绘制 11×1 的矩形，如图 5-52 所示。

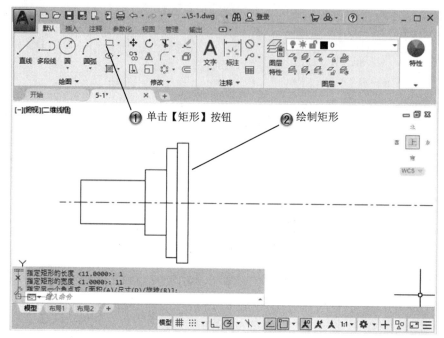

图 5-52 绘制 11×1 的矩形

Step7 绘制 20×8 的矩形，如图 5-53 所示。

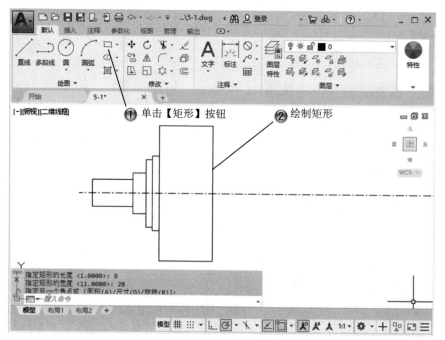

图 5-53 绘制 20×8 的矩形

Step8 移动矩形，如图 5-54 所示。

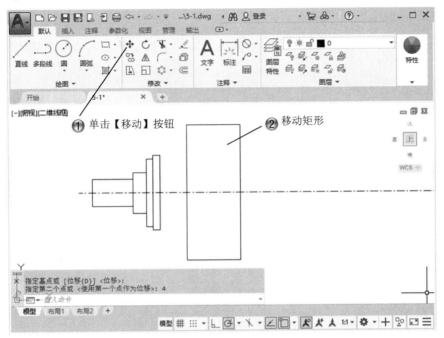

图 5-54　移动矩形

Step9 绘制 60 度的斜线，如图 5-55 所示。

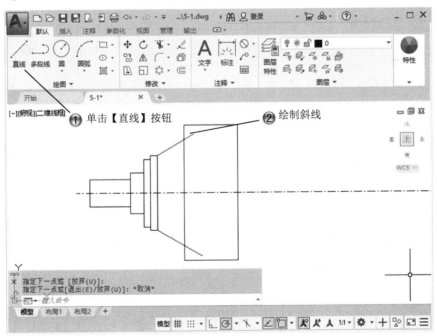

图 5-55　绘制 60 度的斜线

Step10 绘制垂线，如图 5-56 所示。

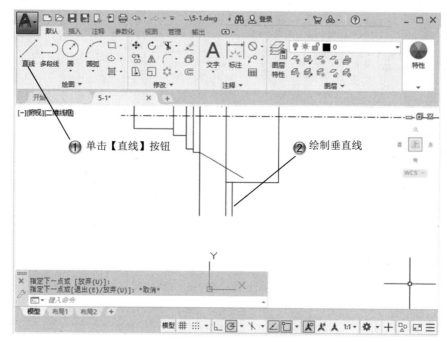

图 5-56　绘制垂线

Step11 绘制 10×2 的矩形，如图 5-57 所示。

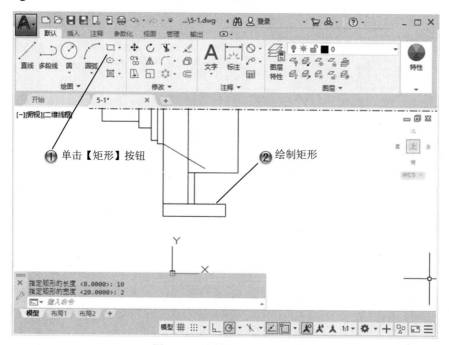

图 5-57　绘制 10×2 的矩形

Step12 移动矩形,如图 5-58 所示。

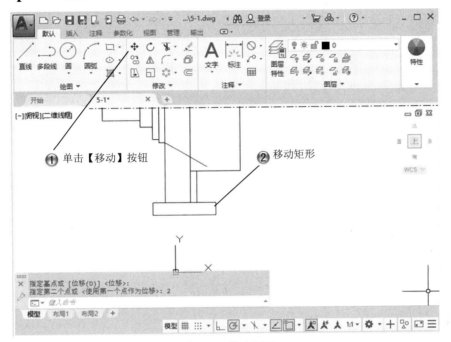

图 5-58　移动矩形

Step13 绘制斜线,如图 5-59 所示。

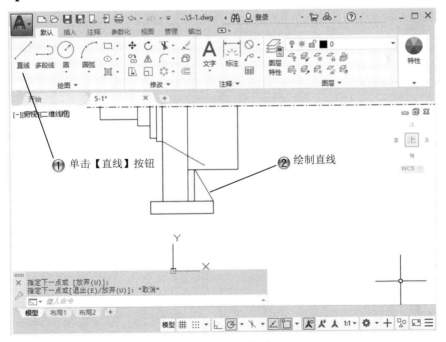

图 5-59　绘制斜线

Step14 修剪图形，如图 5-60 所示。

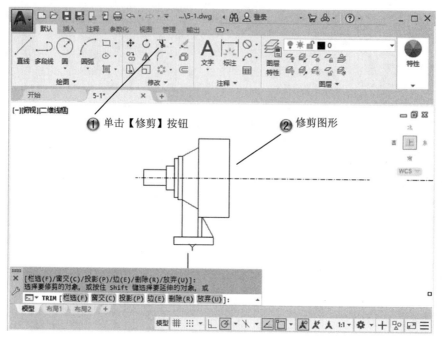

图 5-60　修剪图形

Step15 绘制 12×2 的矩形，如图 5-61 所示。

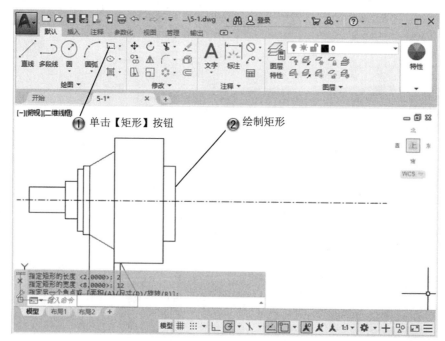

图 5-61　绘制 12×2 的矩形

Step16 绘制 24×20 的矩形，如图 5-62 所示。

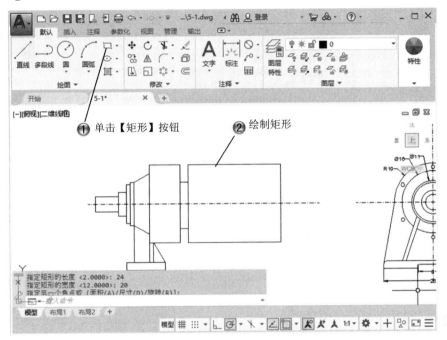

图 5-62　绘制 24×20 的矩形

Step17 绘制圆角，如图 5-63 所示。

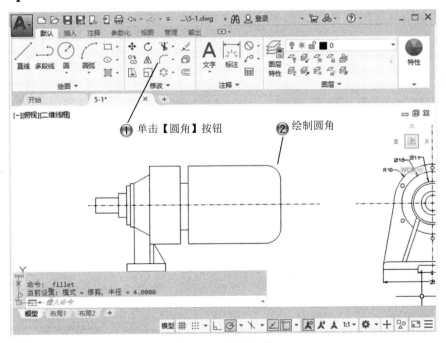

图 5-63　绘制圆角

Step18 标注连续尺寸线，如图 5-64 所示。

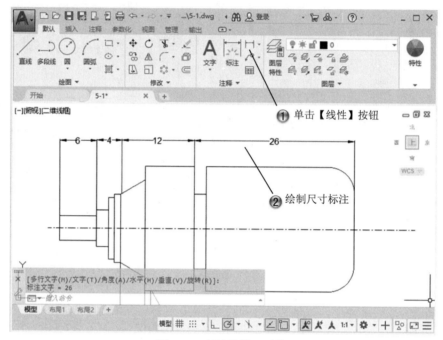

图 5-64　标注连续尺寸线

Step19 标注尺寸线，如图 5-65 所示。

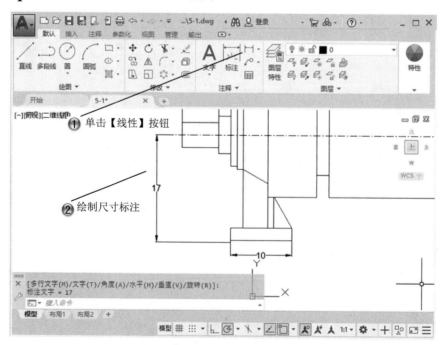

图 5-65　标注尺寸线

Step20 创建形位公差，如图 5-66 所示。

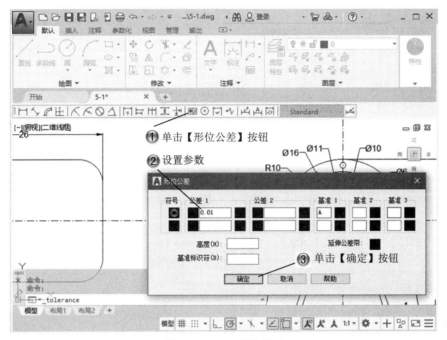

图 5-66　创建形位公差

Step21 放置同心公差，如图 5-67 所示。

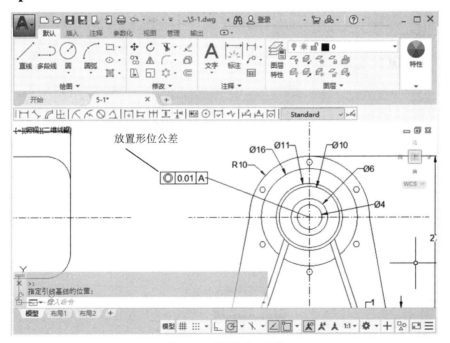

图 5-67　放置同心公差

Step22 创建形位公差，如图 5-68 所示。

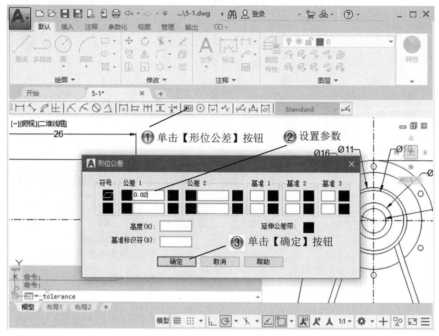

图 5-68　创建形位公差

Step23 放置平面公差，如图 5-69 所示。

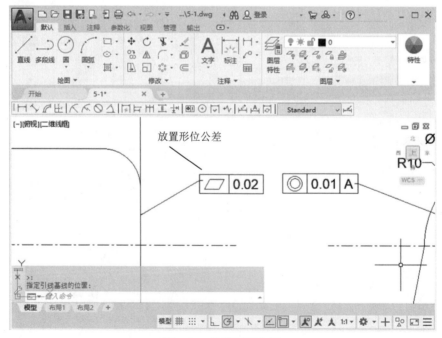

图 5-69　放置平面公差

Step24 完成图形的尺寸标注，如图 5-70 所示。

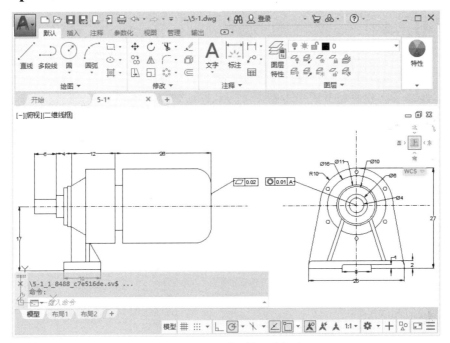

图 5-70　完成图形的尺寸标注

5.3　尺寸标注样式

尺寸标注包含尺寸线、尺寸界限、符号与箭头、文字、主单位、换算单位和公差等内容，不同的场合，尺寸的标注样式不尽相同。

5.3.1　设计理论

选择【格式】|【标注样式】菜单命令，可以打开【标注样式管理器】对话框，单击【修改】按钮，打开【修改标注样式】对话框可以对标注样式进行设置，它有 7 个选项卡，下面对其设置做详细讲解。

5.3.2 课堂讲解

1. 【线】选项卡

单击【修改标注样式】对话框中的【线】标签,切换到【线】选项卡,如图 5-71 和图 5-72 所示。在此选项卡中,用户可以设置尺寸的几何变量。

【线】选项卡:此选项卡用于设置尺寸线和尺寸界线的格式及特性。

①【尺寸线】:设置尺寸线的特性。
②【颜色】:显示并设置尺寸线的颜色。
③【线型】:设置尺寸线的线型。
④【线宽】:设置尺寸线的线宽。
⑤【超出标记】:用户可以在此输入自己的预定值。
⑥【基线间距】:显示的是两尺寸线之间的距离,用户可以在此输入自己的预定值。
⑦【隐藏】:不显示尺寸线。

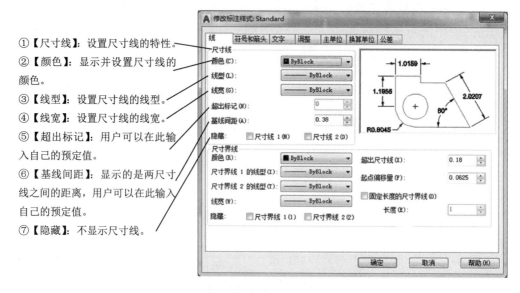

图 5-71 【修改标注样式】对话框

①【尺寸界线】:控制尺寸界线的外观。
②【颜色】:显示并设置尺寸界线的颜色。
③【尺寸界线 1 的线型】及【尺寸界线 2 的线型】:设置尺寸界线的线型。
④【线宽】:设置尺寸界线的线宽。
⑤【隐藏】:不显示尺寸界线。
⑥【超出尺寸线】:显示的是尺寸界线超过尺寸线的距离。
⑦【起点偏移量】:用于设置自图形中定义标注的点到尺寸界线的偏移距离。

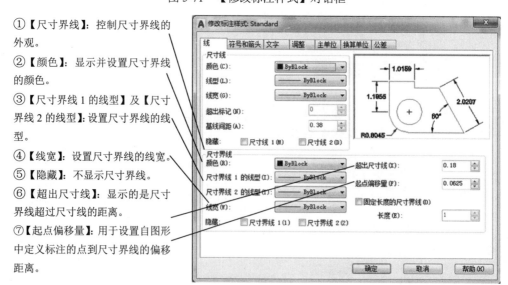

图 5-72 【尺寸界线】选项组

2. 【符号和箭头】选项卡

【符号和箭头】选项卡：此选项卡用于设置箭头、圆心标记、折断标注、弧长符号、半径折弯标注和线性弯折标注的格式和位置。

单击【修改标注样式】对话框中的【符号和箭头】标签，切换到【符号和箭头】选项卡，如图 5-73 所示。

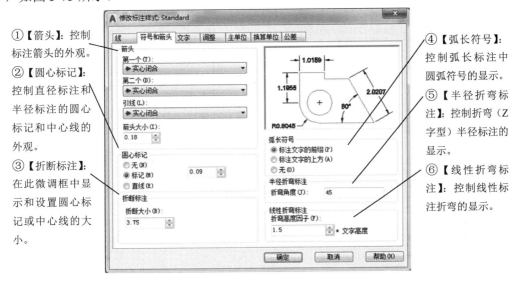

① 【箭头】：控制标注箭头的外观。
② 【圆心标记】：控制直径标注和半径标注的圆心标记和中心线的外观。
③ 【折断标注】：在此微调框中显示和设置圆心标记或中心线的大小。
④ 【弧长符号】：控制弧长标注中圆弧符号的显示。
⑤ 【半径折弯标注】：控制折弯（Z字型）半径标注的显示。
⑥ 【线性折弯标注】：控制线性标注折弯的显示。

图 5-73　【符号和箭头】选项卡

3. 【文字】选项卡

【文字】选项卡：此选项卡用于设置标注文字的外观、位置和对齐。

单击【修改标注样式】对话框中的【文字】标签，切换到【文字】选项卡，如图 5-74 所示。

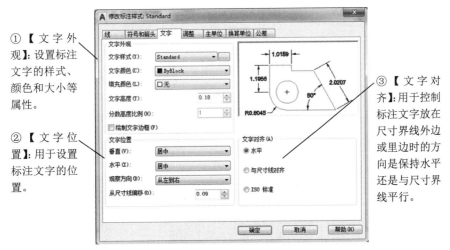

① 【文字外观】：设置标注文字的样式、颜色和大小等属性。
② 【文字位置】：用于设置标注文字的位置。
③ 【文字对齐】：用于控制标注文字放在尺寸界线外边或里边时的方向是保持水平还是与尺寸界线平行。

图 5-74　【文字】选项卡

4. 【调整】选项卡

【调整】选项卡：此选项卡用于设置标注文字、箭头、引线和尺寸线的放置位置。

单击【修改标注样式】对话框中的【调整】标签，切换到【调整】选项卡，如图 5-75 所示。

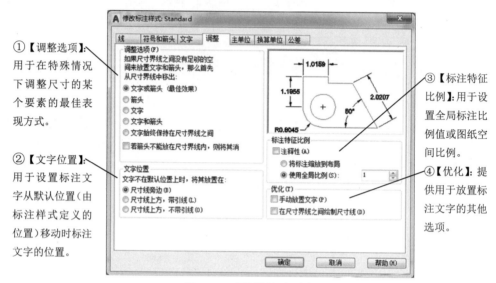

图 5-75 【调整】选项卡

5. 【主单位】选项卡

【主单位】选项卡：此选项卡用于设置主标注单位的格式和精度，并设置标注文字的前缀和后缀。

单击【修改标注样式】对话框中的【主单位】标签，切换到【主单位】选项卡，如图 5-76 所示。

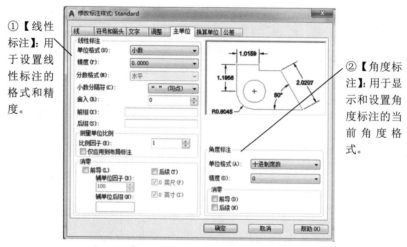

图 5-76 【主单位】选项卡

当输入【前缀】或【后缀】时，输入的内容将添加到直径和半径等标注中。如果指定了公差，【前缀】或【后缀】将添加到公差和主标注中。

名师点拨

6. 【换算单位】选项卡

【换算单位】选项卡：此选项卡用于设置标注测量值中换算单位的显示并设置其格式和精度。

单击【修改标注样式】对话框中的【换算单位】标签，切换到【换算单位】选项卡，如图 5-77 所示。

①【显示换算单位】：用于向标注文字添加换算测量单位。

②【换算单位】：用于显示和设置角度标注的当前角度格式。

③【消零】：用于控制不输出前导零、后续零及零英尺、零英寸部分。

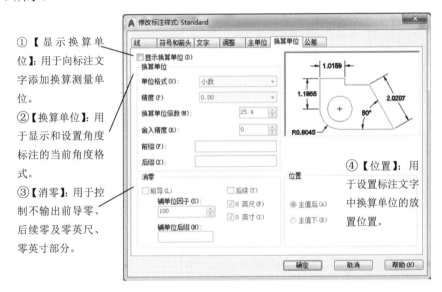

④【位置】：用于设置标注文字中换算单位的放置位置。

图 5-77 【换算单位】选项卡

7. 【公差】选项卡

【公差】选项卡：此选项卡用于设置公差格式和换算公差等。

单击【修改标注样式】对话框中的【公差】标签，切换到【公差】选项卡，如图 5-78 所示。

AutoCAD 2020 基础设计技能课训

①【公差格式】：用于设置标注文字中公差的格式及显示。

②【换算单位公差】：用于设置换算公差单位的格式。

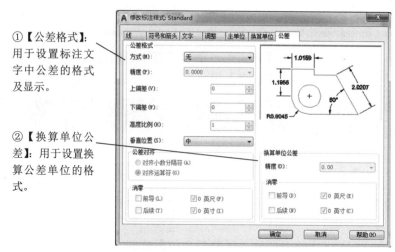

图 5-78 【公差】选项卡

5.3.3 课堂练习——编辑尺寸标注和标注样式

课堂练习开始文件：ywj /05/5-2.dwg

课堂练习完成文件：ywj /05/5-3.dwg

多媒体教学路径：多媒体教学→第 5 章→5.3 练习

Step1 编辑尺寸文字，如图 5-79 所示。

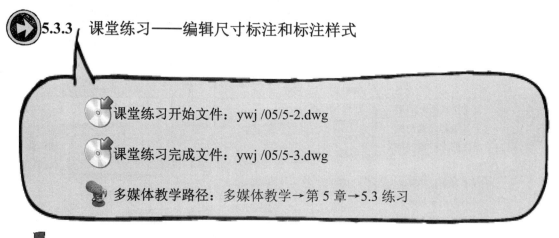

图 5-79 编辑尺寸文字

Step2 选择【标注样式】命令，如图 5-80 所示。

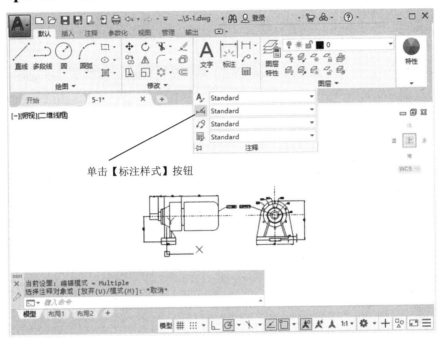

图 5-80 选择【标注样式】命令

Step3 选择【修改】命令，如图 5-81 所示。

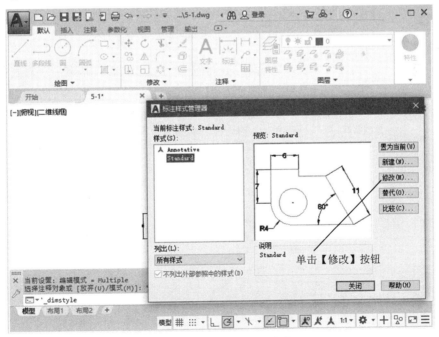

图 5-81 选择【修改】命令

Step4 设置尺寸的符号和箭头，如图 5-82 所示。

图 5-82　设置尺寸的符号和箭头

Step5 设置文字参数，如图 5-83 所示。

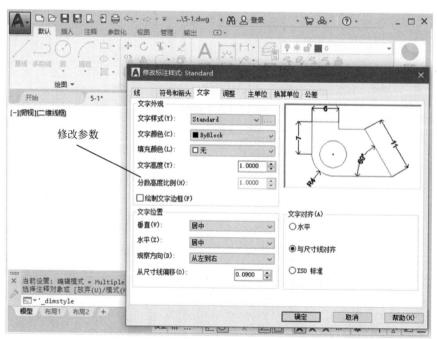

图 5-83　设置文字参数

Step6 设置尺寸主单位，如图 5-84 所示。

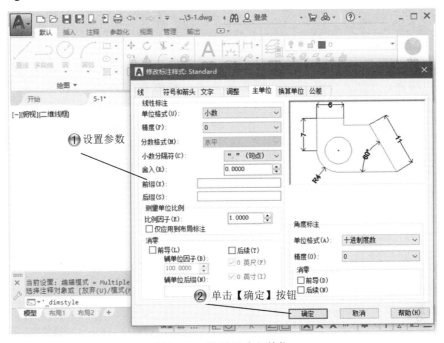

图 5-84　设置尺寸主单位

Step7 完成尺寸编辑，如图 5-85 所示。

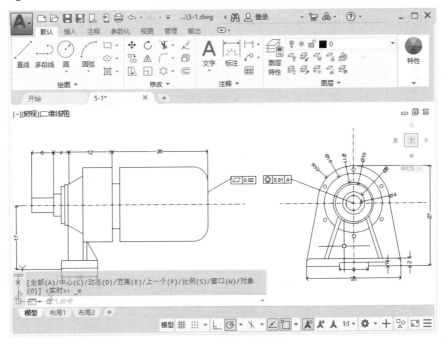

图 5-85　完成尺寸编辑

5.4 专家总结

本章主要介绍了 AutoCAD 2020 尺寸标注的创建与编辑等命令，从而使绘制的图形更加完整和准确。通过本章的学习，读者应该可以熟练掌握 AutoCAD 2020 中尺寸标注的方法。

5.5 课后习题

5.5.1 填空题

（1）尺寸标注的命令有_____种。
（2）尺寸标注的样式在_____进行修改。
（3）线性标注和对齐标注的区别是_____。

5.5.2 问答题

（1）标注的一般顺序是什么？
（2）形位公差都有哪些？

5.5.3 上机操作题

如图 5-86 所示，使用本章学过的各种命令来创建阀盖图纸。
一般创建步骤和方法：
（1）绘制主视图部分，使用镜像命令完成视图。
（2）延伸直线绘制侧视图。
（3）标注零件尺寸。
（4）进行公差标注。

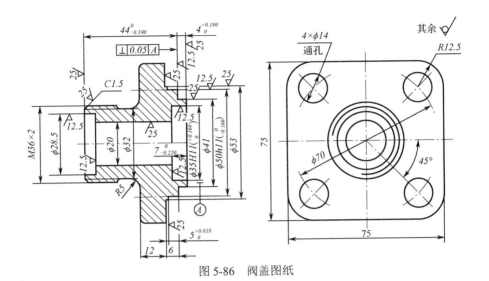

图 5-86 阀盖图纸

第 6 章　精确绘图设置

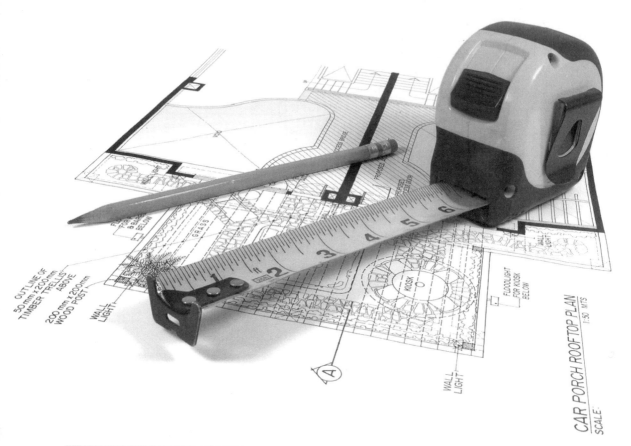

	内　容	掌握程度	课　时
课训目标	栅格和捕捉	熟练运用	2
	对象捕捉	熟练运用	2
	极轴追踪	熟练运用	2

第6章 精确绘图设置

> 课程学习建议

在使用 AutoCAD 绘制图形时,为了方便和快速绘图,需要捕捉特定的模型或点,这时就要用到精确绘图设置,例如栅格捕捉、对象捕捉和极轴追踪等。

本课程主要基于精确绘图设置而展开,其培训课程表如下。

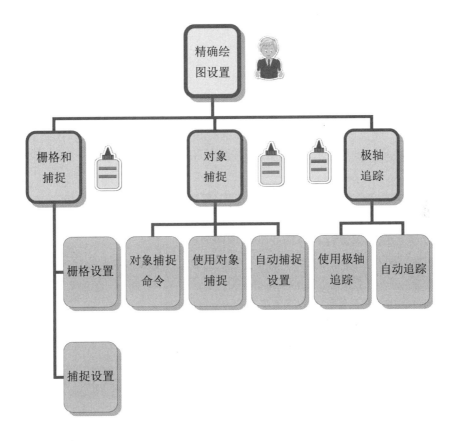

6.1 栅格和捕捉

栅格是点的矩阵,遍布指定图形栅格界限的整个区域。捕捉模式用于限制十字光标,使其按照用户定义的间距移动。

课堂讲解课时：2 课时

6.1.1　设计理论

本节介绍设置捕捉和栅格、使用自动捕捉的方法和极轴跟踪的方法等。在绘图过程中，用户仍然可以根据需要对图形单位、线型、图层等内容进行重新设置，以免因设置不合理而影响绘图效率。

6.1.2　课堂讲解

要提高绘图的速度和效率，可以显示并捕捉栅格点的矩阵。还可以控制其间距、角度和对齐。【捕捉模式】和【显示图形栅格】开关按钮位于主窗口底部的【应用程序状态栏】，如图 6-1 所示。

> 在绘图过程中，用户仍然可以根据需要对图形单位、线型、图层等内容进行重新设置，以免因设置不合理而影响绘图效率。
>
> 名师点拨

图 6-1　【捕捉模式】和【显示图形栅格】开关按钮

1. 栅格

使用栅格类似于在图形下面放置一张坐标纸。利用栅格可以对齐对象并直观显示对象之间的距离。打印图纸时不打印栅格。如果放大或缩小图形，可能需要调整栅格间距，使其更适合新的放大比例，如图 6-2 所示为打开栅格绘图区的效果。【栅格】显示和【捕捉】模式各自独立，但经常同时打开。

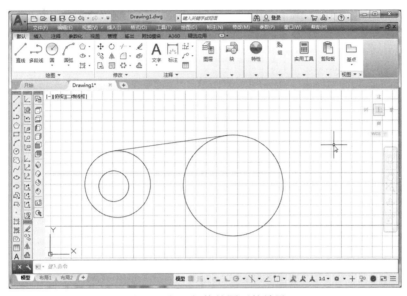

图 6-2　打开栅格绘图区的效果

打开【草图设置】对话框的命令，如图 6-3 所示。

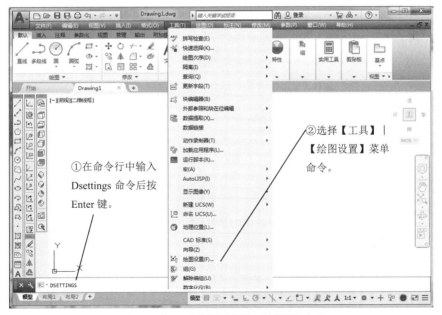

图 6-3　打开【草图设置】对话框的命令

打开【草图设置】对话框，单击【捕捉和栅格】标签，切换到【捕捉和栅格】选项卡，可以对栅格捕捉属性进行设置，如图6-4所示。

> 【极轴距离】的设置需与极坐标追踪或对象捕捉追踪结合使用。如果两个追踪功能都未选择，则【极轴距离】设置无效。

名师点拨

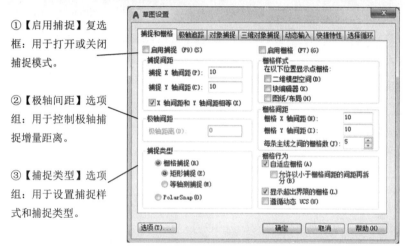

图6-4 【捕捉和栅格】选项卡（一）

2. 捕捉

当【捕捉】模式打开时，光标似乎附着或捕捉到不可见的栅格。捕捉模式有助于使用箭头键或定点设备来精确地定位点，如图6-5所示。

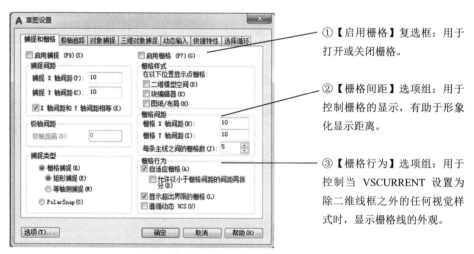

图6-5 【捕捉和栅格】选项卡（二）

6.1.3 课堂练习——绘制连接板主剖面图

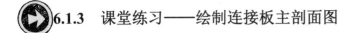

- 课堂练习开始文件：无
- 课堂练习完成文件：ywj /06/6-1.dwg
- 多媒体教学路径：多媒体教学→第 6 章→6.1 练习

Step1 设置栅格捕捉，如图 6-6 所示。

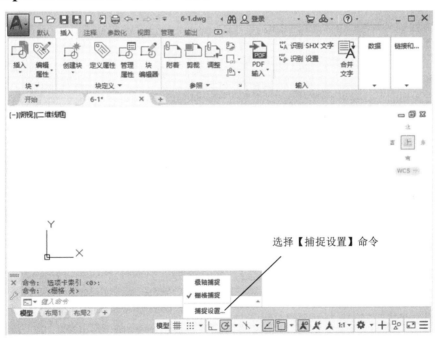

图 6-6　设置栅格捕捉

Step2 设置捕捉参数，如图 6-7 所示。

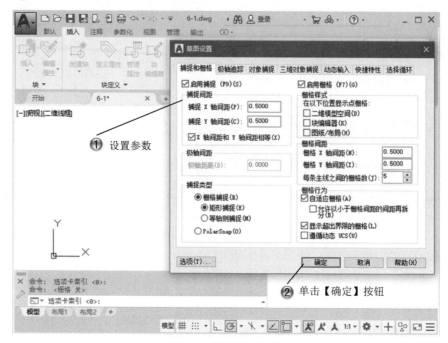

图 6-7　设置捕捉参数

Step3 设置线宽，如图 6-8 所示。

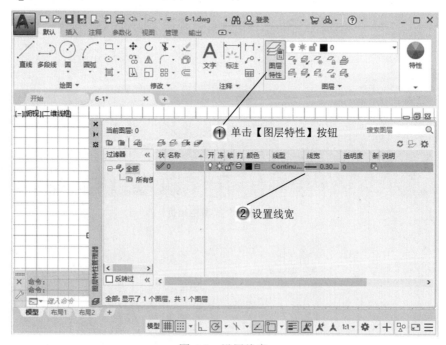

图 6-8　设置线宽

Step4 绘制矩形，如图 6-9 所示。

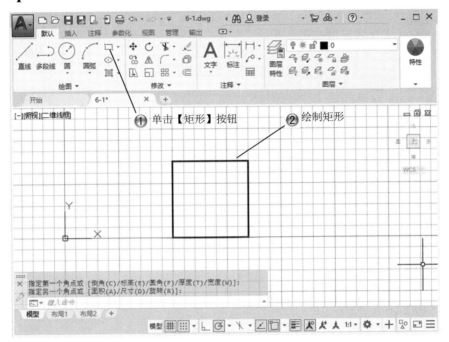

图 6-9　绘制矩形

Step5 绘制三角形，如图 6-10 所示。

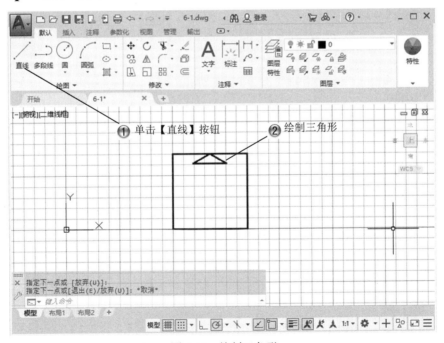

图 6-10　绘制三角形

Step6 绘制矩形，如图 6-11 所示。

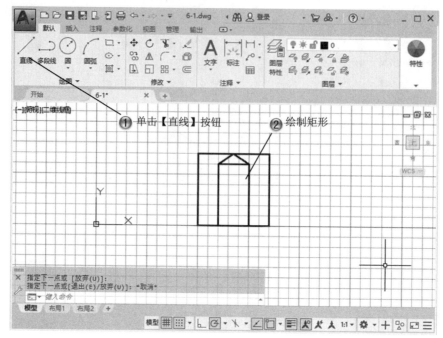

图 6-11　绘制矩形

Step7 绘制直线，如图 6-12 所示。

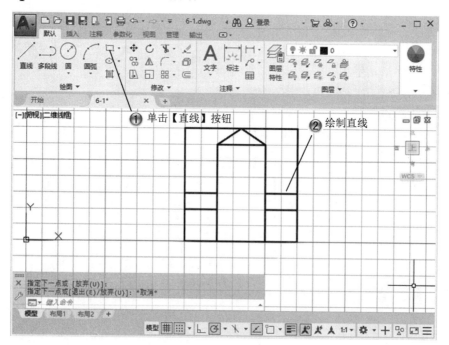

图 6-12　绘制直线

Step8 绘制圆弧，如图 6-13 所示。

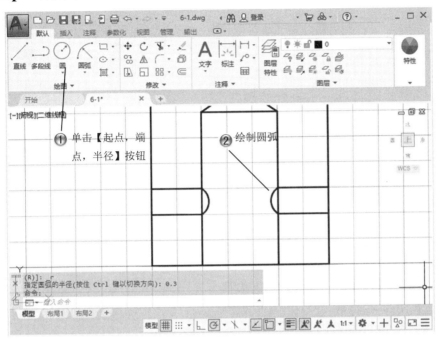

图 6-13　绘制圆弧

Step9 修剪图形，如图 6-14 所示。

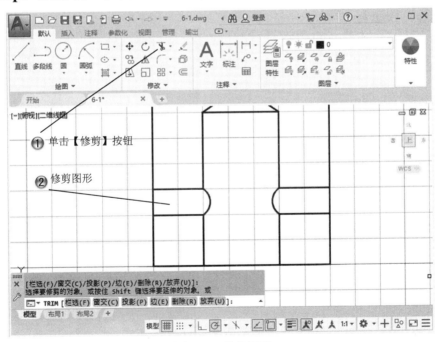

图 6-14　修剪图形

Step10 绘制矩形，如图 6-15 所示。

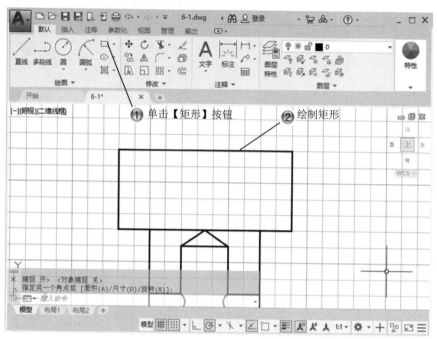

图 6-15　绘制矩形

Step11 绘制圆角，如图 6-16 所示。

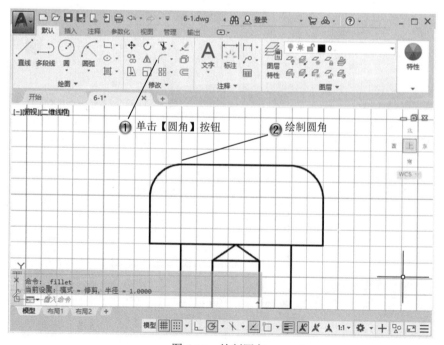

图 6-16　绘制圆角

Step12 绘制半径为 0.5 的圆形，如图 6-17 所示。

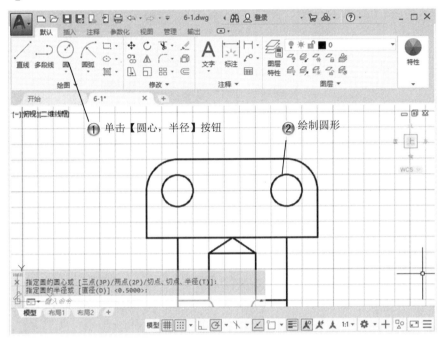

图 6-17　绘制半径为 0.5 的圆形

Step13 绘制直线，如图 6-18 所示。

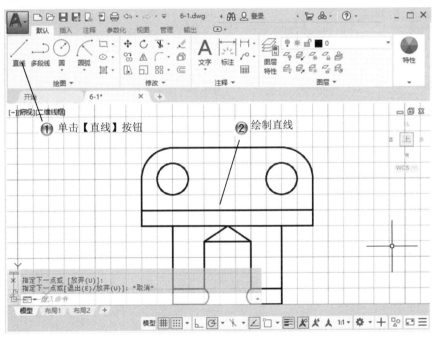

图 6-18　绘制直线

Step14 选择填充命令，如图 6-19 所示。

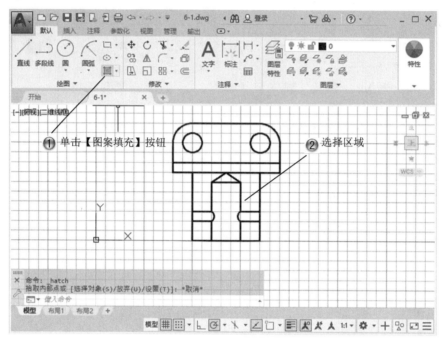

图 6-19　选择填充命令

Step15 填充区域，如图 6-20 所示。

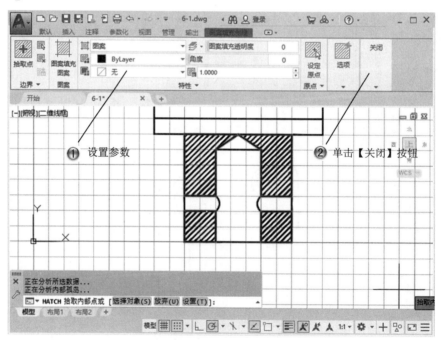

图 6-20　填充区域

Step16 完成图形绘制,如图 6-21 所示。

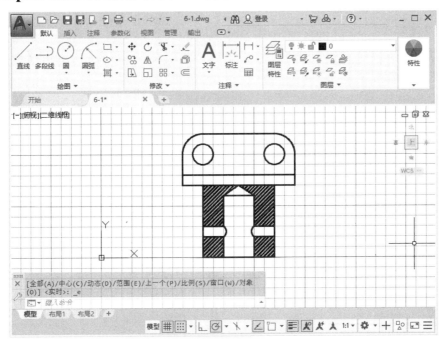

图 6-21 完成图形绘制

6.2 对象捕捉

绘制精度要求非常高的图纸,细小的差错也会造成重大的失误,为尽可能提高绘图的精度,AutoCAD 提供了对象捕捉功能,这样可快速、准确地绘制图形。

课堂讲解课时:2 课时

6.2.1 设计理论

使用对象捕捉功能可以迅速指定对象上的精确位置,而不必输入坐标值或绘制构造线。该功能可将指定点限制在现有对象的确切位置上,如中点或交点等,例如使用对象捕捉功能可以绘制到圆心或多段线中点的直线。

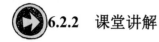 6.2.2 课堂讲解

1. 对象捕捉命令

选择【工具】|【工具栏】|【AutoCAD】|【对象捕捉】菜单命令，打开【对象捕捉】工具栏，如图 6-22 所示。

图 6-22 【对象捕捉】工具栏

对象捕捉名称和捕捉命令，见表 6-1。

表 6-1 对象捕捉列表

图 标	命 令 缩 写	对象捕捉名称
	TT	临时追踪点
	FROM	捕捉自
	ENDP	捕捉到端点
	MID	捕捉到中点
	INT	捕捉到交点
	APPINT	捕捉到外观交点
	EXT	捕捉到延长线
	CEN	捕捉到圆心
	QUA	捕捉到象限点
	TAN	捕捉到切点

续表

图标	命令缩写	对象捕捉名称
⊥	PER	捕捉到垂足
∥	PAR	捕捉到平行线
⊕	INS	捕捉到插入点
⊙	NOD	捕捉到节点
⁄	NEA	捕捉到最近点
⋔	NON	无捕捉
⋒	OSNAP	对象捕捉设置

2. 使用对象捕捉

如果需要对【对象捕捉】属性进行设置，选择【工具】|【草图设置】菜单命令，打开【草图设置】对话框，单击【对象捕捉】标签，切换到【对象捕捉】选项卡，如图6-23所示。

②【对象捕捉模式】列出了可以在执行对象捕捉时打开的对象捕捉模式。

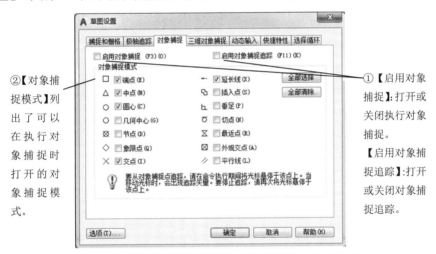

①【启用对象捕捉】：打开或关闭执行对象捕捉。
【启用对象捕捉追踪】：打开或关闭对象捕捉追踪。

图6-23 【草图设置】对话框中的【对象捕捉】选项卡

对象捕捉有以下两种方式。

（1）如果在运行某个命令时设计对象捕捉，则当该命令结束时，捕捉也结束，这叫单点捕捉。这种捕捉形式一般是单击对象捕捉工具栏的相关命令按钮。

（2）如果在运行绘图命令前设置捕捉，则该捕捉在绘图过程中一直有效，该捕捉形式在【草图设置】对话框的【对象捕捉】选项卡中进行设置。

【端点】：捕捉到圆弧、椭圆弧、直线、多线、多段线线段、样条曲线、面域或射线最近的端点，或捕捉宽线、实体或三维面域的最近角点，如图6-24所示。

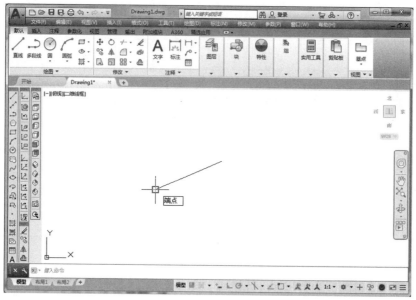

图6-24 选择【对象捕捉模式】中的【端点】选项后捕捉的效果

【中点】：捕捉到圆弧、椭圆、椭圆弧、直线、多线、多段线线段、面域、实体、样条曲线或参照线的中点，如图6-25所示。

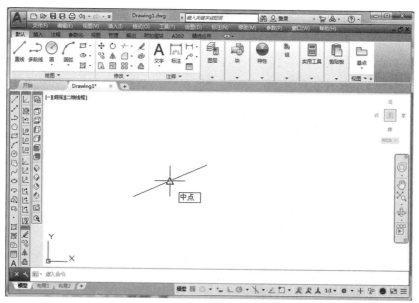

图6-25 选择【对象捕捉模式】中的【中点】选项后捕捉的效果

【圆心】：捕捉到圆弧、圆、椭圆或椭圆弧的圆心，如图6-26所示。

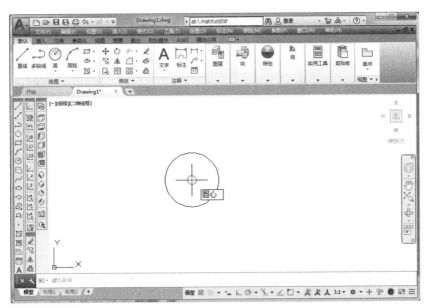

图 6-26　选择【对象捕捉模式】中的【圆心】选项后捕捉的效果

【节点】：捕捉到点对象、标注定义点或标注文字的节点，如图 6-27 所示。

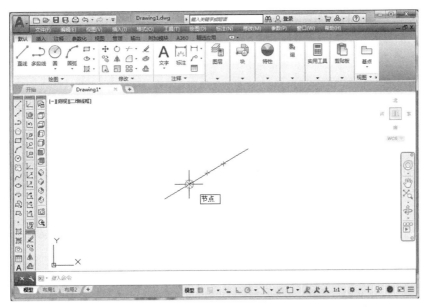

图 6-27　选择【对象捕捉模式】中的【节点】选项后捕捉的效果

【象限点】：捕捉到圆弧、圆、椭圆或椭圆弧的象限点，如图 6-28 所示。

【交点】：捕捉到圆弧、圆、椭圆、椭圆弧、直线、多线、多段线、射线、面域、样条曲线或参照线的交点。【延长线交点】不能用作执行对象捕捉模式。【交点】和【延长线交点】不能和三维实体的边或角点一起使用，如图 6-29 所示。

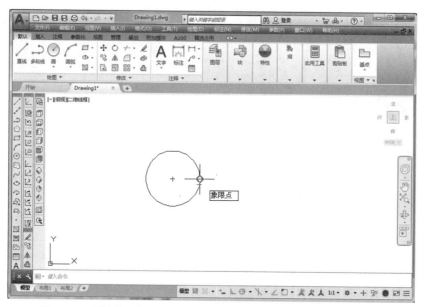

图 6-28 选择【对象捕捉模式】中的【象限点】选项后捕捉的效果

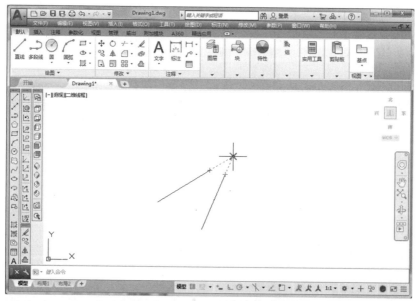

图 6-29 选择【对象捕捉模式】中的【交点】选项后捕捉的效果

> 如果同时打开【交点】和【外观交点】执行对象捕捉，可能会得到不同的结果。选择【延长线】选项后，当光标经过对象的端点时，显示临时延长线或圆弧，以便用户在延长线或圆弧上指定点。

 名师点拨

【垂足】：捕捉圆弧、圆、椭圆、椭圆弧、直线、多线、多段线、射线、面域、实体、样条曲线或参照线的垂足。当正在绘制的对象需要捕捉多个垂足时，将自动打开【递延垂足】捕捉模式。可以用直线、圆弧、圆、多段线、射线、参照线、多线或三维实体的边作为绘制垂直线的基础对象，如图 6-30 所示。

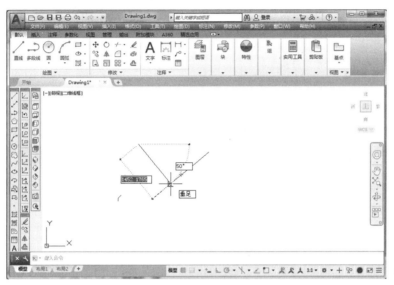

图 6-30 选择【对象捕捉模式】中的【垂足】选项后捕捉的效果

【切点】：捕捉到圆弧、圆、椭圆、椭圆弧或样条曲线的切点。当正在绘制的对象需要捕捉多个垂足时，将自动打开【递延垂足】捕捉模式。例如，可以用【递延切点】来绘制与两条弧、两条多段线弧或两个圆相切的直线。当靶框经过【递延切点】捕捉点时，将显示标记和 AutoCAD 工具栏提示，如图 6-31 所示。

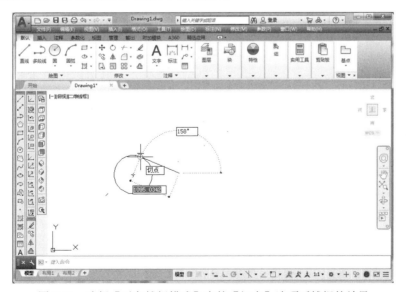

图 6-31 选择【对象捕捉模式】中的【切点】选项后捕捉的效果

3. 自动捕捉设置

如果需要对【自动捕捉】属性进行设置，则选择【工具】|【选项】菜单命令，打开如图 6-32 所示的【选项】对话框，单击【绘图】标签，切换到【绘图】选项卡。

①【标记】：控制自动捕捉标记的显示。

②【磁吸】：打开或关闭自动捕捉磁吸。

③【显示自动捕捉工具提示】：控制自动捕捉工具栏提示的显示。

④【显示自动捕捉靶框】：控制自动捕捉靶框的显示。

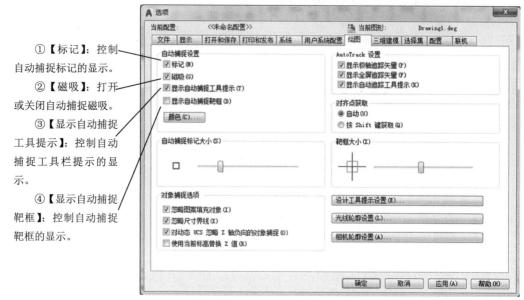

图 6-32 【选项】对话框的【绘图】选项卡

单击【自动捕捉设置】选项组中的【颜色】按钮后，打开【图形窗口颜色】对话框，在【颜色】下拉列表框中可以任意选择一种颜色，如图 6-33 所示。

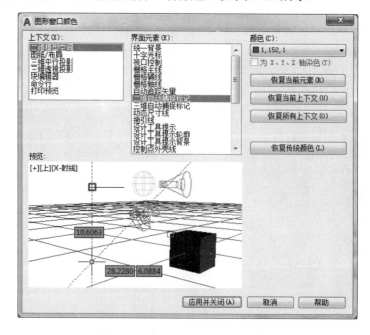

图 6-33 【图形窗口颜色】对话框

第 6 章
精确绘图设置

6.2.3 课堂练习——绘制连接板局部剖面图

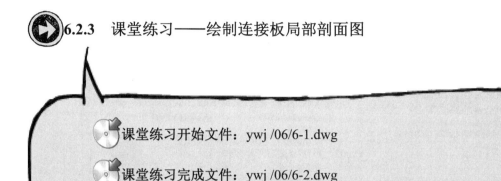

课堂练习开始文件：ywj /06/6-1.dwg

课堂练习完成文件：ywj /06/6-2.dwg

多媒体教学路径：多媒体教学→第 6 章→6.2 练习

Step1 选择【捕捉设置】命令，如图 6-34 所示。

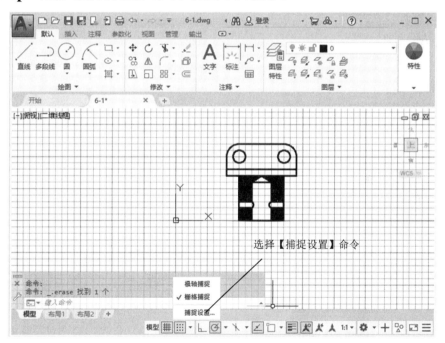

图 6-34　选择【捕捉设置】命令

· 251 ·

Step2 设置捕捉参数，如图 6-35 所示。

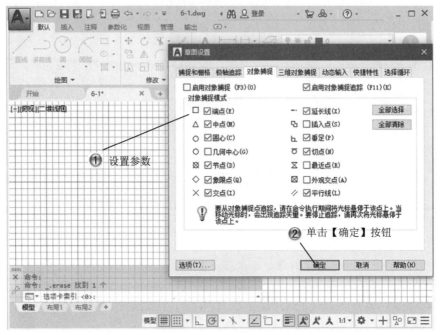

图 6-35　设置捕捉参数

Step3 绘制矩形，如图 6-36 所示。

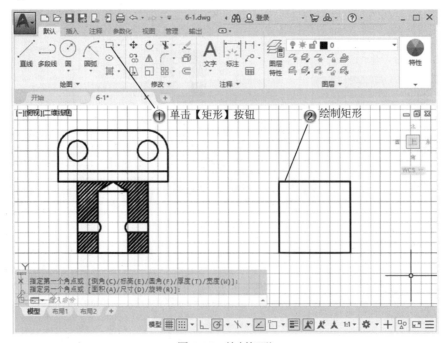

图 6-36　绘制矩形

Step4 绘制半径为 0.3 的圆形，如图 6-37 所示。

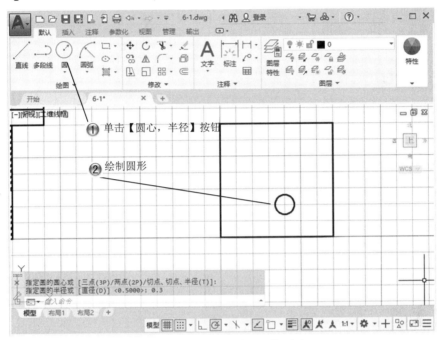

图 6-37　绘制半径为 0.3 的圆形

Step5 绘制矩形，如图 6-38 所示。

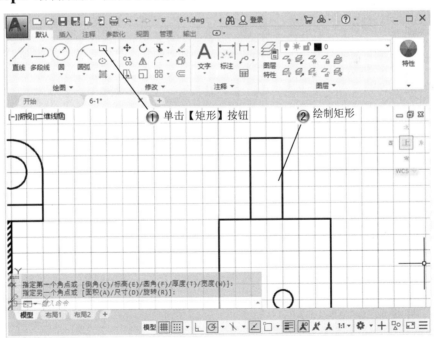

图 6-38　绘制矩形

Step6 绘制直线,如图 6-39 所示。

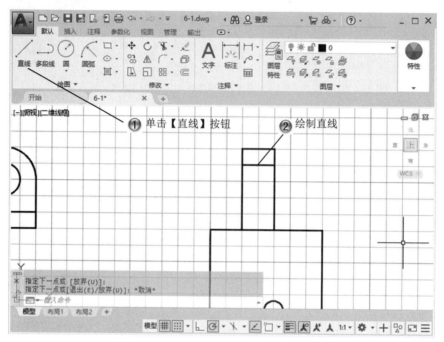

图 6-39　绘制直线

Step7 绘制斜线,如图 6-40 所示。

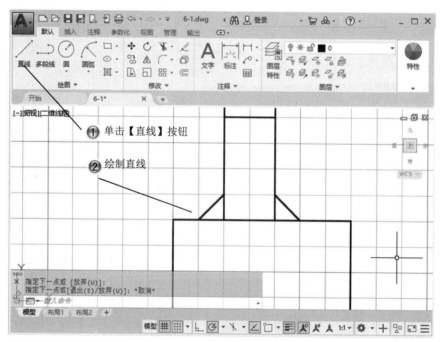

图 6-40　绘制斜线

Step8 修剪图形，如图 6-41 所示。

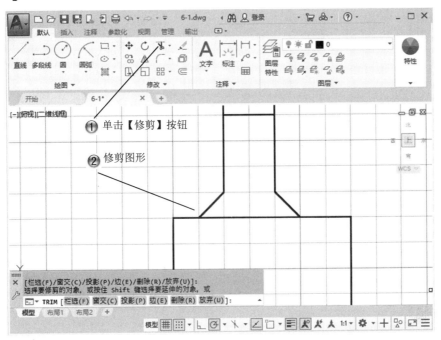

图 6-41　修剪图形

Step9 关闭栅格显示，如图 6-42 所示。

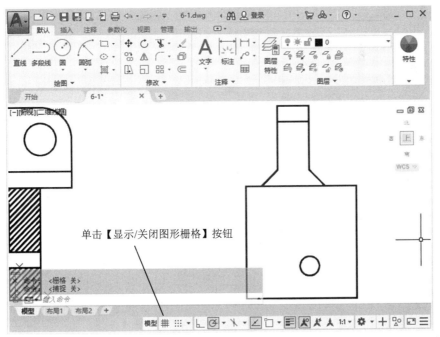

图 6-42　关闭栅格显示

Step10 绘制曲线，如图 6-43 所示。

图 6-43　绘制曲线

Step11 修剪图形，如图 6-44 所示。

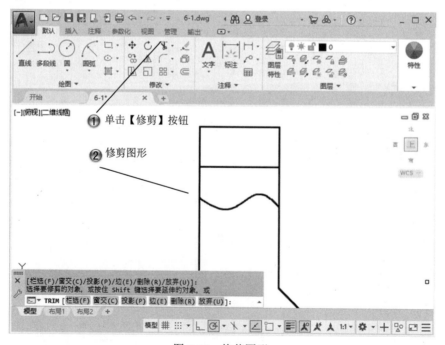

图 6-44　修剪图形

Step12 选择填充命令，如图 6-45 所示。

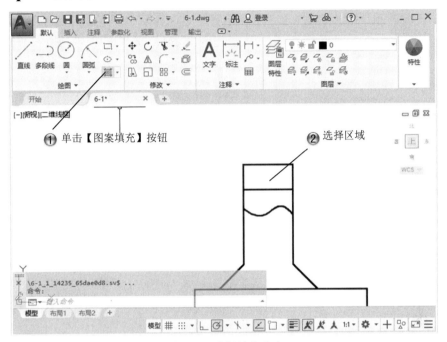

图 6-45　选择填充命令

Step13 填充区域，如图 6-46 所示。

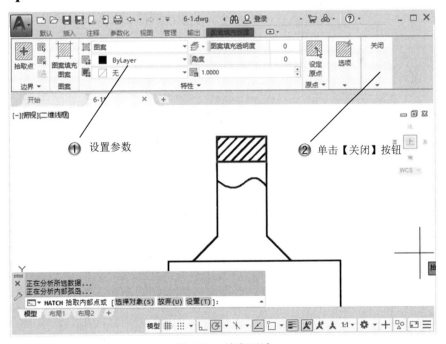

图 6-46　填充区域

Step14 完成图形绘制，如图 6-47 所示。

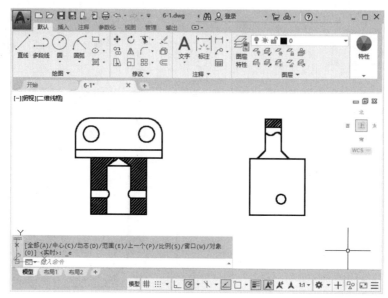

图 6-47　完成图形绘制

6.3　极轴追踪

控制自动追踪设置。在创建或修改对象时，可以使用【极轴追踪】以显示由指定的极轴角度所定义的临时对齐路径，即可以使用 PolarSnap 功能沿对齐路径按指定距离进行捕捉。

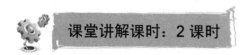

6.3.1　设计理论

使用极轴追踪，光标将按指定角度进行移动，可以使用户在绘图的过程中按指定的角度绘制对象，或绘制与其他对象有特殊关系的对象。当此模式处于打开状态时，临时的对齐虚线有助于用户精确地绘图。用户还可以通过一些设置来更改对齐路线以适合自己的需求，这样就可以达到精确绘图的目的。

6.3.2 课堂讲解

1．使用极轴追踪

如图 6-48 所示，在图中绘制一条从点 1 到点 2 的两个单位的直线，然后绘制一条到点 3 的两个单位的直线，并与第一条直线成 45 度角。如果打开了 45 度极轴角增量，当光标跨过 0 度或 45 度角时，将显示对齐路径和工具栏提示。当光标从该角度移开时，对齐路径和工具栏提示消失。

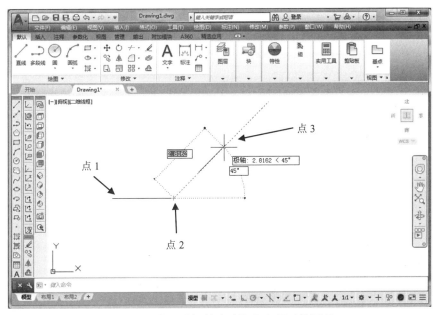

图 6-48　使用【极轴追踪】命令所示的图形

如果需要对【极轴追踪】属性进行设置，则选择【工具】|【绘图设置】菜单命令，打开【草图设置】对话框，单击【极轴追踪】标签，切换到【极轴追踪】选项卡，如图 6-49 所示。

> 附加角度是绝对的，而非增量的。在添加分数角度之前，必须将 AUPREC 系统变量设置为合适的十进制精度以防止不需要的舍入。例如，如果 AUPREC 的值为 0（默认值），则所有输入的分数角度将舍入为最接近的整数。

名师点拨

①【启用极轴追踪】：打开或关闭极轴追踪。

②【极轴角设置】选项组：设置极轴追踪的对齐角度。

③【对象捕捉追踪设置】选项组：设置对象捕捉追踪选项。

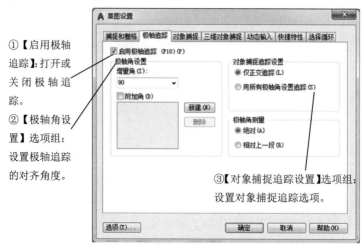

图 6-49 【极轴追踪】选项卡

2. 自动追踪

选择【工具】|【选项】菜单命令，打开如图 6-50 所示的【选项】对话框，在【AutoTrack 设置】选项组中进行自动追踪的设置。

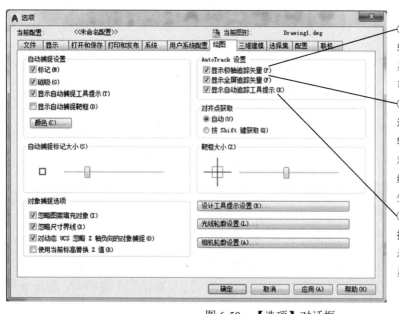

①【显示极轴追踪矢量】：当极轴追踪打开时，将沿指定角度显示一个矢量。使用极轴追踪，可以沿角度绘制直线。

②【显示全屏追踪矢量】：控制追踪矢量的显示。追踪矢量是辅助用户按特定角度或与其他对象特定关系绘制对象的构造线。如果启用此复选框，对齐矢量将显示为无限长的线。

③【显示自动追踪工具提示】：控制自动追踪工具提示的显示。工具提示是一个标签，它显示追踪坐标。

图 6-50 【选项】对话框

6.3.3 课堂练习——绘制扣板零件图

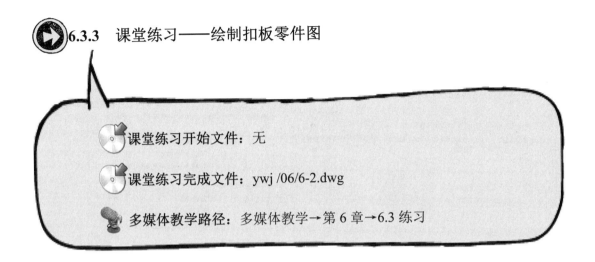

课堂练习开始文件：无

课堂练习完成文件：ywj /06/6-2.dwg

多媒体教学路径：多媒体教学→第 6 章→6.3 练习

Step1 选择追踪设置命令，如图 6-51 所示。

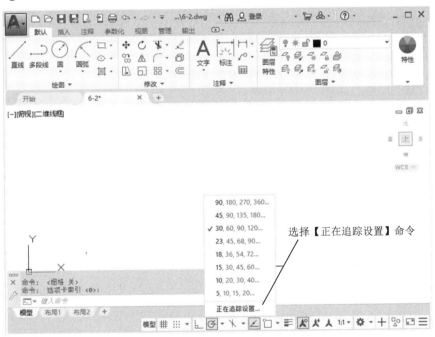

图 6-51 选择追踪设置命令

Step2 设置极轴追踪参数，如图 6-52 所示。

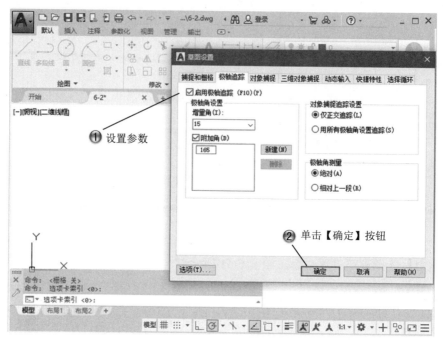

图 6-52 设置极轴追踪参数

Step3 绘制矩形，如图 6-53 所示。

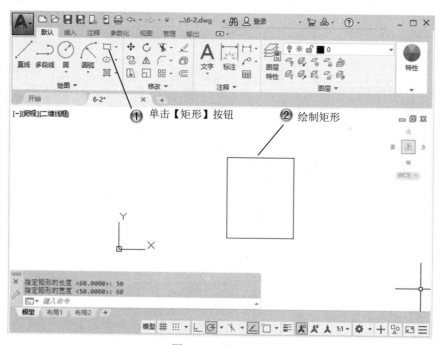

图 6-53 绘制矩形

Step4 选择角度追踪参数,如图 6-54 所示。

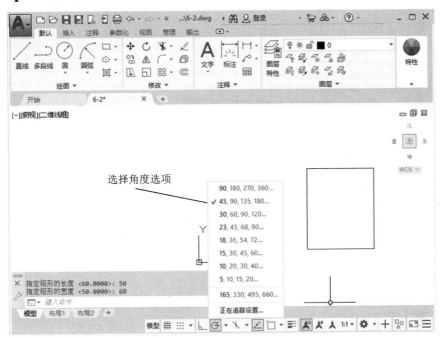

图 6-54　选择角度追踪参数

Step5 绘制直线,如图 6-55 所示。

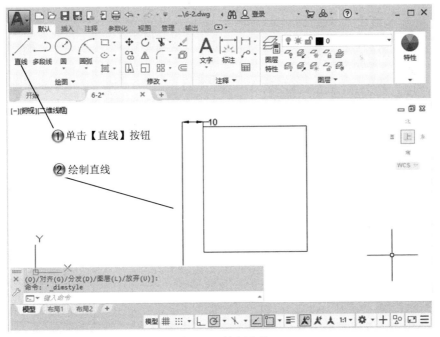

图 6-55　绘制直线

Step6 绘制角度线，如图 6-56 所示。

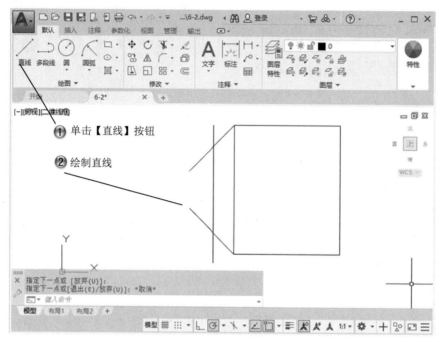

图 6-56　绘制角度线

Step7 修剪图形，如图 6-57 所示。

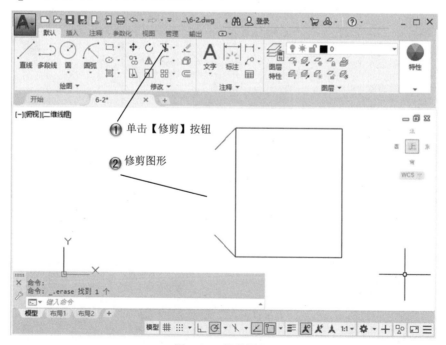

图 6-57　修剪图形

Step8 绘制直线，如图 6-58 所示。

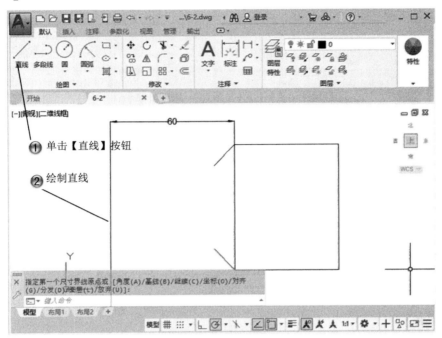

图 6-58　绘制直线

Step9 选择角度追踪参数，如图 6-59 所示。

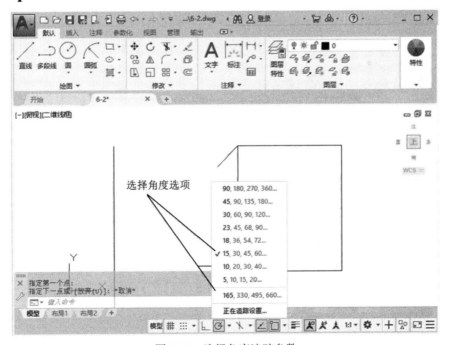

图 6-59　选择角度追踪参数

Step10 绘制角度线，如图 6-60 所示。

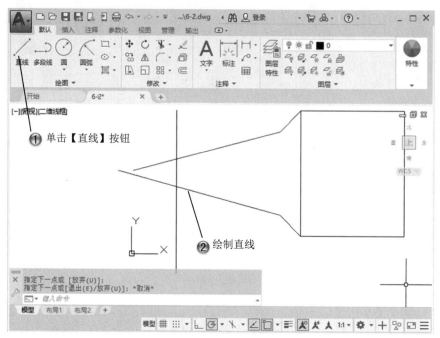

图 6-60　绘制角度线

Step11 修剪图形，如图 6-61 所示。

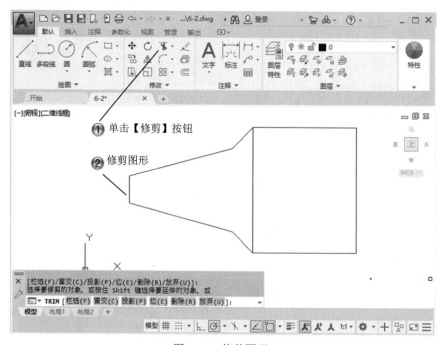

图 6-61　修剪图形

Step12 绘制圆角，如图 6-62 所示。

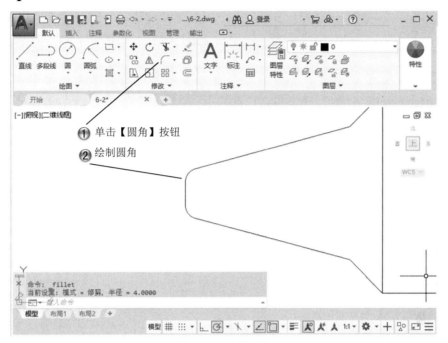

图 6-62　绘制圆角

Step13 绘制大圆角，如图 6-63 所示。

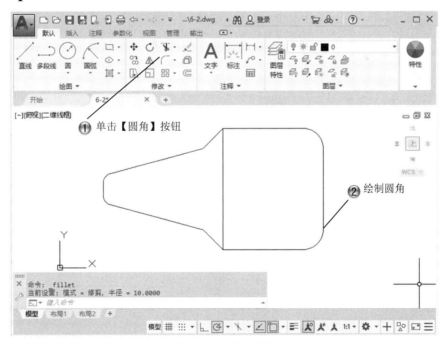

图 6-63　绘制大圆角

Step14 绘制圆形，如图 6-64 所示。

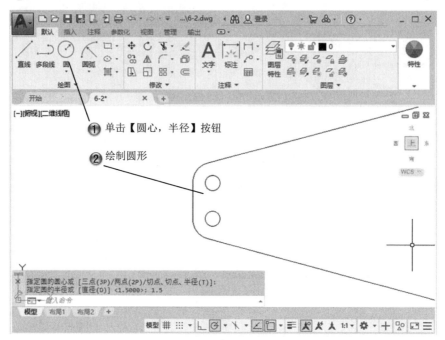

图 6-64　绘制圆形

Step15 绘制一定距离的圆形，如图 6-65 所示。

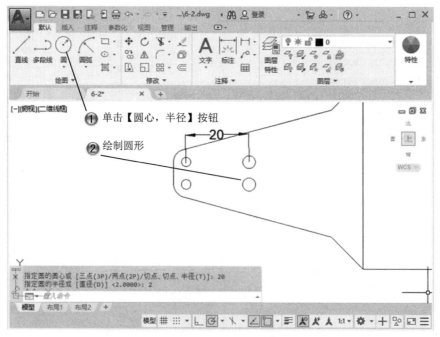

图 6-65　绘制一定距离的圆形

Step16 绘制圆形，如图 6-66 所示。

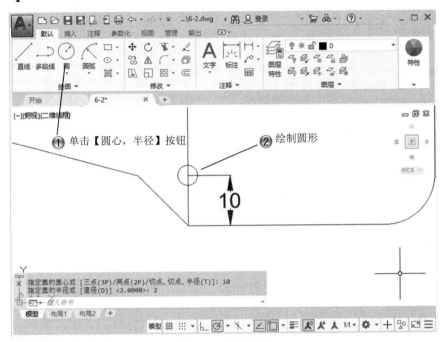

图 6-66　绘制圆形

Step17 移动圆形，如图 6-67 所示。

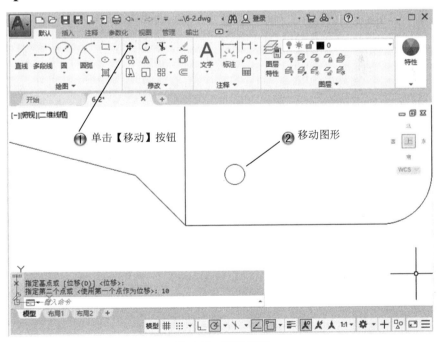

图 6-67　移动圆形

Step18 选择阵列命令，如图 6-68 所示。

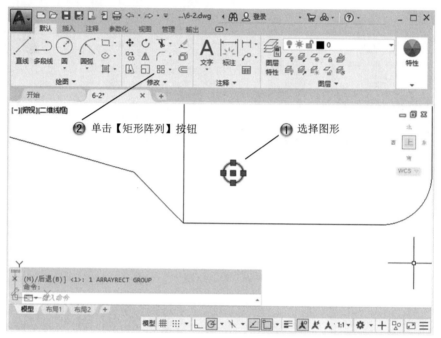

图 6-68　选择阵列命令

Step19 设置阵列参数，如图 6-69 所示。

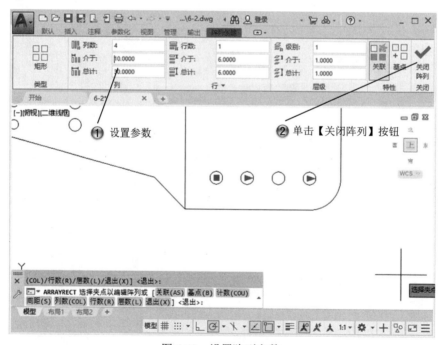

图 6-69　设置阵列参数

Step20 镜像图形，如图 6-70 所示。

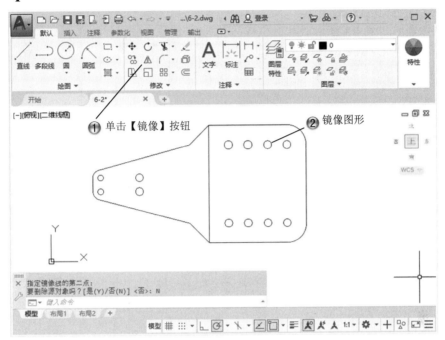

图 6-70　镜像图形

Step21 添加尺寸标注，如图 6-71 所示。

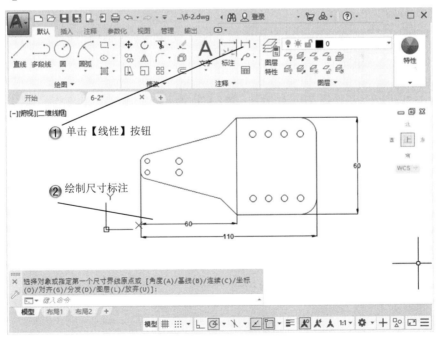

图 6-71　添加尺寸标注

Step22 添加半径标注，如图 6-72 所示。

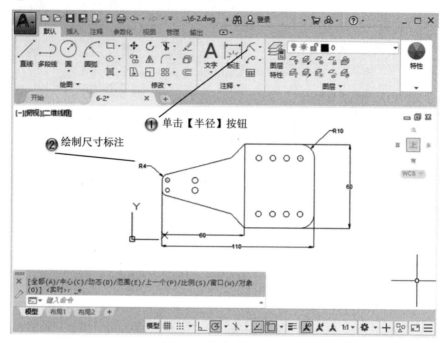

图 6-72　添加半径标注

6.4　专家总结

本章主要介绍了精确绘图的设置和使用方法，设置选项包括栅格捕捉、对象捕捉和极轴追踪等，使用这些精确选项，可以快速准确地绘图，读者可以结合练习进行学习。

6.5　课后习题

6.5.1　填空题

（1）栅格的作用是_____。
（2）对象捕捉的种类有_____种。
（3）绘图设置的方法有_____、_____、_____。
（4）通常的文件管理方法或命令_____、_____、_____、_____、_____。

6.5.2　问答题

（1）捕捉与对象捕捉有哪些不同？

(2)极轴追踪的固定角度有哪些?

6.5.3 上机操作题

如图 6-73 所示,使用本章学过的命令来创建接头图纸。
一般创建步骤和方法:
(1)使用直线命令绘制中心线。
(2)绘制主体部分。
(3)绘制剖面图。
(4)添加尺寸。

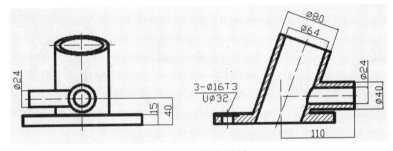

图 6-73 接头图纸

第 7 章　层、块和属性编辑

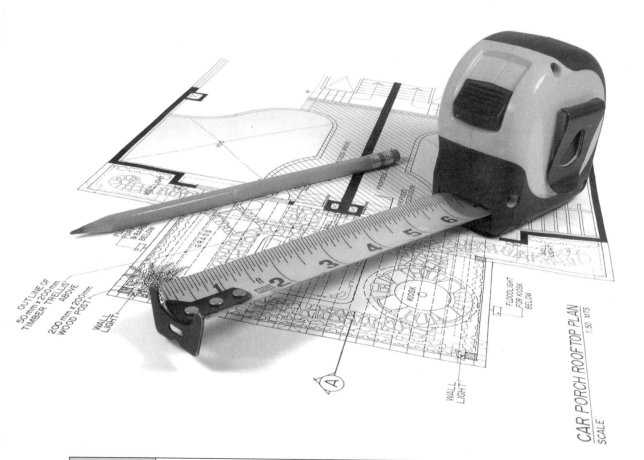

内　容	掌握程度	课　时
图层管理	熟练运用	2
块操作	熟练运用	2
属性编辑	了解	1

课训目标

第 7 章
层、块和属性编辑

课程学习建议

在使用 AutoCAD 绘制图形时，会遇到大量相似的图形实体，如果重复绘制，效率会极其低下。AutoCAD 提供了一种有效的工具——块。块是一组相互集合的实体，它可以作为单个目标加以应用，可以由 AutoCAD 中的任何图形实体组成。图纸的图层就像不同颜色但又覆盖在一起的透明薄膜，各个图层共同组成完整图纸。

本课程主要基于层、块和属性编辑而展开，其培训课程表如下。

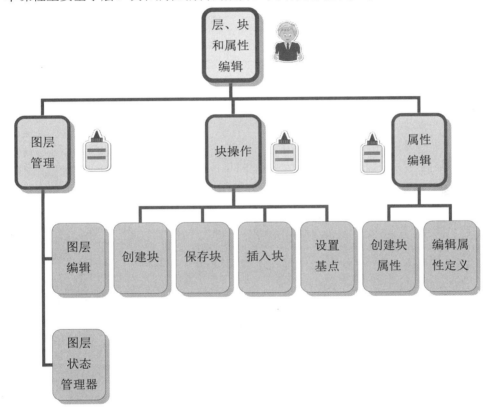

7.1 图层管理

基本概念

在绘图设计中，用户可以为设计概念相关的一组对象创建图层和命名图层，并为这些图层指定通用特性。对一个图形可创建的图层数和在每个图层中创建的对象数都是没有限制的，只要将对象分类并置于各自的图层中，即可方便、有效地对图形进行编辑和管理。

通过创建图层，可以将类型相似的对象指定给同一个图层使其相关联。例如，可以将构造线、文字、标注和标题栏置于不同的图层上，然后进行控制。本节讲述如何创建新图层。

课堂讲解课时：2课时

7.1.1 设计理论

创建图层的步骤如下。

(1) 在【默认】选项卡的【图层】面板中单击【图层特性】按钮，将打开【图层特性管理器】工具选项板，图层列表中将自动添加名称为"0"的图层，所添加的图层被选中，即呈高亮显示状态。

(2) 在【名称】栏为新建的图层命名。图层名最多可包含255个字符，其中可包括字母、数字和特殊字符，如"￥"符号等，但图层名中不可包含空格。

(3) 如果要创建多个图层，可以多次单击【新建图层】按钮，并以同样的方法为每个图层命名，按名称的字母顺序来排列图层，创建完成的图层如图7-1所示。

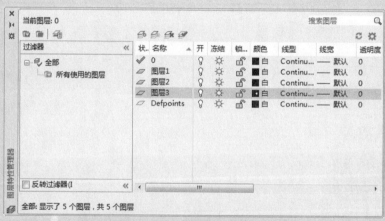

图7-1 【图层特性管理器】选项板

每个新图层的特性都被指定为默认设置，即在默认情况下，新建图层与当前图层的状态、颜色、线性、线宽等设置相同。当然，用户既可以使用默认设置，也可以给每个图层指定新的颜色、线型、线宽和打印样式，其概念和操作将在下面的讲解中涉及。

在绘图过程中，为了更好地描述图层中的图形，用户还可以随时对图层进行重命名，但对于图层0和依赖外部参照的图层不能重命名。

第 7 章
层、块和属性编辑

7.1.2 课堂讲解

图层管理包括图层的创建、图层过滤器的命名、图层的保存、图层的删除与恢复等，下面对图层的相关管理做详细讲解。

1. 命名图层过滤器

在绘制一个图形时，可能需要创建多个图层，当只需列出部分图层时，通过【图层特性管理器】工具选项板的过滤图层设置，可以按一定的条件对图层进行过滤，最终只列出满足要求的部分图层。

在过滤图层时，可依据图层名称、颜色、线型、线宽、打印样式或图层的可见性等条件过滤图层。这样，可以更加方便地选择或清除具有特定名称或特性的图层。

选择【格式】|【图层】菜单命令，单击【图层特性管理器】工具选项板中的【新建特性过滤器】按钮，打开【图层过滤器特性】对话框，如图 7-2 所示。在该对话框中可以选择或输入图层状态、特性设置，包括状态、名称、开、冻结、锁定、颜色、线型、线宽、打印样式、打印、新视口冻结等。

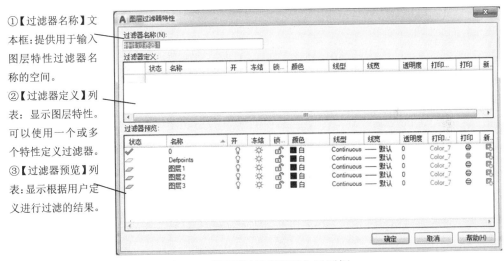

①【过滤器名称】文本框：提供用于输入图层特性过滤器名称的空间。
②【过滤器定义】列表：显示图层特性。可以使用一个或多个特性定义过滤器。
③【过滤器预览】列表：显示根据用户定义进行过滤的结果。

图 7-2　【图层过滤器特性】对话框

2. 删除图层

可以通过从【图层特性管理器】工具选项板中删除图层来删除不使用的图层，但是只能删除未被参照的图层，被参照的图层包括图层 0 及 Defpoints、包含对象（包括块定义中的对象）的图层、当前图层和依赖外部参照的图层，其操作步骤如图 7-3 所示。

· 277 ·

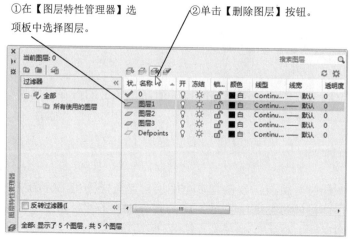

图 7-3　选择图层后单击【删除图层】按钮

> 图层特性（如线型和线宽）可以通过【图层特性管理器】选项板和【特性】对话框来设置，但对于重命名图层来说，只能在【图层特性管理器】选项板中修改，而不能在【特性】对话框中修改。

名师点拨

3．设置当前图层

在绘图时，新创建的对象将置于当前图层上。当前图层可以是默认图层（0），也可以是用户自己创建并命名的图层。通过将其他图层置为当前图层，可以从一个图层切换到另一个图层；随后创建的任何对象都与新的当前图层关联并采用其颜色、线型和其他特性。但是不能将冻结的图层或依赖外部参照的图层设置为当前图层，其操作步骤如图 7-4 所示。

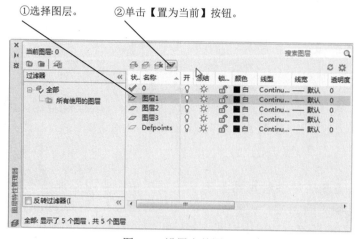

图 7-4　设置当前图层

4. 显示图层细节

单击【图层】面板中的【图层特性】按钮，打开【图层特性管理器】选项板，如图 7-5 所示。

> 【图层特性管理器】选项板用于显示图形中的图层列表及其特性。在 AutoCAD 中，使用【图层特性管理器】选项板不仅可以创建图层，设置图层的颜色、线型和线宽，还可以对图层进行更多的设置与管理，如图层的切换、重命名、删除及图层的显示控制、修改图层特性或添加说明等。

名师点拨

① 【新建特性过滤器】按钮：显示【图层过滤器特性】对话框。
② 【新建组过滤器】按钮：用于创建一个图层过滤器。
③ 【图层状态管理器】按钮：显示【图层状态管理器】对话框。

④ 【新建图层】按钮：用于创建新图层。
⑤ 【在所有视口中都被冻结的新图层视口】按钮：用于创建新图层。
⑥ 【删除图层】按钮：用于删除已经选定的图层。

图 7-5 【图层特性管理器】选项板

5. 图层状态管理器

单击【图层特性管理器】选项板中的【图层状态管理器】按钮，打开【图层状态管理器】对话框，运用【图层状态管理器】来保存、恢复和管理图层状态，如图 7-6 所示。

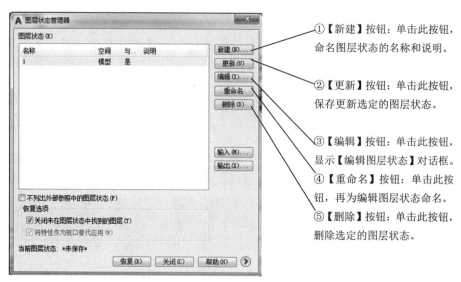

图 7-6 【图层状态管理器】对话框 1

单击【更多恢复选项】按钮 ，打开如图 7-7 所示的【图层状态管理器】对话框，以显示更多的恢复设置选项。如果一次选中多个对象进行排序，则被选中对象之间的相对显示顺序并不改变，只改变与其他对象的相对位置。

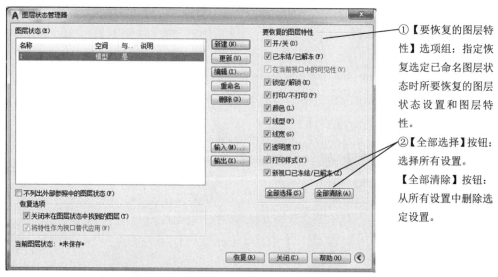

图 7-7 【图层状态管理器】对话框 2

7.1.3 课堂练习——绘制套筒零件剖面图

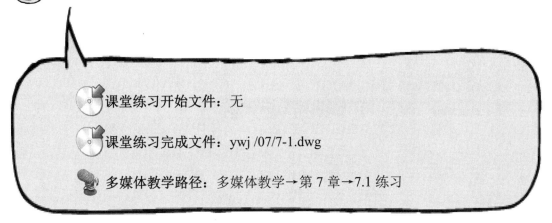

课堂练习开始文件：无

课堂练习完成文件：ywj /07/7-1.dwg

多媒体教学路径：多媒体教学→第 7 章→7.1 练习

Step1 选择【图层特性】命令，如图 7-8 所示。

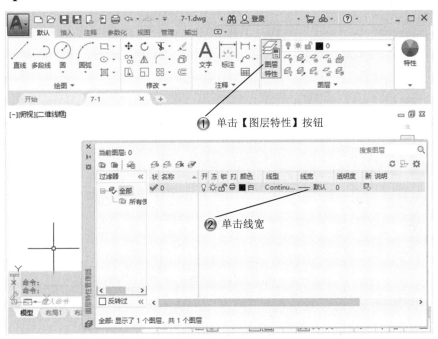

图 7-8 选择【图层特性】命令

Step2 设置线宽,如图 7-9 所示。

图 7-9　设置线宽

Step3 创建中心线图层,如图 7-10 所示。

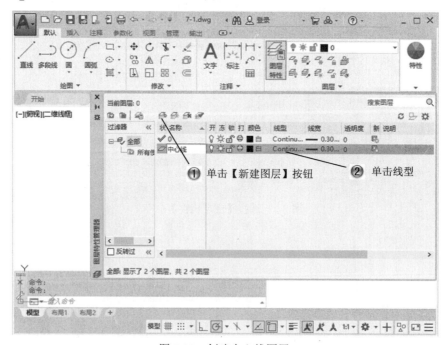

图 7-10　创建中心线图层

Step4 选择【加载】命令，如图 7-11 所示。

图 7-11　选择【加载】命令

Step5 选择线型，如图 7-12 所示。

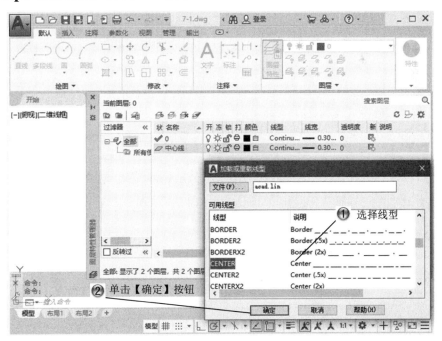

图 7-12　选择线型

Step6 设置图层颜色,如图 7-13 所示。

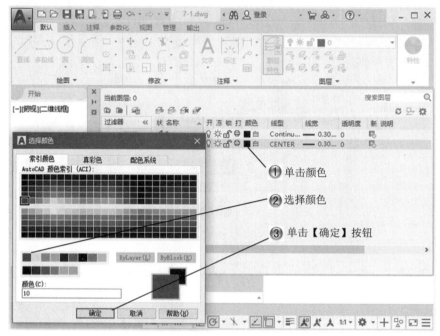

图 7-13 设置图层颜色

Step7 创建剖面线图层,如图 7-14 所示。

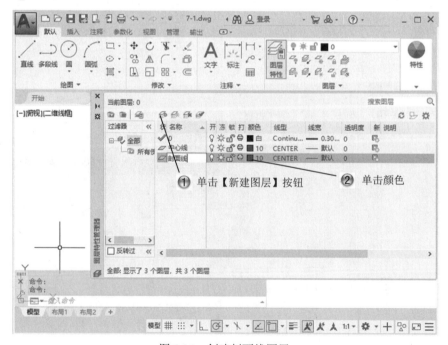

图 7-14 创建剖面线图层

Step8 设置图层颜色，如图 7-15 所示。

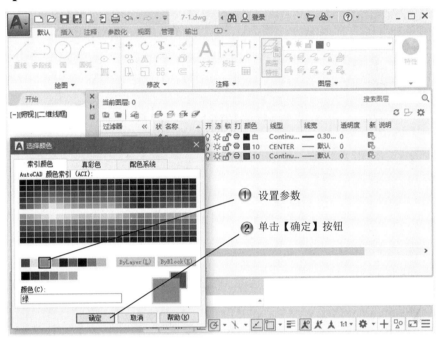

图 7-15　设置图层颜色

Step9 绘制中心线，如图 7-16 所示。

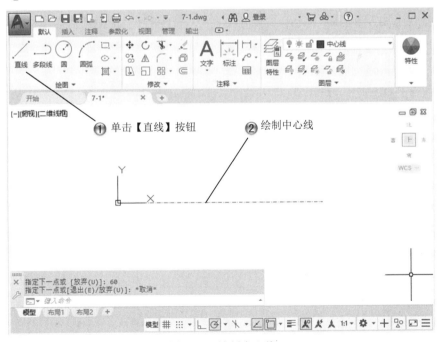

图 7-16　绘制中心线

Step10 绘制矩形，如图 7-17 所示。

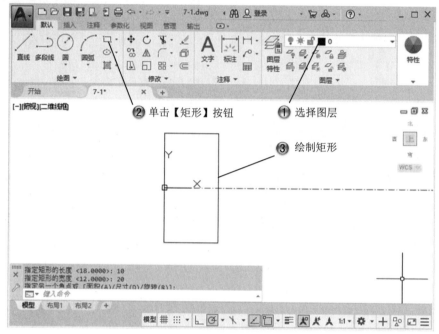

图 7-17　绘制矩形

Step11 移动矩形，如图 7-18 所示。

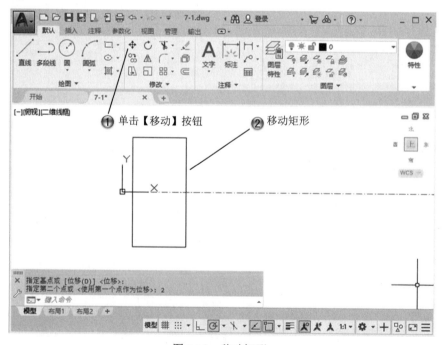

图 7-18　移动矩形

Step12 绘制矩形，如图 7-19 所示。

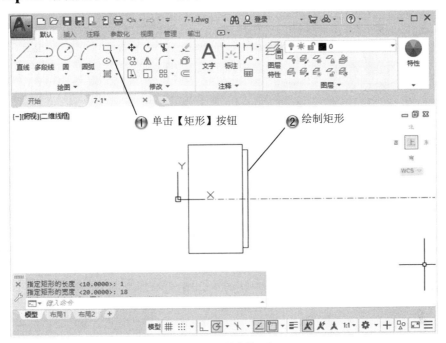

图 7-19　绘制矩形

Step13 再绘制矩形，如图 7-20 所示。

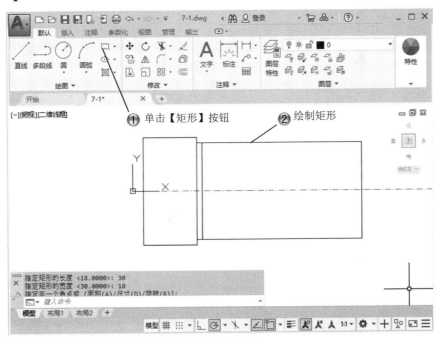

图 7-20　再绘制矩形

Step14 绘制长度为 4 和 14 的线段，如图 7-21 所示。

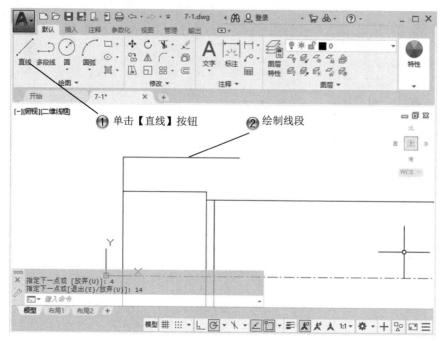

图 7-21 绘制长度为 4 和 14 的线段

Step15 绘制长度为 3 和 10 的线段，如图 7-22 所示。

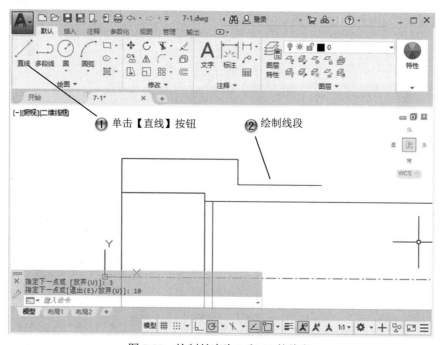

图 7-22 绘制长度为 3 和 10 的线段

Step16 绘制长度为 3 和 8 的线段,如图 7-23 所示。

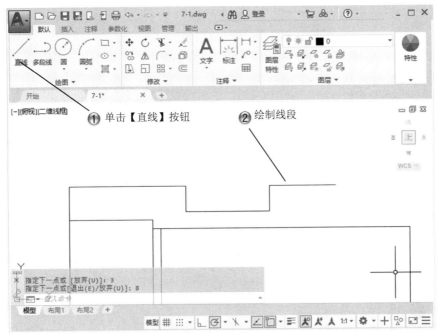

图 7-23　绘制长度为 3 和 8 的线段

Step17 绘制长度为 4 的线段和封闭线段,如图 7-24 所示。

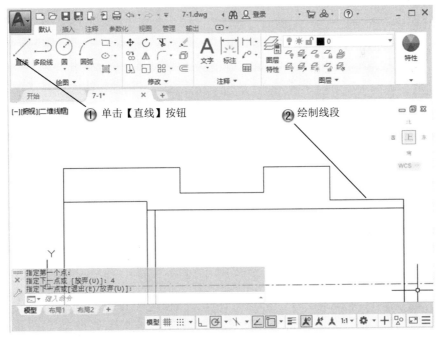

图 7-24　绘制长度为 4 的直段和封闭线段

Step18 绘制中心线，如图 7-25 所示。

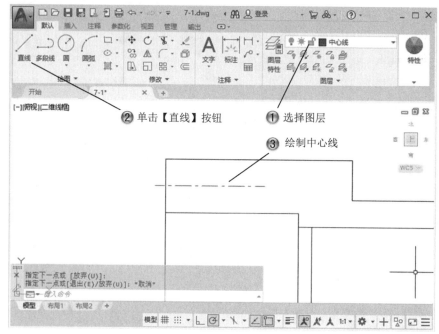

图 7-25　绘制中心线

Step19 绘制 4×2 矩形，如图 7-26 所示。

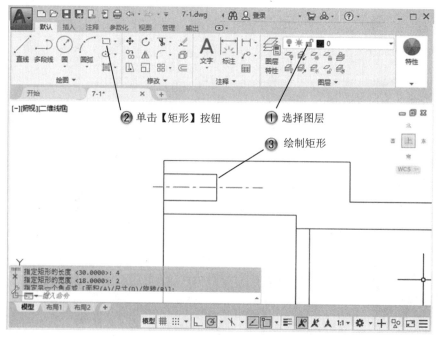

图 7-26　绘制 4×2 矩形

Step20 绘制 6×1.8 的矩形，如图 7-27 所示。

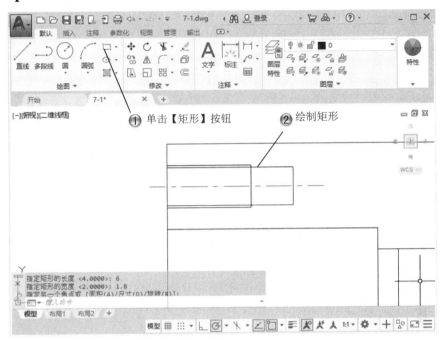

图 7-27　绘制 6×1.8 的矩形

Step21 绘制三角形，如图 7-28 所示。

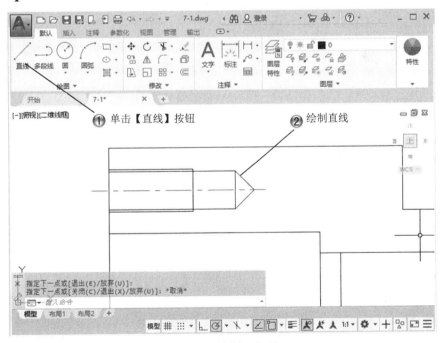

图 7-28　绘制三角形

Step22 镜像图形，如图 7-29 所示。

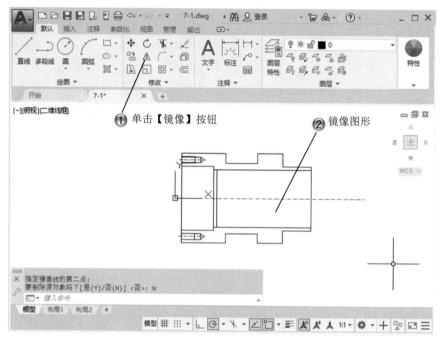

图 7-29　镜像图形

Step23 选择填充命令，如图 7-30 所示。

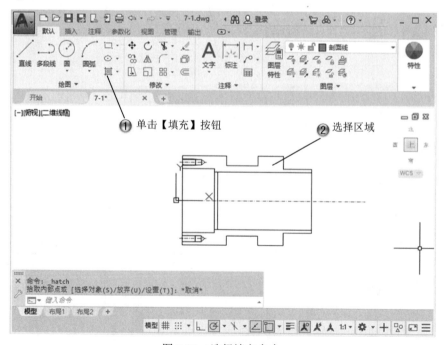

图 7-30　选择填充命令

Step24 设置填充参数，如图 7-31 所示。

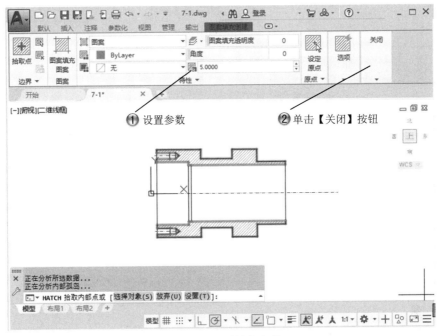

图 7-31 设置填充参数

Step25 完成图形绘制，如图 7-32 所示。

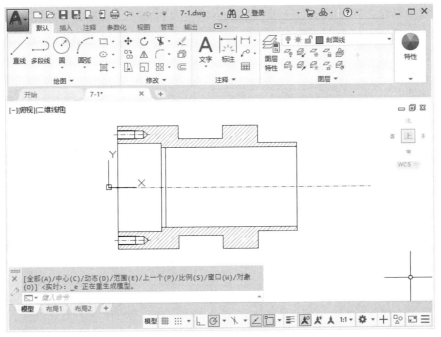

图 7-32 完成图形绘制

7.2 块操作

块是一个或多个对象组成的对象集合,常用于绘制复杂、重复的图形。一旦一组对象组合成块,就可以根据作图需要将这组对象插入到图中任意指定位置,而且还可以按不同的比例和旋转角度插入。

概括地讲,块操作是指通过操作达到用户使用块的目的,如创建块、保存块、块插入等。

课堂讲解课时:2 课时

 7.2.1 设计理论

在绘制图形时,如果图形中有大量相同或相似的内容,或者所绘制的图形与已有的图形文件相同,则可以把要重复绘制的图形创建成块(也称为图块),并根据需要为块创建属性,指定块的名称、用途及设计者等信息,在需要时直接插入它们,当然,用户也可以把已有的图形文件以参照的形式插入到当前图形中(即外部参照),或通过 AutoCAD 设计中心浏览、查找、预览、使用和管理图块。块的广泛应用是由于它本身的特点决定的。

一般来说,块具有如下特点。

(1)提高绘图速度

用 AutoCAD 绘图时,常常要绘制一些重复出现的图形。如果把这些经常要绘制的图形定义成块保存起来,绘制它们时就可以用插入块的方法实现,即把绘图变成了拼图,避免了重复性工作,同时又提高了绘图速度。

(2)节省存储空间

AutoCAD 要保存图中每一个对象的相关信息,如对象的类型、位置、图层、线型、颜色等,这些信息要占用存储空间。如果一幅图中绘有大量相同的图形,则会占据较大的磁盘空间。但如果把相同图形事先定义成一个块,绘制它们时就可以直接把块插入到图中的相应位置。这样既满足了绘图要求,又可以节省磁盘空间。因为虽然在块的定义中包含了图形的全部对象,但系统只需要一次这样的定义，对块的每次插入，AutoCAD 仅需要记住这个块对象的有关信息（如块名、插入点坐标、插入比例等），从而节省了磁盘空间。对于复杂但需多次绘制的图形，这一特点表现得更为突出。

（3）便于修改图形

一张工程图纸往往需要多次修改。如在机械设计中，旧国家标准用虚线表示螺栓的内径，新国家标准把内径用细实线表示。如果对旧图纸上的每一个螺栓按新国家标准修改，既费时又不方便。但如果原来各螺栓是通过插入块的方法绘制的，那么，只要简单地进行再定义块等操作，图中所有插入的该块均会自动进行修改。

（4）加入属性

很多块还要求有文字信息以进一步解释、说明。AutoCAD 允许为块定义这些文字属性，而且还可以在插入的块中显示或不显示这些属性，从图中提取这些信息并将它们传送到数据库中。

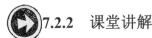

7.2.2 课堂讲解

1. 创建块

创建块是把一个或是一组实体定义为一个整体——块。可以通过以下方式来创建块，如图 7-33 所示。

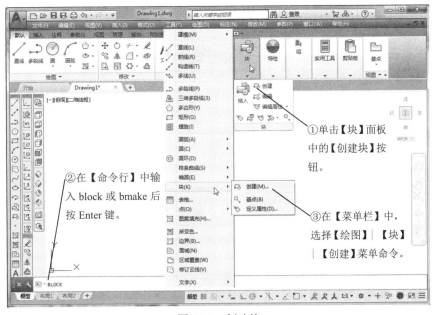

图 7-33　创建块

执行上述任一操作后，AutoCAD 会打开如图 7-34 所示的【块定义】对话框。

①【名称】下拉列表框：指定块的名称。
②【基点】选项组：指定块的插入基点。

图 7-34 【块定义】对话框

> 不能用 DIRECT、LIGHT、AVE_RENDER、RM_SDB、SH_SPOT 和 OVERHEAD 作为有效的块名称。
>
> 名师点拨

单击【块定义】对话框的【超链接】按钮，打开【插入超链接】对话框，如图 7-35 所示，可以使用该对话框将某个超链接与块定义相关联。

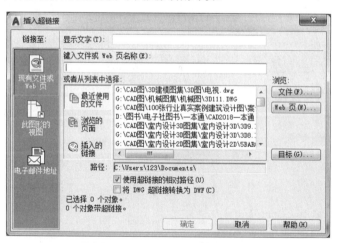

图 7-35 【插入超链接】对话框

2. 将块保存为文件

用户创建的块会保存在当前图形文件的块的列表中，当保存图形文件时，块的信息和图形一起保存。当再次打开该图形时，块信息同时也被载入。但是当用户需要将所定义的块应用于另一个图形文件时，就需要先将定义的块保存，然后再调出使用。

使用 wblock 命令，块就会以独立的图形文件（dwg）的形式保存。同样，任何 dwg 图形文件也可以作为块来插入。

在【命令行】中输入 wblock 后按 Enter 键。在打开的如图 7-36 所示的【写块】对话框中进行设置后，单击【确定】按钮即可。

> **名师点拨**
>
> 用户在执行 wblock 命令时，不必先定义一个块，只要直接将所选图形实体作为一个图块保存在硬盘上即可。当所输入的块不存在时，AutoCAD 会显示【AutoCAD 提示信息】对话框，提示块不存在，是否要重新选择。在多视窗口中，wblock 命令只适用于当前窗口。存储后的块可以重复使用，而不需要从提供这个块的原始图形中选取。

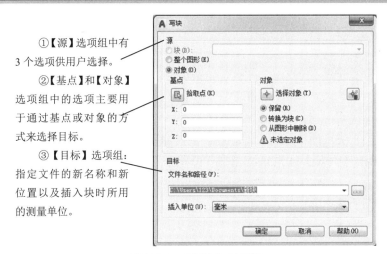

①【源】选项组中有 3 个选项供用户选择。

②【基点】和【对象】选项组中的选项主要用于通过基点或对象的方式来选择目标。

③【目标】选项组：指定文件的新名称和新位置以及插入块时所用的测量单位。

图 7-36 【写块】对话框

3．插入块

定义块和保存块的目的是为了使用块，用插入命令将块插入到当前的图形中。

图块是 AutoCAD 操作中比较核心的工作，许多程序员与绘图工作者都建立了各种各样的图块。由于他们的工作给我们带来了方便，我们能像使用砖瓦一样使用这些图块。如工程制图中建立各种规格的齿轮与轴承，建筑制图中建立一些门、窗、楼梯、台阶等，以便在绘制图形时调用。

当用户插入一个块到图形中时，用户必须指定插入的块名、插入点的位置、插入的比例系数及图块的旋转角度。插入块操作可以分为两类：单块插入和多重插入。下面分别讲述这两个插入操作。

（1）单块插入

插入块的命令，如图 7-37 所示。

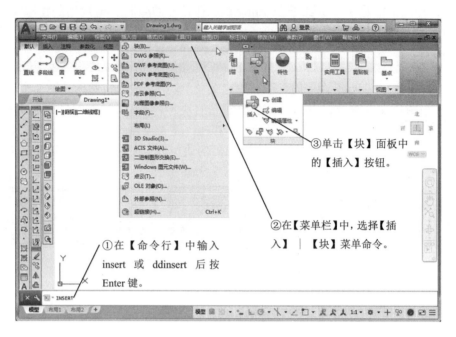

图 7-37　插入块的命令

打开如图 7-38 所示的【插入】对话框。在【插入】对话框的【名称】文本框中输入块名或单击文本后的【浏览】按钮来浏览文件，从中选择块。

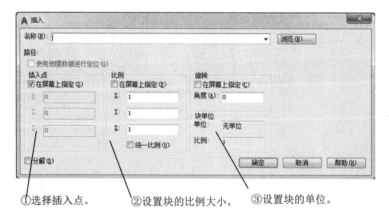

图 7-38　【插入】对话框

将块插入图中后，效果如图 7-39 所示。

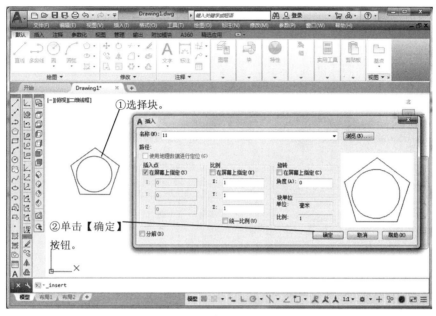

图 7-39 插入后图形

（2）多重插入

有时同一个块在一幅图中要插入多次，并且这种插入有一定的规律性。如阵列方式，这时可以直接采用多重插入命令。这种方法不但可以大大节省绘图时间，提高绘图速度，而且还可以节约磁盘空间。

在命令行中输入 minsert 后按 Enter 键，按照命令行提示进行相应的操作即可，如图 7-40 所示。

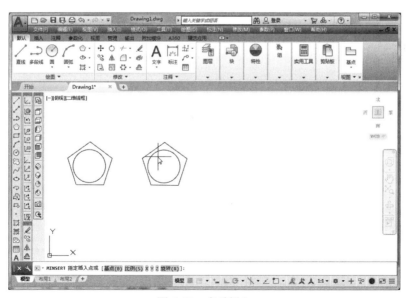

图 7-40 多重插入

4. 设置基点

要设置当前图形的插入基点，可以选用三种方法，如图 7-41 所示。基点是用当前 UCS 中的坐标来表示的，当向其他图形插入当前图形或将当前图形作为其他图形的外部参照时，此基点将被用作插入基点。

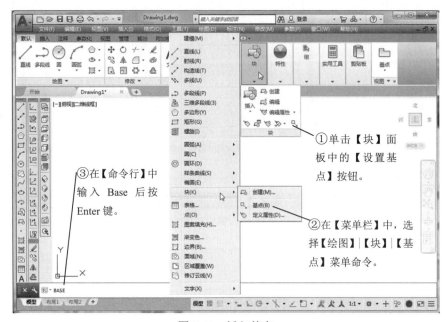

图 7-41　插入基点

7.2.3　课堂练习——块操作绘制套筒零件左视图

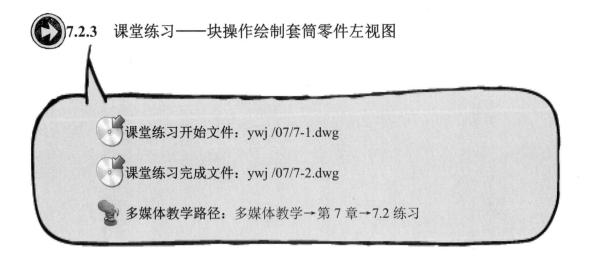

第 7 章
层、块和属性编辑

Step1 创建虚线图层，如图 7-42 所示。

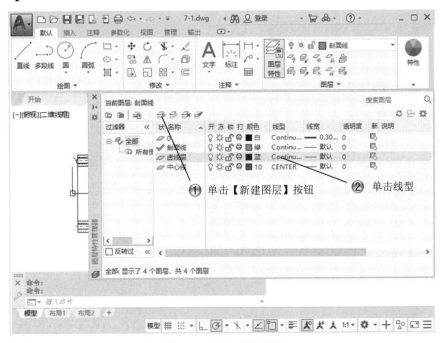

图 7-42　创建虚线图层

Step2 选择【加载】命令，如图 7-43 所示。

图 7-43　选择【加载】命令

Step3 选择线型，如图 7-44 所示。

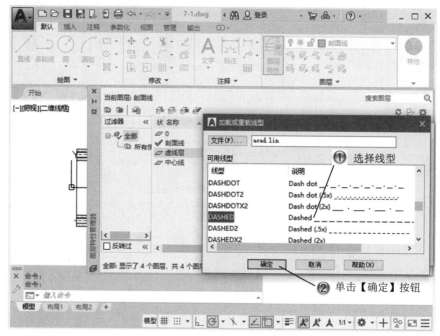

图 7-44　选择线型

Step4 绘制直线，如图 7-45 所示。

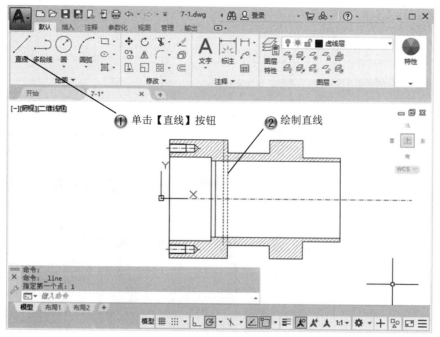

图 7-45　绘制直线

第 7 章
层、块和属性编辑

Step5 移动直线,如图 7-46 所示。

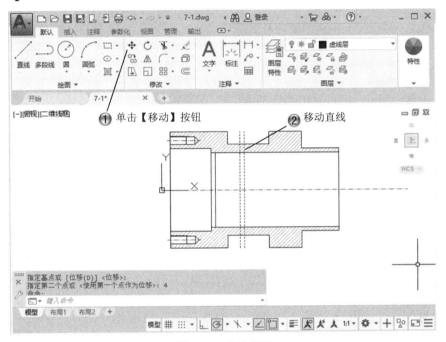

图 7-46 移动直线

Step6 修剪图形,如图 7-47 所示。

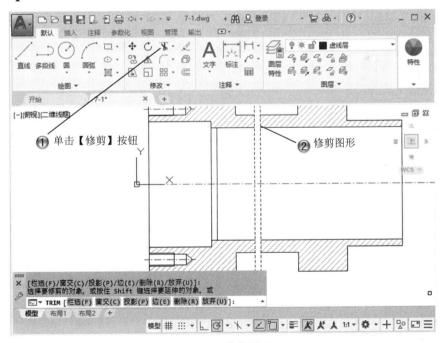

图 7-47 修剪图形

Step7 绘制中心线，如图 7-48 所示。

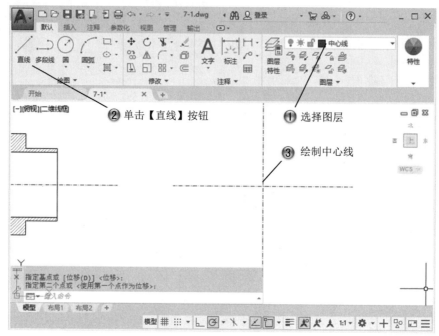

图 7-48　绘制中心线

Step8 绘制半径为 9、10、14 的圆形，如图 7-49 所示。

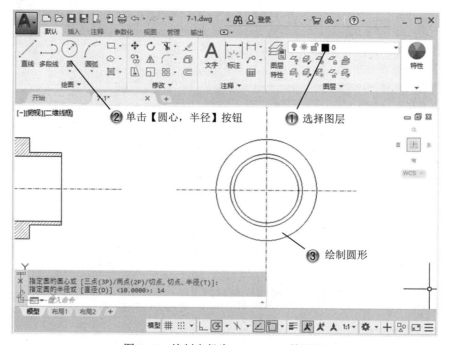

图 7-49　绘制半径为 9、10、14 的圆形

Step9 绘制中心线，如图 7-50 所示。

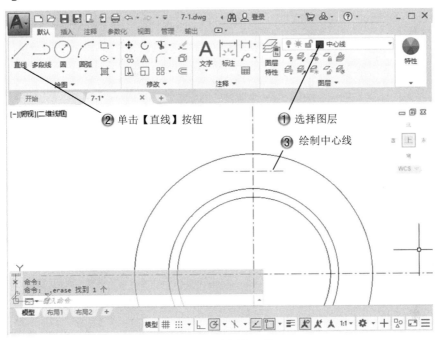

图 7-50　绘制中心线

Step10 绘制半径为 0.9 和 1 的圆形，如图 7-51 所示。

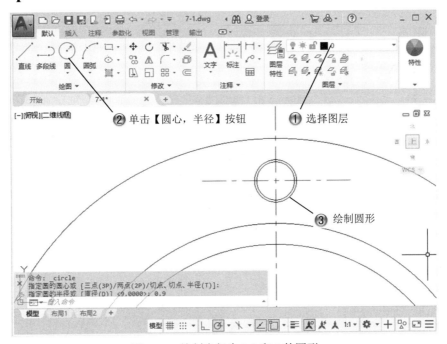

图 7-51　绘制半径为 0.9 和 1 的圆形

Step11 打断图形，如图 7-52 所示。

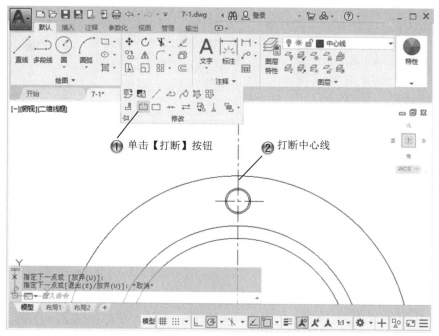

图 7-52　打断图形

Step12 创建块，如图 7-53 所示。

图 7-53　创建块

第 7 章
层、块和属性编辑

Step13 选择块图形,如图 7-54 所示。

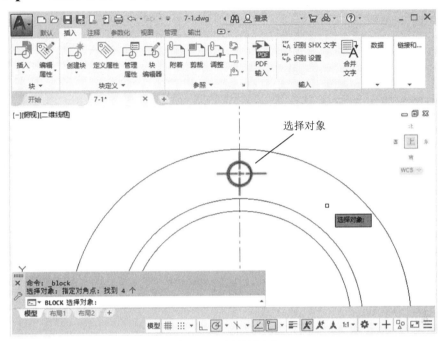

图 7-54　选择块图形

Step14 选择块的基点,如图 7-55 所示。

图 7-55　选择块的基点

Step15 放置块，如图 7-56 所示。

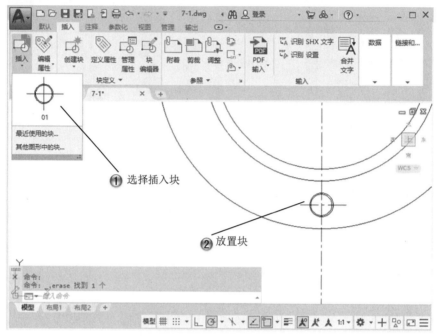

图 7-56　放置块

Step16 完成图形绘制，如图 7-57 所示。

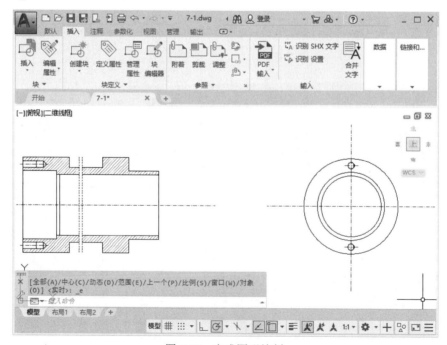

图 7-57　完成图形绘制

7.3 属性编辑

基本概念

在一个块中,附带有很多信息,这些信息就称为属性。它是块的一个组成部分,从属于块,可以随块一起保存并随块一起插入到图形中,它为用户提供了一种将文本附于块的交互式标记,每当用户插入一个带有属性的块时,AutoCAD 就会提示用户输入相应的数据。

课堂讲解课时:1 课时

7.3.1 设计理论

在第一次建立块时可以定义属性,或者在插入块时增加属性,AutoCAD 还允许用户自定义一些属性。

属性具有以下特点。

(1)一个属性包括属性标志和属性值两个方面。

(2)在定义块之前,每个属性要用命令来进行定义。由它来具体规定属性缺省值、属性标志、属性提示及属性的显示格式等具体信息。属性被定义后,该属性在图中显示出来,并把有关信息保留在图形文件中。

(3)在插入块之前,AutoCAD 将通过属性提示要求用户输入属性值。插入块之后,属性以属性值表示。因此同一个定义的块,在不同的插入点可以有不同的属性值。如果在定义属性时,把属性值定义为常量,则 AutoCAD 将不询问属性值。

7.3.2 课堂讲解

1. 创建块属性

块属性是附属于块的非图形信息,是块的组成部分,可包含块中的文字对象。在定义一个块时,属性必须预先定义而后选定。通常,属性用于在块的插入过程中进行自动注释。

要创建一个块的属性，用户可以使用 ddattdef 或 attdef 命令先建立一个属性定义来描述属性特征，包括标记、提示符、属性值、文本格式、位置以及可选模式等。

选用下列其中一种方法打开【属性定义】对话框，如图 7-58 所示。

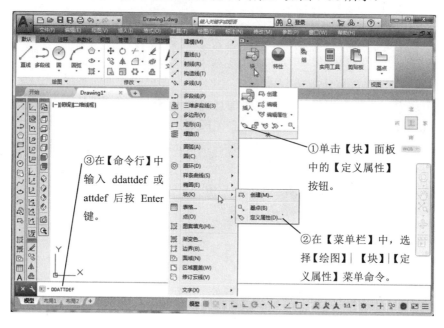

图 7-58　打开【属性定义】对话框

在打开的如图 7-59 所示的【属性定义】对话框中，设置块的一些插入点及属性标记等，然后单击【确定】按钮即可完成块属性的创建。

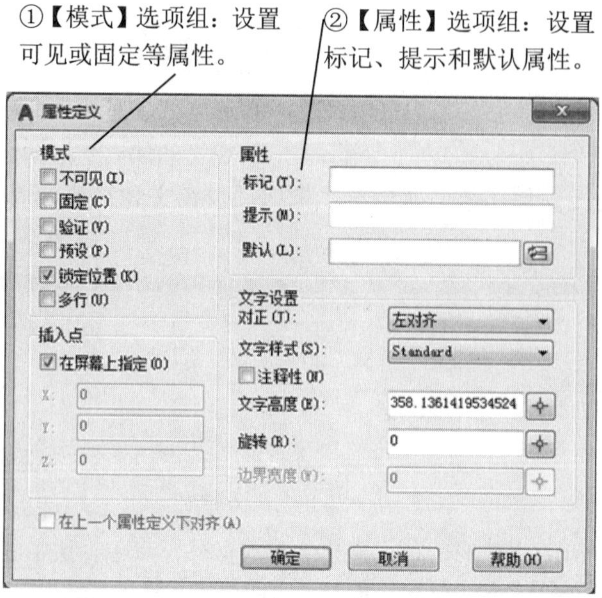

图 7-59　【属性定义】对话框

2. 编辑属性定义

创建完属性后，就可以定义带属性的块，如图 7-60 所示。

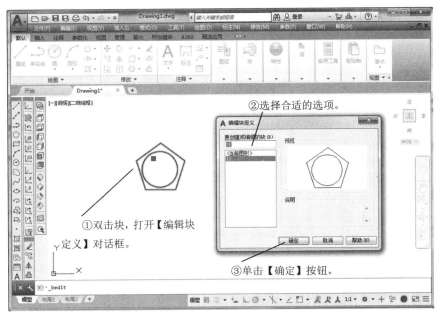

图 7-60　编辑块的属性

7.3.3　课堂练习——标注套筒零件图

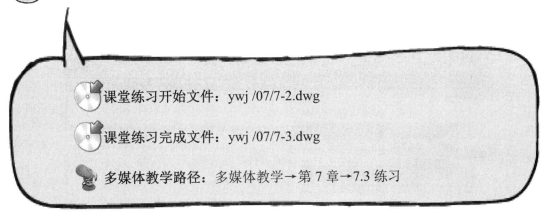

课堂练习开始文件：ywj /07/7-2.dwg

课堂练习完成文件：ywj /07/7-3.dwg

多媒体教学路径：多媒体教学→第 7 章→7.3 练习

Step1 创建尺寸线图层，如图 7-61 所示。

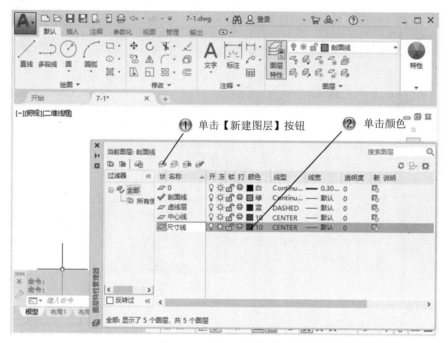

图 7-61　创建尺寸线图层

Step2 设置图层颜色，如图 7-62 所示。

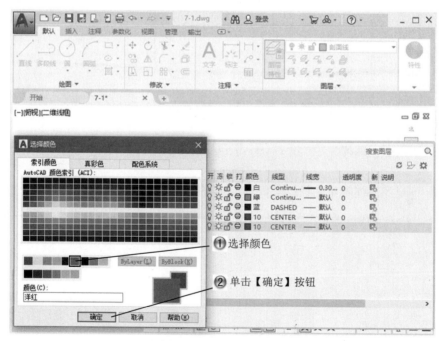

图 7-62　设置图层颜色

Step3 设置图层线型，如图 7-63 所示。

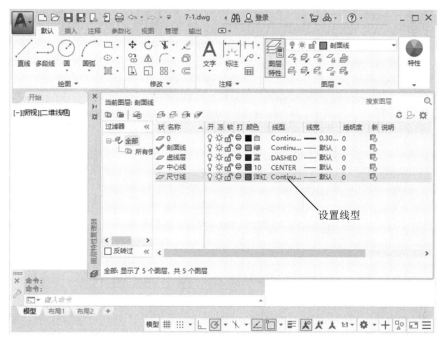

图 7-63　设置图层线型

Step4 添加主视图尺寸，如图 7-64 所示。

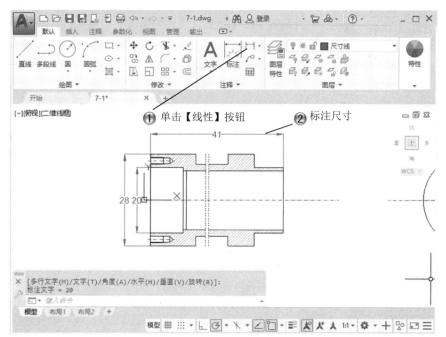

图 7-64　添加主视图尺寸

Step5 添加主视图其他尺寸，如图 7-65 所示。

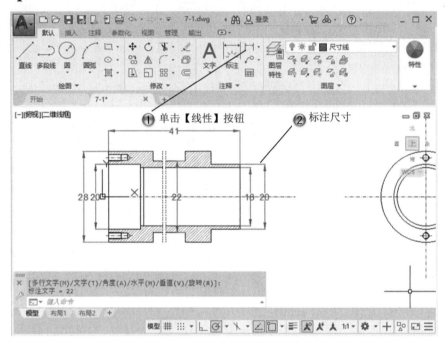

图 7-65　添加主视图其他尺寸

Step6 添加侧视图尺寸，如图 7-66 所示。

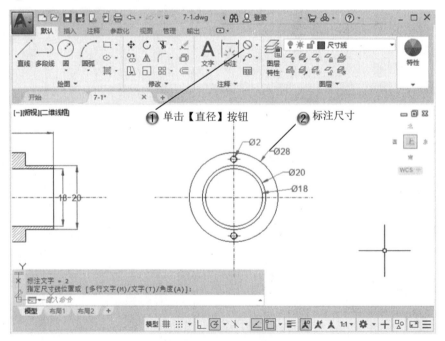

图 7-66　添加侧视图尺寸

第 7 章
层、块和属性编辑

Step7 创建属性定义，如图 7-67 所示。

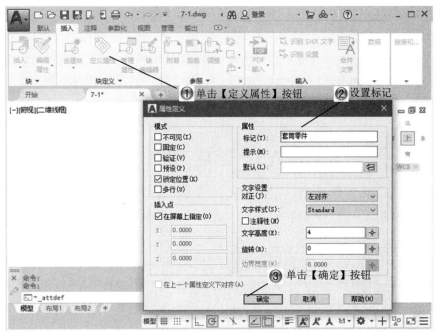

图 7-67　创建属性定义

Step8 放置文字，如图 7-68 所示。

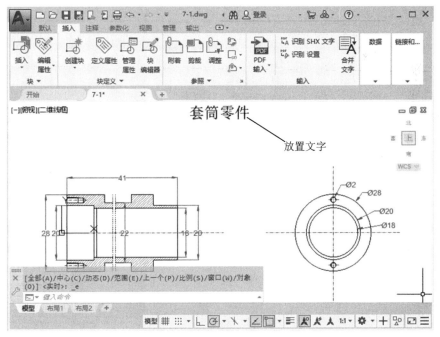

图 7-68　放置文字

7.4 专家总结

本章主要介绍了如何在 AutoCAD 2020 中创建块和编辑块、创建和管理块属性，并对图层管理进行了详细的讲解。通过本章的学习，读者应该能够熟练掌握创建块、编辑和插入块、图层管理的方法。

7.5 课后习题

7.5.1 填空题

（1）图层管理的方法是_____。
（2）创建块的作用是_____。

7.5.2 问答题

（1）如何创建块？
（2）编辑块属性的操作步骤有哪些？

7.5.3 上机操作题

如图 7-69 所示，使用本章学过的命令来创建法兰图纸。

一般创建步骤和方法：
（1）使用直线命令绘制中心线。
（2）绘制圆形和阵列。
（3）创建表格和块。
（4）插入表格块。

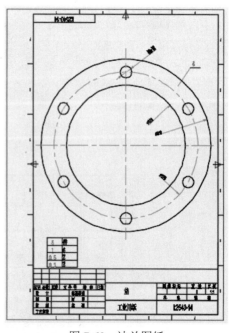

图 7-69 法兰图纸

第 8 章　表格和工具选项

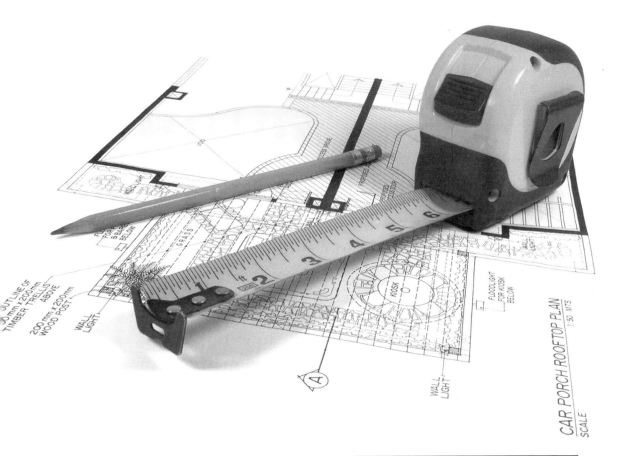

课训目标	内　容	掌握程度	课　时
	创建和编辑表格	熟练运用	2
	工具选项板	了解	1

课程学习建议

创建表格是图形绘制的一个重要组成部分，它是图形的文字表达。AutoCAD 提供了多种创建表格的方法，可以满足建筑、机械、电子等大多数应用领域的要求。在绘图时使用位置标注，能够对图形的各个部分添加提示和解释等辅助信息，既方便用户绘制，又方便使用者阅读。本章将讲述创建表格的方法和技巧。

在使用 AutoCAD 绘制图形时，还会用到工具选项板，可以创建自己的绘图工具。

本课程主要基于表格和工具选项板而展开，其培训课程表如下。

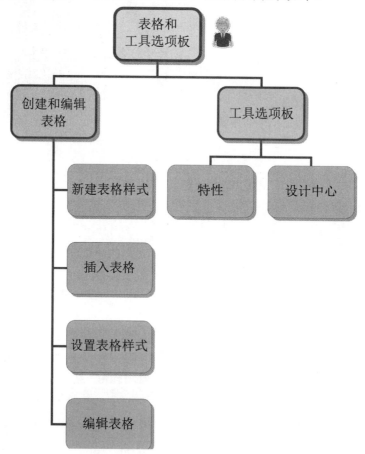

8.1 创建和编辑表格

表格是 CAD 图纸中列举零部件和展示零件信息的必要组成部分，不可或缺。

第 8 章　表格和工具选项

课堂讲解课时：2 课时

8.1.1　设计理论

使用表格可以使信息表达得有条理、便于阅读，同时表格也具备计算功能。在建筑类图纸中，表格经常用于门窗表、钢筋表、原料单和下料单等；在机械类图纸中，表格经常用于装配图的零件明细栏、标题栏和技术说明栏等。

8.1.2　课堂讲解

1. 新建表格样式

在 AutoCAD 2020 中，可以通过两种方法创建表格样式，如图 8-1 所示。

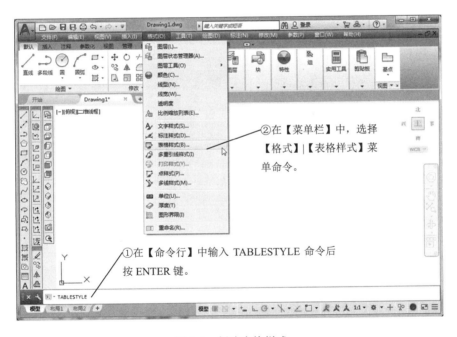

图 8-1　创建表格样式

使用图 8-1 中的任意一种方法，均可打开如图 8-2 所示的【表格样式】对话框。在此对话框可以设置当前表格样式，以及创建、修改和删除表格样式。

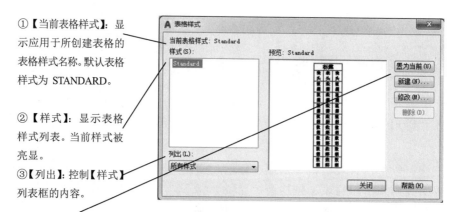

①【当前表格样式】：显示应用于所创建表格的表格样式名称。默认表格样式为 STANDARD。

②【样式】：显示表格样式列表。当前样式被亮显。

③【列出】：控制【样式】列表框的内容。

④【置为当前】按钮：将【样式】列表框中选定的表格样式设置为当前样式，所有新表格都将使用此表格样式创建。

⑤【新建】：显示【创建新的表格样式】对话框，从中可以定义新的表格样式。

⑥【修改】：显示【修改表格样式】对话框，从中可以修改表格样式。

⑦【删除】：删除【样式】列表框中选定的表格样式。

图 8-2　【表格样式】对话框

2. 插入表格

在 AutoCAD 2020 中，可以通过两种方法插入表格样式，如图 8-3 所示。

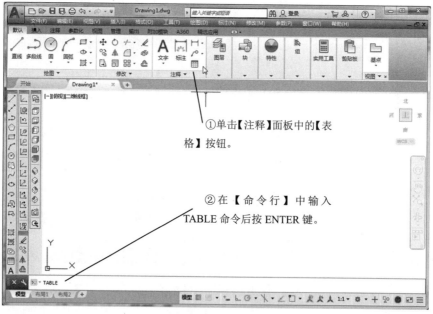

图 8-3　插入表格样式

使用图 8-3 中的任意一种方法，均可打开如图 8-4 所示的【插入表格】对话框。

第 8 章
表格和工具选项

①【表格样式】选项组：从中创建表格的当前图形中选择表格样式。

②【插入选项】选项组：指定插入表格的方式。

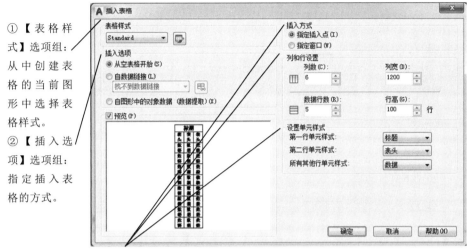

③【插入方式】选项组：指定表格位置。

④【列和行设置】选项组：设置列和行的数目和大小。

⑤【设置单元样式】选项组：对于那些不包含起始表格的表格样式，请指定新表格中行的单元格式。

图 8-4 【插入表格】对话框

3. 设置表格样式

在【创建新的表格样式】对话框的【新样式名】文本框中输入要建立的表格名称，然后单击【继续】按钮，出现如图 8-5 所示的【新建表格样式】对话框，在对话框中通过对起始表格、常规、单元样式等格式设置，完成对表格样式的设置。

③【单元样式】选项组：定义新的单元样式或修改现有单元样式。可以创建任意数量的单元样式。

①【起始表格】选项组：起始表格图形中用作设置新表格样式格式的样例表格。

②【常规】选项组：可以完成对表格方向的设置。

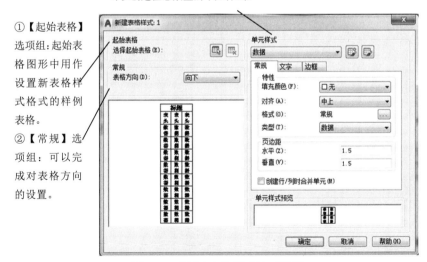

图 8-5 【新建表格样式】对话框

> 边框设置好后一定要单击表格边框按钮以应用选定的特征,如不应用,表格中的边框线在打印和预览时都看不见。

名师点拨

4. 编辑表格

在选择表格后,在表格的四周、标题行将显示若干个夹点,用户可以根据这些夹点来编辑表格,如图8-6所示。

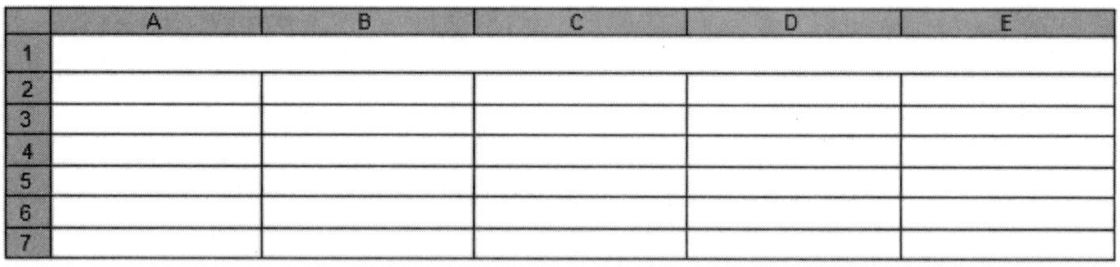

图 8-6 选择表格

在 AutoCAD 2020 中,用户还可以使用快捷菜单来编辑表格。当选择整个表格时,单击鼠标右键,将弹出一个快捷菜单,如图 8-7 所示。在其中选择所需的选项,可以对整个表格进行相应的操作;选择表格单元格时,单击鼠标右键,将弹出一个快捷菜单,如图 8-8 所示,在其中选择相应的选项,可对某个表格单元格进行操作。

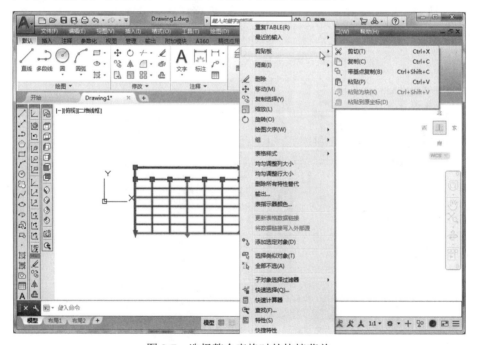

图 8-7 选择整个表格时的快捷菜单

第 8 章
表格和工具选项

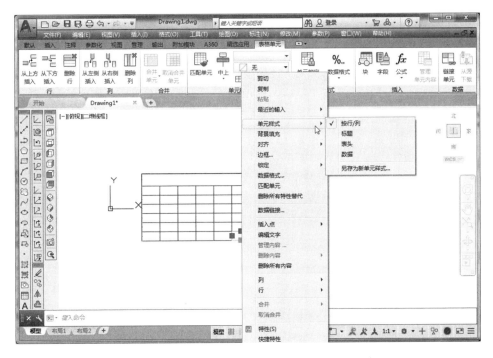

图 8-8　选择表格单元格时的快捷菜单

从选择整个表格时的快捷菜单中可以看出，用户可以对表格进行剪切、复制、删除、移动、缩放和旋转等简单操作。

8.1.3　课堂练习——绘制支撑板图纸

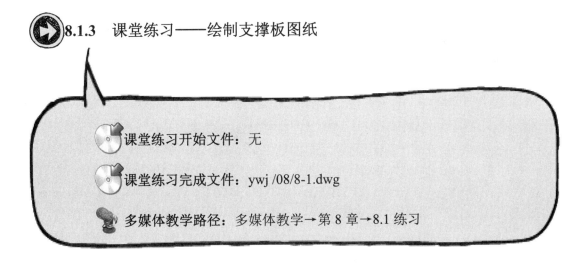

课堂练习开始文件：无

课堂练习完成文件：ywj/08/8-1.dwg

多媒体教学路径：多媒体教学→第 8 章→8.1 练习

Step1 创建图层，如图 8-9 所示。

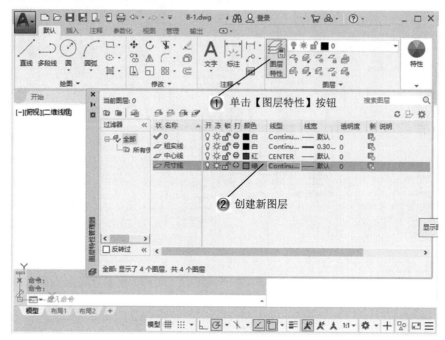

图 8-9　创建图层

Step2 绘制 20×20 的矩形，如图 8-10 所示。

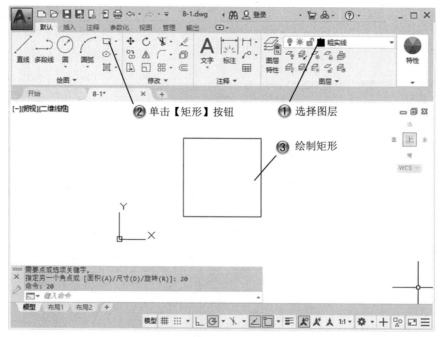

图 8-10　绘制 20×20 的矩形

Step3 绘制直线，如图 8-11 所示。

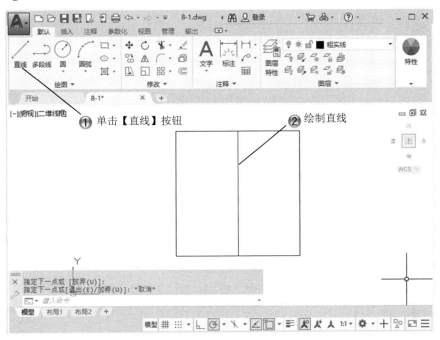

图 8-11　绘制直线

Step4 复制直线，如图 8-12 所示。

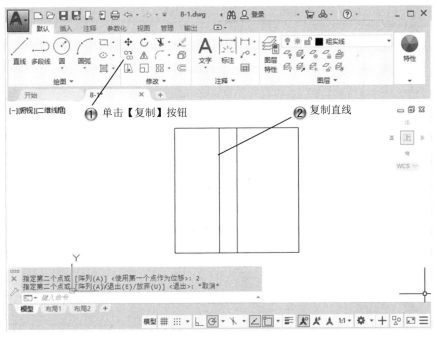

图 8-12　复制直线

Step5 移动直线,如图 8-13 所示。

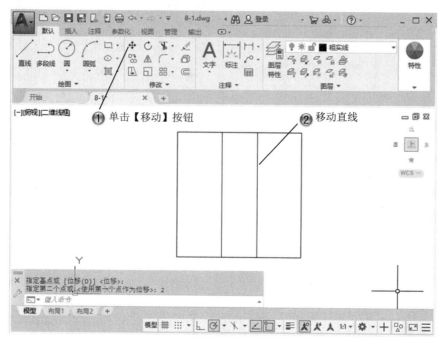

图 8-13 移动直线

Step6 绘制中心线,如图 8-14 所示。

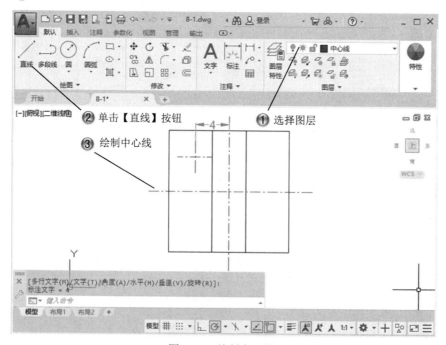

图 8-14 绘制中心线

Step7 绘制半径为 1 的圆形，如图 8-15 所示。

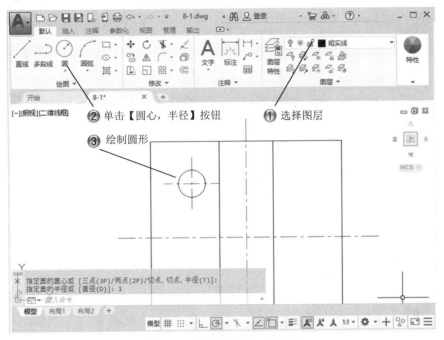

图 8-15　绘制半径为 1 的圆形

Step8 绘制半径为 1.4 的圆形，如图 8-16 所示。

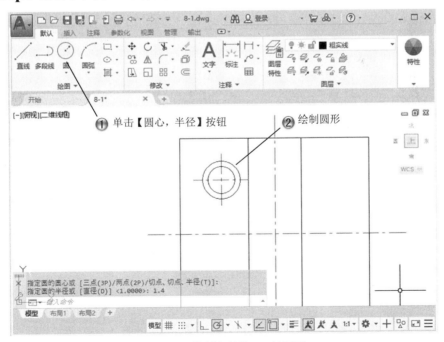

图 8-16　绘制半径为 1.4 的圆形

Step9 阵列图形，如图 8-17 所示。

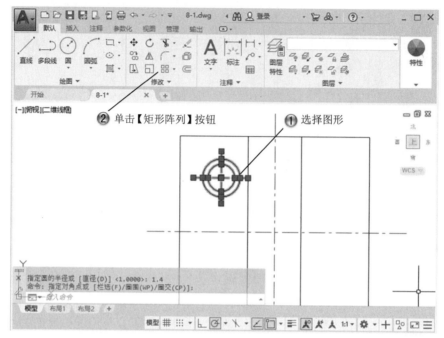

图 8-17　阵列图形

Step10 设置阵列参数，如图 8-18 所示。

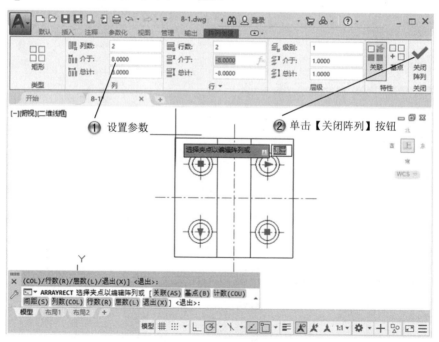

图 8-18　设置阵列参数

Step11 绘制 14×4 的矩形，如图 8-19 所示。

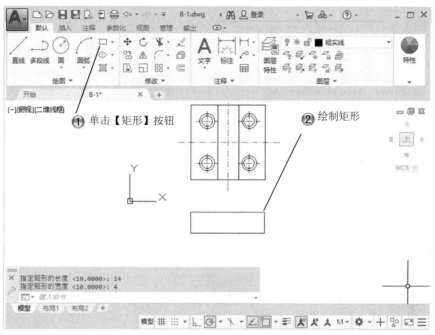

图 8-19　绘制 14×4 的矩形

Step12 绘制中心线，如图 8-20 所示。

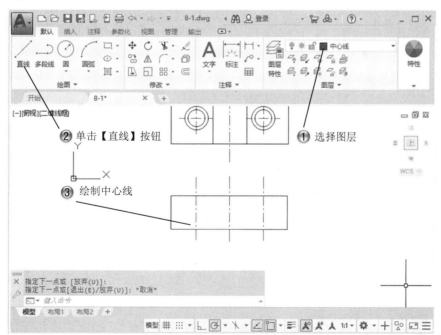

图 8-20　绘制中心线

Step13 绘制半径为 2 的圆形，如图 8-21 所示。

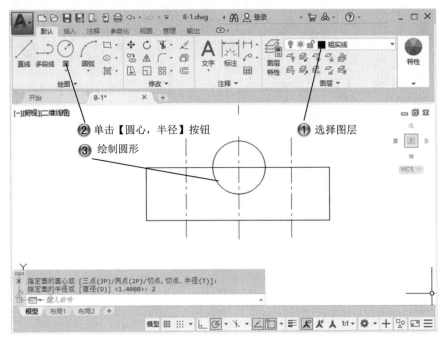

图 8-21　绘制半径为 2 的圆形

Step14 修剪图形，如图 8-22 所示。

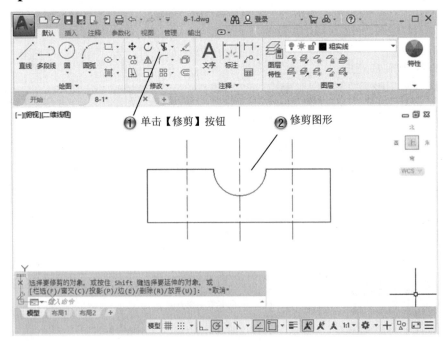

图 8-22　修剪图形

Step15 绘制 3×2 的矩形，如图 8-23 所示。

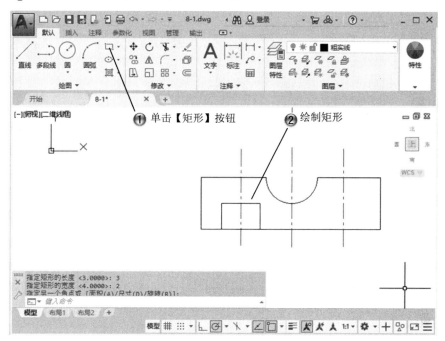

图 8-23　绘制 3×2 的矩形

Step16 绘制 2×2 的矩形，如图 8-24 所示。

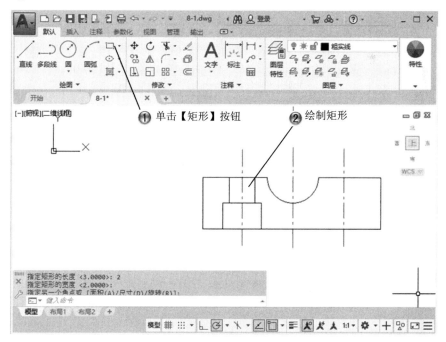

图 8-24　绘制 2×2 的矩形

Step17 镜像图形，如图 8-25 所示。

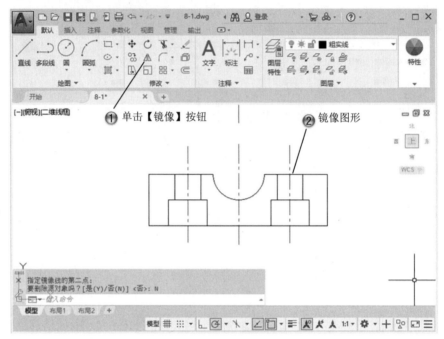

图 8-25　镜像图形

Step18 复制图形，如图 8-26 所示。

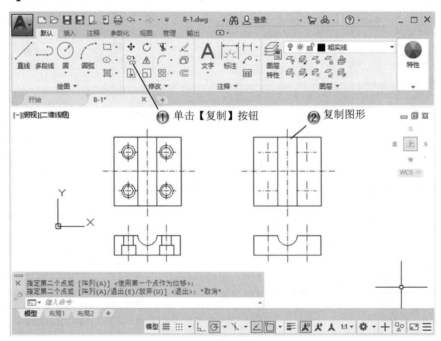

图 8-26　复制图形

Step19 绘制半径为 0.6 的圆形，如图 8-27 所示。

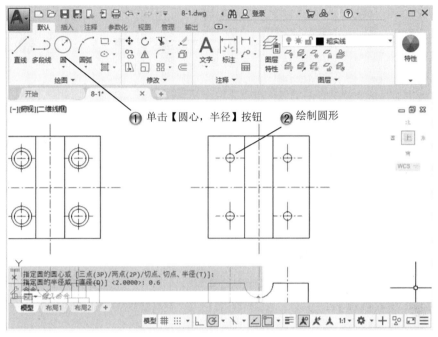

图 8-27　绘制半径为 0.6 的圆形

Step20 绘制半径为 0.7 的圆形，如图 8-28 所示。

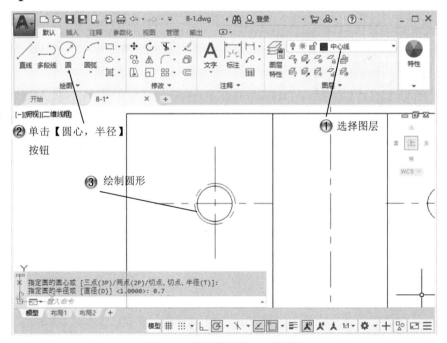

图 8-28　绘制半径为 0.7 的圆形

Step21 修剪图形，如图 8-29 所示。

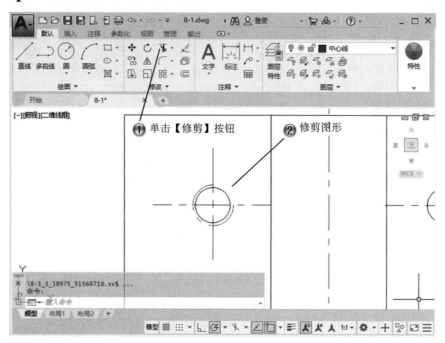

图 8-29　修剪图形

Step22 阵列图形，如图 8-30 所示。

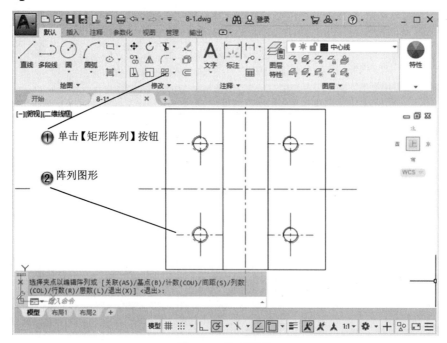

图 8-30　阵列图形

Step23 旋转图形，如图 8-31 所示。

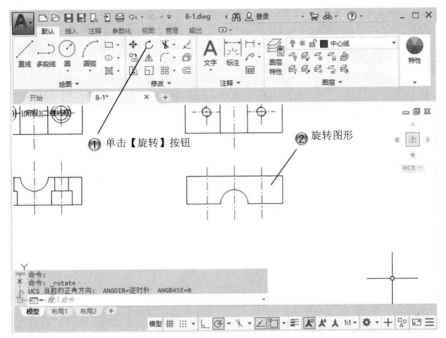

图 8-31　旋转图形

Step24 绘制 1×2 的矩形，如图 8-32 所示。

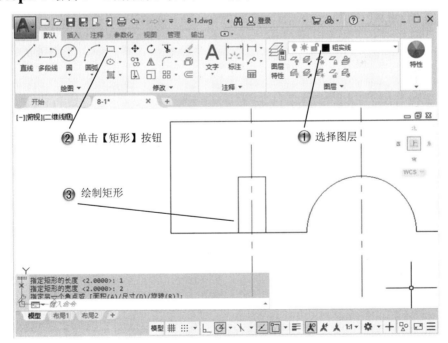

图 8-32　绘制 1×2 的矩形

Step25 绘制 1×0.6 的矩形，如图 8-33 所示。

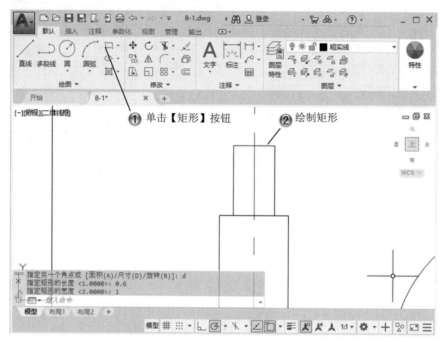

图 8-33　绘制 1×0.6 的矩形

Step26 移动矩形，如图 8-34 所示。

图 8-34　移动矩形

Step27 绘制直线图形，如图 8-35 所示。

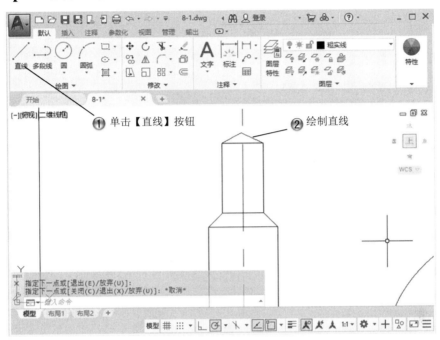

图 8-35　绘制直线图形

Step28 镜像图形，如图 8-36 所示。

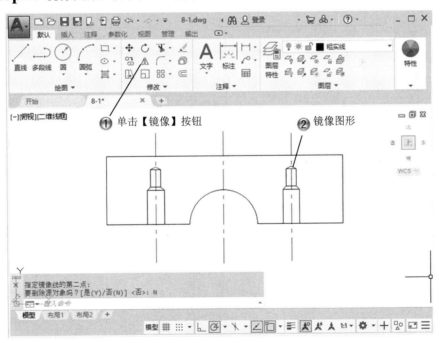

图 8-36　镜像图形

Step29 绘制 80×50 的矩形，如图 8-37 所示。

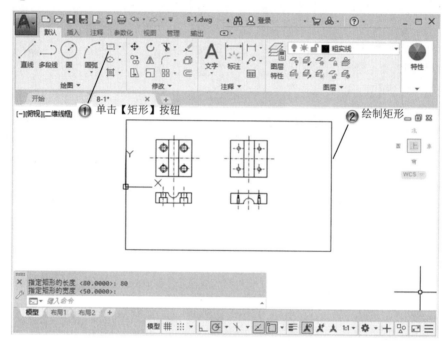

图 8-37　绘制 80×50 的矩形

Step30 绘制 20×6 的矩形，如图 8-38 所示。

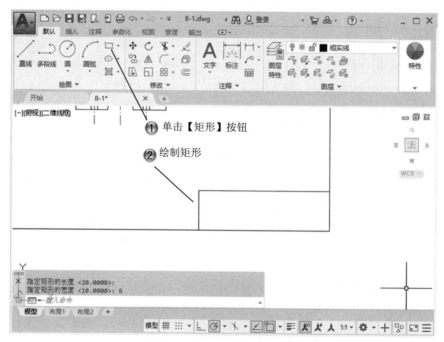

图 8-38　绘制 20×6 的矩形

Step31 绘制水平直线，如图 8-39 所示。

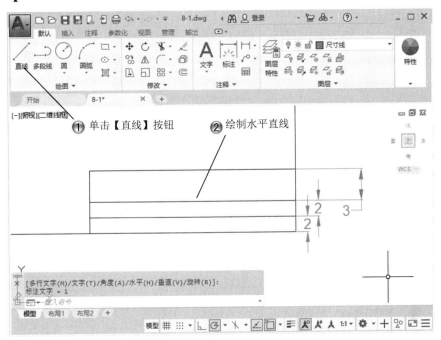

图 8-39　绘制水平直线

Step32 绘制垂直线，如图 8-40 所示。

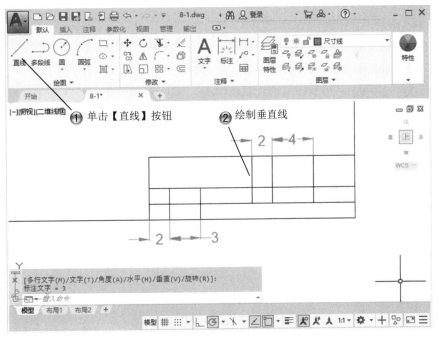

图 8-40　绘制垂直线

Step33 添加零件 1 主视图尺寸，如图 8-41 所示。

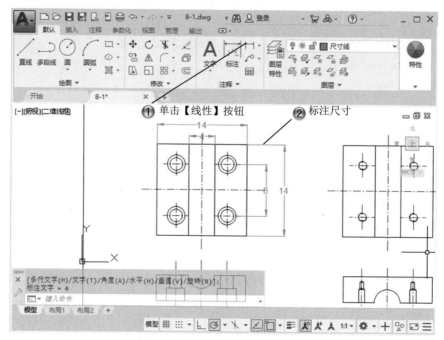

图 8-41　添加零件 1 主视图尺寸

Step34 添加零件 1 俯视图尺寸，如图 8-42 所示。

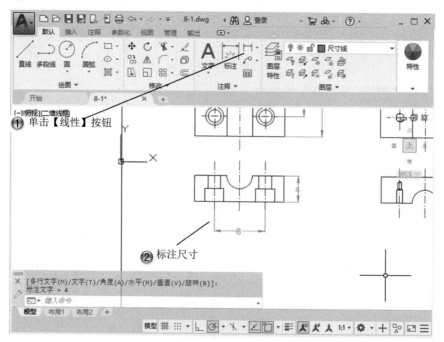

图 8-42　添加零件 1 俯视图尺寸

Step35 添加零件 1 直径标注，如图 8-43 所示。

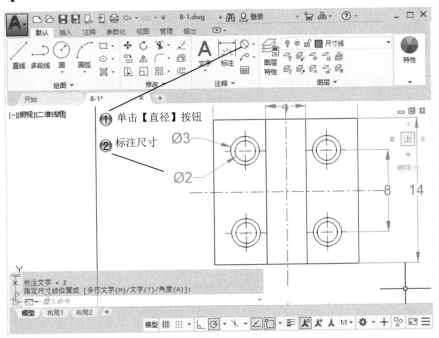

图 8-43　添加零件 1 直径标注

Step36 添加零件 2 直径标注，如图 8-44 所示。

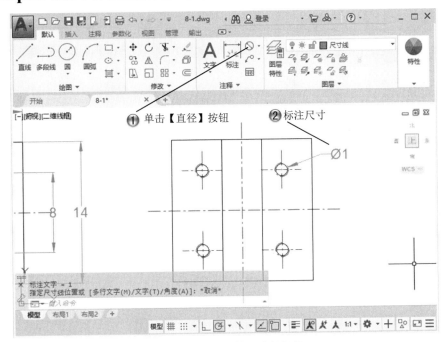

图 8-44　添加零件 2 直径标注

Step37 添加题图文字，如图 8-45 所示。

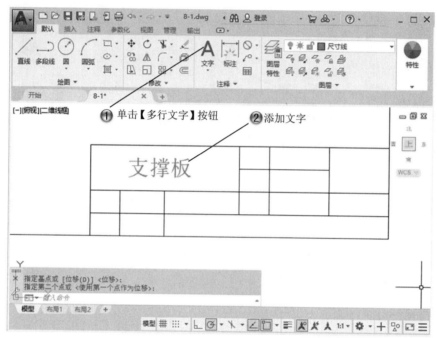

图 8-45　添加题图文字

Step38 添加表格文字，如图 8-46 所示。

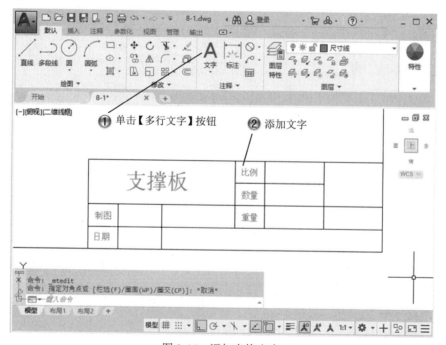

图 8-46　添加表格文字

Step39 插入表格，如图 8-47 所示。

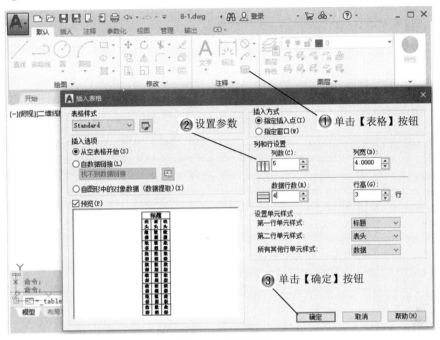

图 8-47 插入表格

Step40 放置表格，如图 8-48 所示。

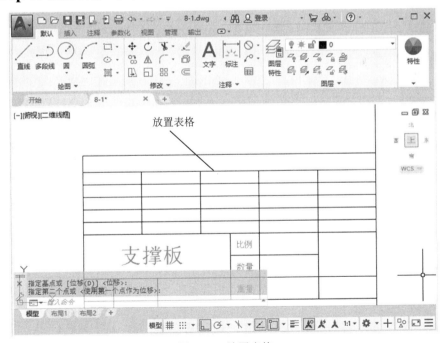

图 8-48 放置表格

Step41 拆分表格，如图 8-49 所示。

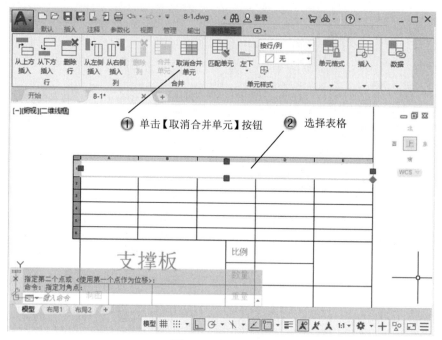

图 8-49　拆分表格

Step42 添加表格标题栏，如图 8-50 所示。

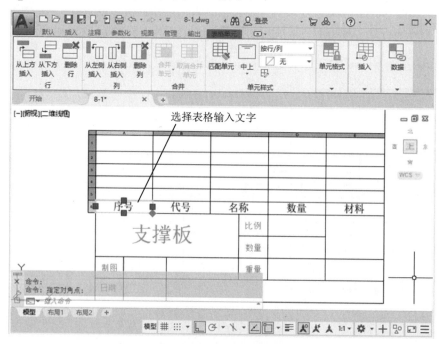

图 8-50　添加表格标题栏

Step43 添加表格内容,如图 8-51 所示。

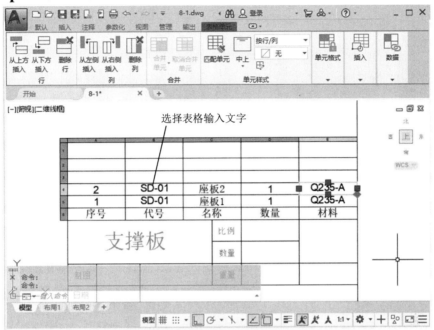

图 8-51 添加表格内容

Step44 完成图纸绘制,如图 8-52 所示。

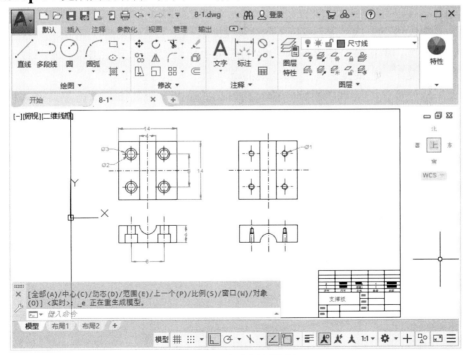

图 8-52 完成图纸绘制

8.2 工具选项板

AutoCAD 的设计中心为用户提供了一个直观且高效的管理工具,它与 Windows 资源管理器类似。工具选项板是一个比设计中心更加强大的帮手,它能够将块、几何图形(如直线、圆、多段线)、填充、外部参照、光栅图像及命令等都组织到工具选项板里面,并创建成工具,以便将这些工具应用于当前正在设计的图纸。

###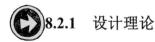

工具选项板由许多选项板组成,每个选项板中包含若干工具,这些工具可以是块或者是几何图形(如直线、圆、多段线)、填充、外部参照、光栅图像,甚至可以是命令。

若干选项板可以组成"组"。在工具选项板标题栏上右击,在弹出的快捷菜单下端列出的就是组的名称。单击某个组名称,该组的选项板就会打开并显示出来。也可以直接单击选项板下方重叠在一起的地方来打开所要的选项板。

将工具选项板里的工具应用到当前正在设计的图纸十分简单,单击工具选项板里的工具,命令提示行将显示相应的提示,按照提示进行操作即可。

###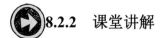

打开【工具】|【选项板】菜单命令,其中有多个选项板,选择相应命令后即可调出,如图 8-53 所示。

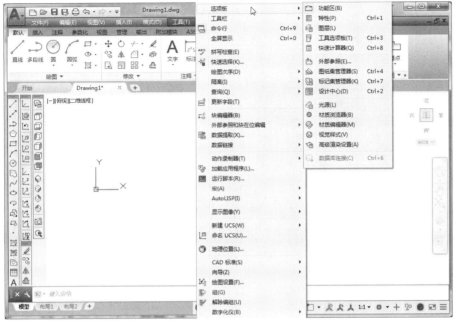

图 8-53 【选项板】菜单

1. 特性

选择【工具】|【选项板】|【特性】菜单命令，调出【特性】工具选项板，如图 8-54 所示。在【特性】工具选项板中可以设置特征属性。

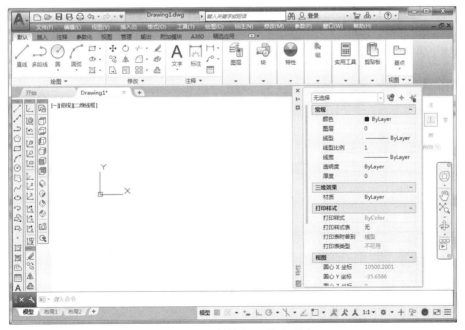

图 8-54 【特性】工具选项板

2. 设计中心

（1）打开设计中心

利用设计中心打开图形的主要操作方法如图 8-55 所示。

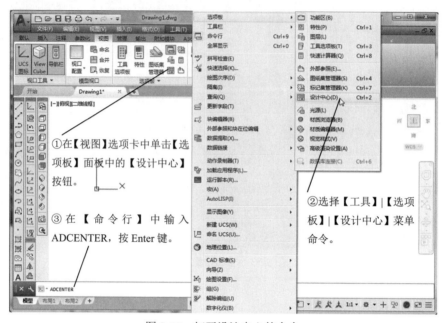

图 8-55　打开设计中心的命令

执行图 8-55 中的任意一个命令，都将出现如图 8-56 所示的【设计中心】工具选项板。

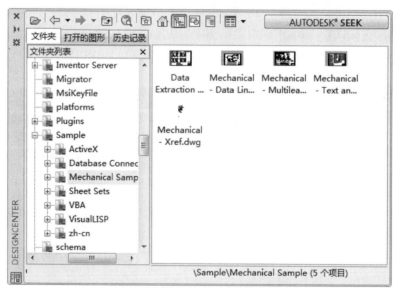

图 8-56　【设计中心】工具选项板

从【文件夹列表】中任意找到一个 AutoCAD 文件，用鼠标右键单击该文件，在弹出的快捷菜单中选择【在应用程序窗口中打开】命令，即可将图形文件打开，如图 8-57 所示。

图 8-57 选择【在应用程序窗口中打开】命令

（2）使用设计中心插入块

使用设计中心可以把其他图形中的块引用到当前图形中。

在【文件夹列表】中，双击要插入到当前图形中的图形文件，在右侧会显示出图形文件所包含的标注样式、文字样式、图层、块等内容，如图 8-58 所示。

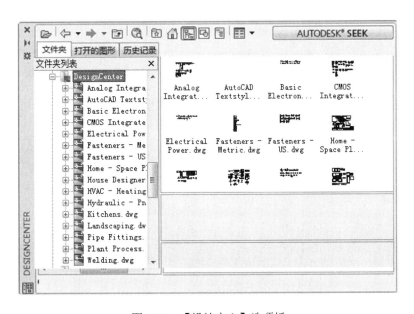

图 8-58 【设计中心】选项板

选择图纸，双击【块】，显示出图形中包含的所有内容，如图 8-59 所示。

图 8-59　显示【块】的【设计中心】工具选项板

双击要插入的块，会出现【插入】对话框，如图 8-60 所示。在【插入】对话框中可以指定插入点的位置、旋转角度和比例等，设置完后单击【确定】按钮，返回当前图形窗口，完成对块的插入。

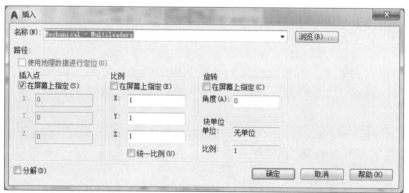

图 8-60　【插入】对话框

（3）设计中心的拖放功能

可以把其他文件的块、文字样式、标注样式、表格、外部参照、图层和线型等复制到当前文件中，步骤如下。

新建一个文件"拖放.dwg"，把块拖放到"拖放.dwg"文件中。在【选项板】面板上单击【设计中心】按钮，打开【设计中心】工具选项板。双击要插入到当前图形中的图形文件，在内容区显示图形中包含的标注样式、文字样式、图层、块等内容。双击【块】，显示出图像中包含的所有块。拖动 rou 到当前图形，可以把块复制到"拖放.dwg"文件中。按住 Ctrl 键，选择要复制的所有图层设置，然后按住鼠标左键拖动到当前文件的绘图区，这样就可以把图层设置一并复制到"拖放.dwg"文件中。

8.2.3 课堂练习——标注打印支撑板图纸

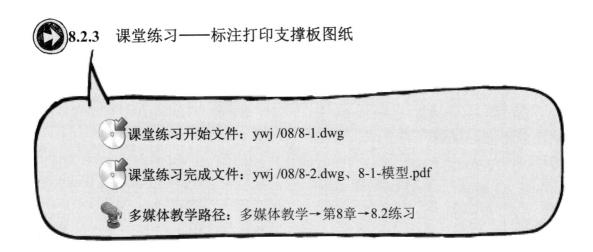

Step1 设置线型，如图 8-61 所示。

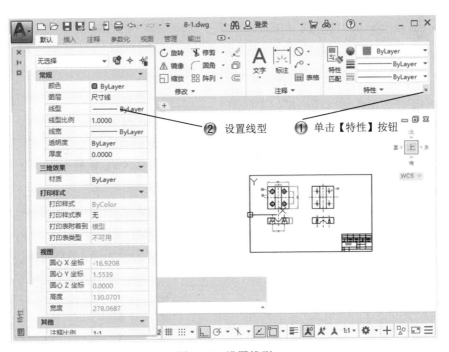

图 8-61　设置线型

Step2 设置线型比例，如图8-62所示。

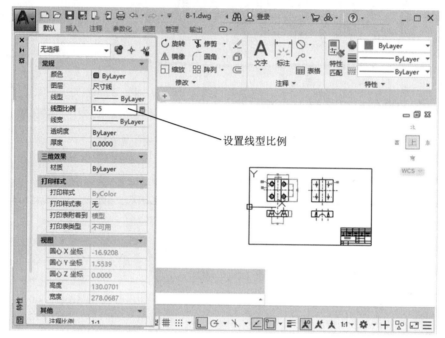

图8-62 设置线型比例

Step3 设置黑色线条线型比例，如图8-63所示。

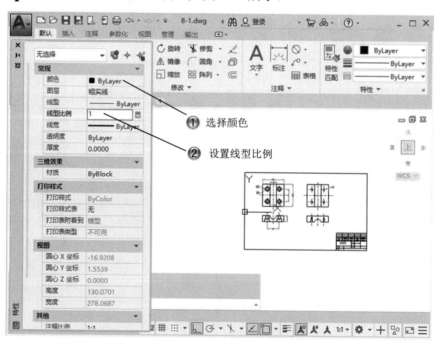

图8-63 设置黑色线条线型比例

Step4 填充区域，如图 8-64 所示。

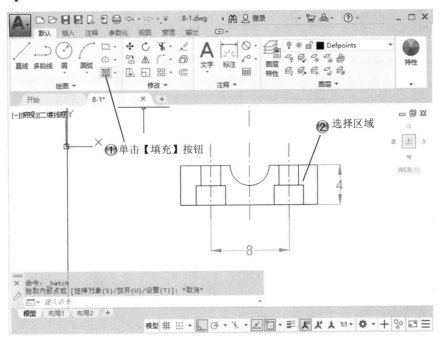

图 8-64　填充区域

Step5 设置填充参数，如图 8-65 所示。

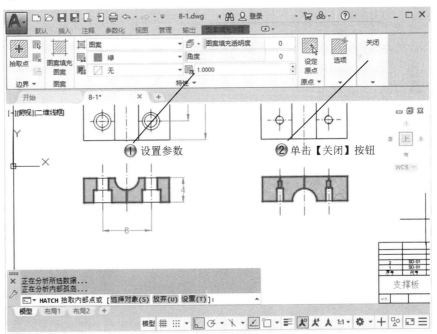

图 8-65　设置填充参数

Step6 打印图纸命令，如图 8-66 所示。

图 8-66　打印图纸命令

Step7 页面设置，如图 8-67 所示。

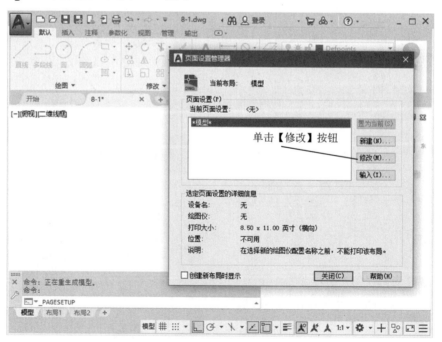

图 8-67　页面设置

Step8 设置打印属性,如图 8-68 所示。

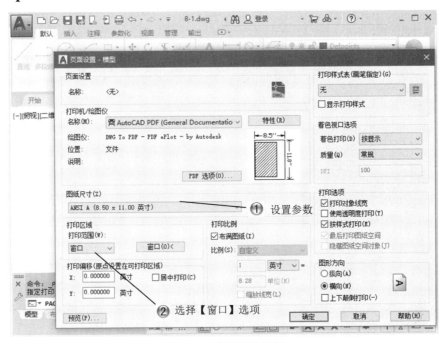

图 8-68 设置打印属性

Step9 选择打印区域,如图 8-69 所示。

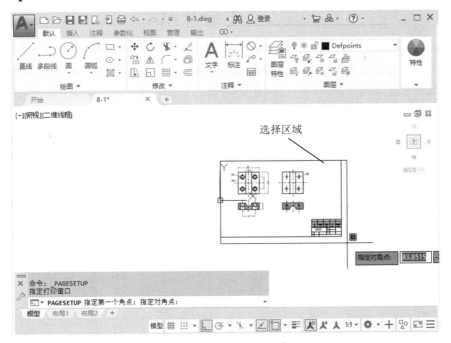

图 8-69 选择打印区域

Step10 打印输出,如图 8-70 所示。

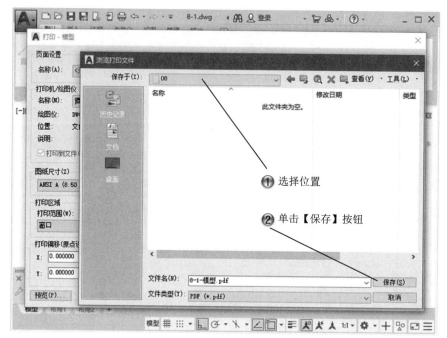

图 8-70 打印输出

8.3 专家总结

本章主要介绍了表格和工具选项板的知识,这些内容是 AutoCAD 绘图的补充,在很多场合都会用到,因此结合练习进行学习十分必要。

8.4 课后习题

8.4.1 填空题

(1)创建表格的命令有_____、_____、_____。
(2)编辑表格的命令是_____。
(3)工具选项板的作用是_____。

8.4.2 问答题

（1）如何设置表格参数？
（2）如何调用工具选项板？

8.4.3 上机操作题

如图 8-71 所示，使用本章学过的命令来创建建筑图中的表格。
一般创建步骤和方法：
（1）设置表格样式。
（2）插入表格。
（3）设置表格。
（4）添加表格中的文字。

<table>
<tr><td colspan="3">（校名）</td><td>工程
名称</td><td colspan="3"></td></tr>
<tr><td>审 核</td><td></td><td></td><td colspan="2" rowspan="3">（图名）</td><td>设计号</td><td></td></tr>
<tr><td>设 计</td><td></td><td></td><td>图 别</td><td></td></tr>
<tr><td>制 图</td><td></td><td></td><td>图 号</td><td></td></tr>
</table>

序号	名称	代号	序号	名称	代号
1	板	B	8	墙板	QB
2	屋面板	WB	9	天沟板	TGB
3	空心板	KB	10	梁	L
4	槽形板	CB	11	屋面梁	WL
5	折板	ZB	12	吊车梁	DL
6	密肋板	MB	13	车挡	CD
7	楼梯板	TB	14	圆梁	QL

图 8-71　建筑图表格

第 9 章 绘制和编辑三维实体

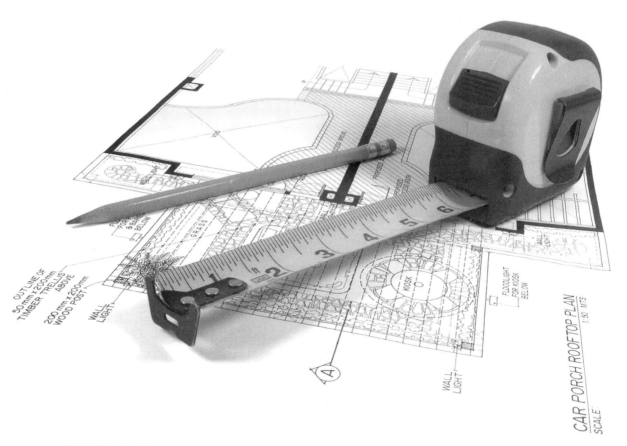

	内　容	掌握程度	课　时
课训目标	三维界面和坐标系	熟练运用	2
	设置三维视点	熟练运用	2
	绘制三维曲面	熟练运用	1
	绘制三维实体	熟练运用	2
	编辑三维对象	熟练运用	2
	编辑三维实体	熟练运用	2

课程学习建议

AutoCAD 2020 有一项重要的功能，即三维绘图。三维绘图是二维绘图的延伸，也是绘图中较为高端的手段。本章主要介绍三维绘图的基础知识，包括三维坐标系和视点的使用，同时介绍基本的三维图形界面和绘制方法，介绍绘制三维实体的方法和命令，并介绍三维实体的编辑方法，使用户对三维实体绘图有所认识。

本课程主要基于绘制和编辑三维实体进行讲解，其培训课程表如下。

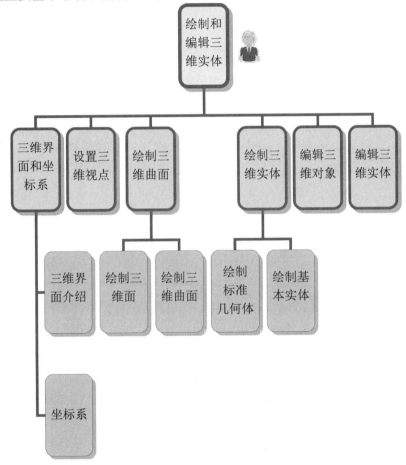

9.1 三维界面和坐标系

用户坐标系是用于创建坐标、操作平面和观察的一种可移动的坐标系统。用户坐标系

由用户来指定，它可以在任意平面上定义 XY 平面，并根据这个平面，垂直拉伸出 Z 轴，组成坐标系，它大大方便了三维物体绘制时坐标的定位。

9.1.1 设计理论

三维实体是一个直观的立体表现方式，但要在平面的基础上表示三维图形，则需要有一些三维知识，并且对平面的立体图形有所认识。在 AutoCAD 2020 中包含三维绘图的界面，更适合三维绘图的习惯。另外，要进行三维绘图，首先要了解用户坐标系。下面介绍三维坐标系和视点，并介绍用户坐标系的一些基本操作。

9.1.2 课堂讲解

1. 三维界面

启动 AutoCAD 2020 后，选择提示栏中的【三维建模】选项，进入三维界面，如图 9-1 所示。

图 9-1　选择【三维建模】命令

AutoCAD 2020 的三维建模界面，如图 9-2 所示。

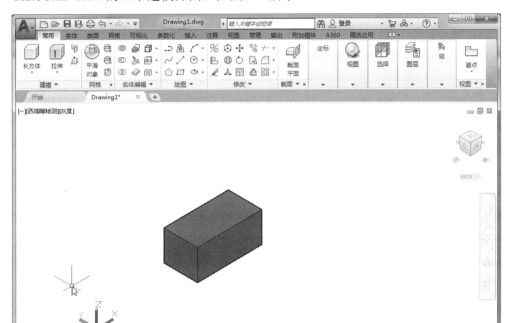

图 9-2　三维建模界面

2．坐标系

> AutoCAD 的大多数几何编辑命令取决于 UCS 的位置和方向，图形将绘制在当前 UCS 的 *XY* 平面上。UCS 命令设置用户坐标系在三维空间中的方向，它定义二维对象的方向和 THICKNESS 系统变量的拉伸方向，它也提供 ROTATE（旋转）命令的旋转轴，并为指定点提供默认的投影平面。当使用定点设备定义点时，定义的点通常置于 *XY* 平面上。如果 UCS 旋转使 *Z* 轴位于与观察平面平行的平面上（*XY* 平面对于观察者来说显示为一条边），那么可能很难查看该点的位置。这种情况下，将把该点定位在与观察平面平行的包含 UCS 原点的平面上。例如，如果观察方向沿着 *X* 轴，那么用定点设备指定的坐标将定义在包含 UCS 原点的 *YZ* 平面上。

不同对象新建的 UCS 有所不同，如表 9-1 所示。

表 9-1　不同对象新建的 UCS 情况

对　　象	确定的 UCS 情况
圆弧	圆弧的圆心成为新 UCS 的原点，X 轴通过距离选择点最近的圆弧端点
圆	圆的圆心成为新 UCS 的原点，X 轴通过选择点
直线	距离选择点最近的端点成为新 UCS 的原点，选择新 X 轴，直线位于新 UCS 的 XZ 平面上。直线第二个端点在新系统中的 Y 坐标为 0
二维多段线	多段线的起点为新 UCS 的原点，X 轴沿从起点到下一个顶点的线段延伸

3．新建 UCS

启动 UCS 可以用两种操作方法，如图 9-3 所示。

> 该命令不能选择下列对象：三维实体、三维多段线、三维网络、视窗、多线、面、样条曲线、椭圆、射线、构造线、引线、多行文字。

名师点拨

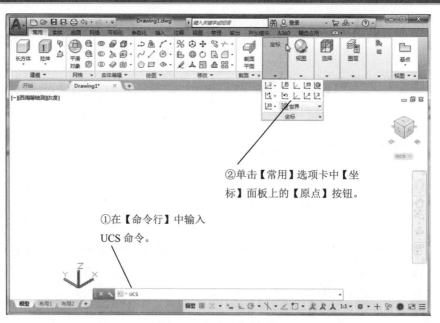

图 9-3　启动 UCS 命令

下列 6 种方法可以建立新坐标。

（1）原点

通过指定当前用户坐标系 UCS 的新原点，保持其 X、Y 和 Z 轴方向不变，从而定义新的 UCS，如图 9-4 所示。

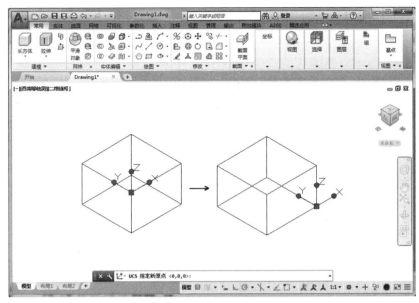

图 9-4　原点定义坐标系

（2）Z 轴（ZA）

用特定的 Z 轴正半轴定义 UCS。指定新原点和位于新建 Z 轴正半轴上的点。【Z 轴】选项使 XY 平面倾斜，如图 9-5 所示。

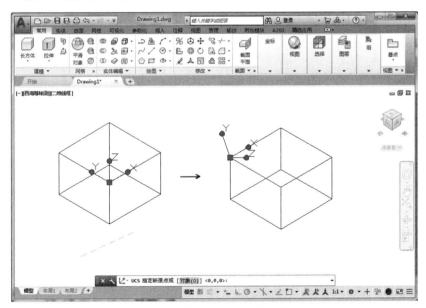

图 9-5　新建 Z 轴定义坐标系

（3）三点（3）

指定新 UCS 原点及其 X 轴和 Y 轴的正方向。Z 轴由右手螺旋法则确定，可以使用此选项指定任意可能的坐标系，也可以在 UCS 面板中单击【3 点 UCS】按钮，效果如图 9-6 所示。

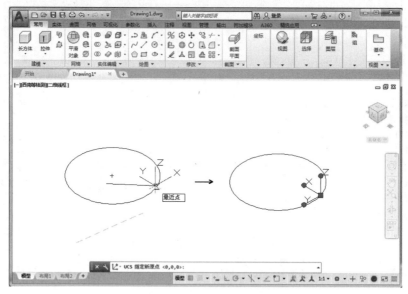

图 9-6　3 点 UCS 定义坐标系

（4）面（F）

将 UCS 与实体对象的选定面对齐。要选择一个面，可在此面的边界内或面的边上单击，被选中的面将亮显，UCS 的 X 轴将与找到的第一个面上最近的边对齐，如图 9-7 所示。

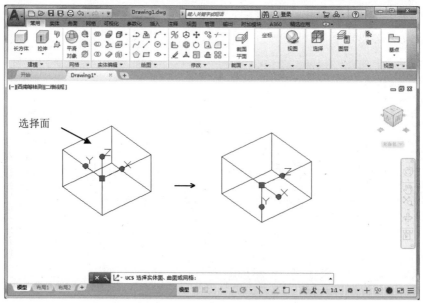

图 9-7　选择面定义坐标系

（5）视图（V）

以垂直于观察方向（平行于屏幕）的平面为 XY 平面，建立新的坐标系。UCS 原点保持不变,如图 9-8 所示。

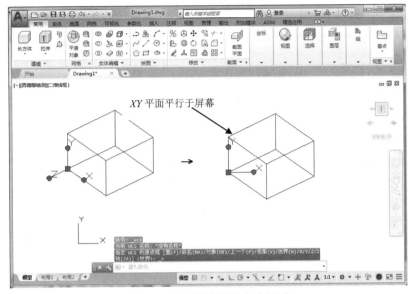

图 9-8 用视图方法定义坐标系

(6) X/Y/Z

绕指定轴旋转当前 UCS。输入正或负的角度以旋转 UCS。AutoCAD 用右手法则来确定绕该轴旋转的正方向。通过指定原点和一个或多个绕 X、Y 或 Z 轴的旋转,可以定义任意的 UCS,如图 9-9 所示。也可以通过 UCS 面板上的【X】按钮、【Y】按钮、【Z】按钮来实现。

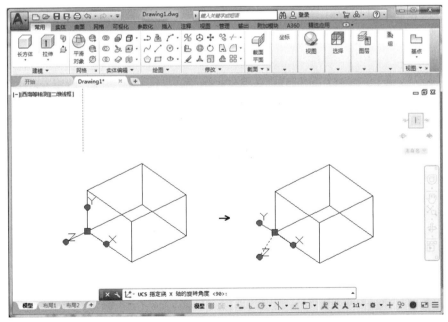

图 9-9 坐标系绕坐标轴旋转

4. 命名 UCS

新建 UCS 后，还可以对 UCS 进行命名。

用户可以使用两种方法启动 UCS 命名工具，如图 9-10 所示。

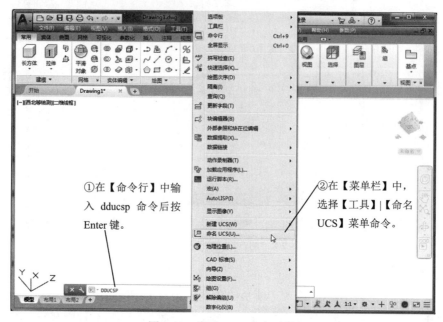

图 9-10　启动 UCS 命名工具

这时打开【UCS】对话框，如图 9-11 所示。【UCS】对话框的参数用于设置和管理 UCS 坐标。

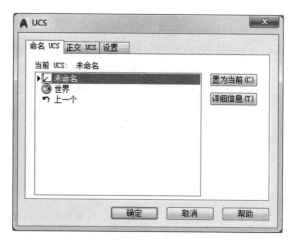

图 9-11　【UCS】对话框

5. 正交 UCS

AutoCAD 提供六个正交 UCS，通过设置 UCS 查看和编辑三维模型。默认情况下，正交 UCS 的设置将相对于世界坐标系（WCS）的原点和方向确定当前 UCS 的方向。UCSBASE 系统变量控制 UCS，这个 UCS 是正交设置的基础。使用 UCS 命令的移动选项可修改正交 UCS 设置中的原点或 Z 向深度。

6. 设置 UCS

要了解当前用户坐标系的方向，可以显示出用户坐标系图标。有几种版本的图标可供使用，可以改变其大小、位置和颜色。

为了指示 UCS 的位置和方向，在 UCS 原点或当前窗口的左下角会显示 UCS 图标。可以选择三种图标中的一种来表示 UCS，如图 9-12 所示。

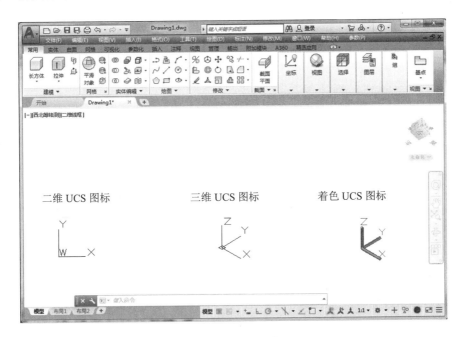

图 9-12 UCS 图标

使用 UCSICON 命令可以选择显示二维或三维 UCS 图标，或者选择显示出着色三维视图的着色 UCS 图标，同时也可以使用 UCSICON 命令在 UCS 原点显示出 UCS 图标。

如果图标显示在当前 UCS 的原点处，则图标中有一个加号（+）。如果图标显示在窗口的左下角，则图标中没有加号。

如果存在多个窗口，则每个窗口都显示自己的 UCS 图标。

可使用多种方法显示 UCS 图标，以帮助用户了解工作平面的方向。如图 9-13 所示是一些图标的样例。

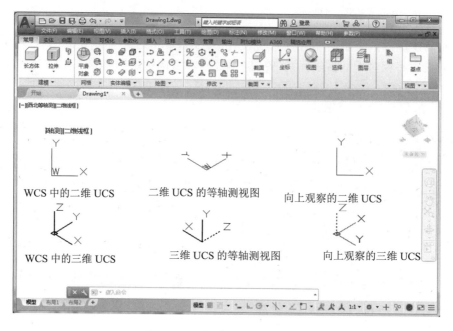

图 9-13　不同状态显示的 UCS

9.1.3　课堂练习——坐标系操作

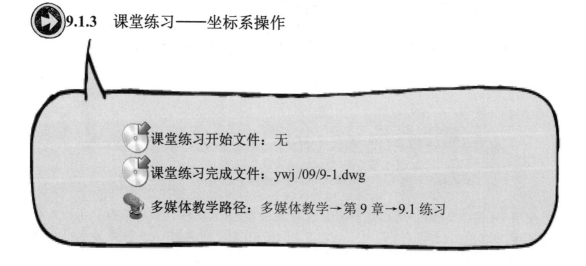

课堂练习开始文件：无

课堂练习完成文件：ywj/09/9-1.dwg

多媒体教学路径：多媒体教学→第 9 章→9.1 练习

Step1 进入三维建模界面,如图 9-14 所示。

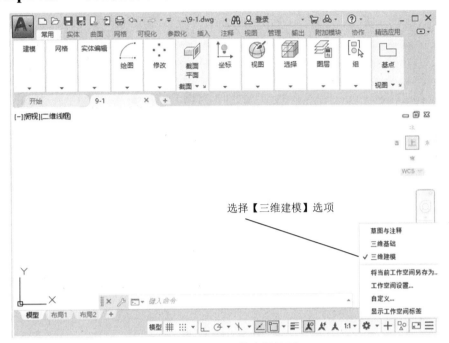

图 9-14 进入三维建模界面

Step2 绘制半径为 10 的圆形,如图 9-15 所示。

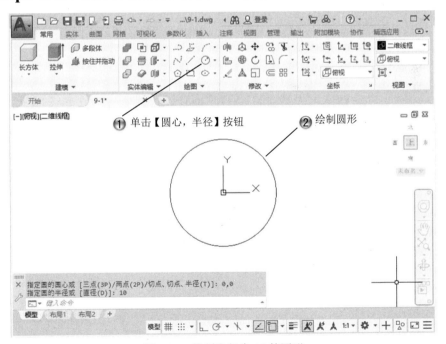

图 9-15 绘制半径为 10 的圆形

Step3 设置视图，如图 9-16 所示。

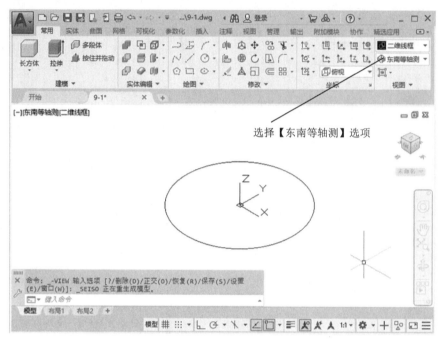

图 9-16　设置视图

Step4 绘制直线，如图 9-17 所示。

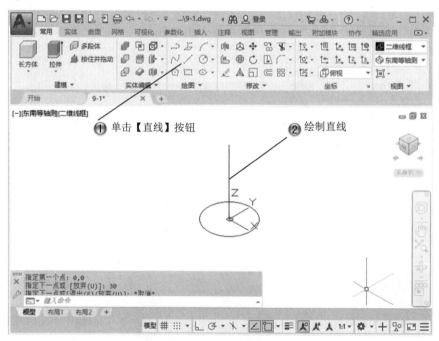

图 9-17　绘制直线

Step5 创建圆锥体，如图 9-18 所示。

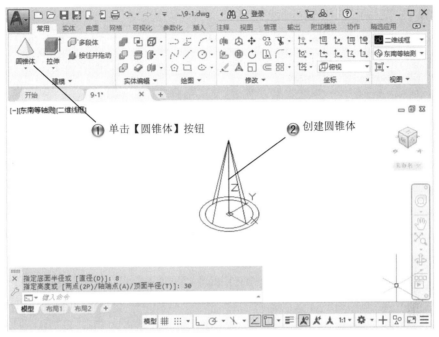

图 9-18　创建圆锥体

Step6 设置新坐标，如图 9-19 所示。

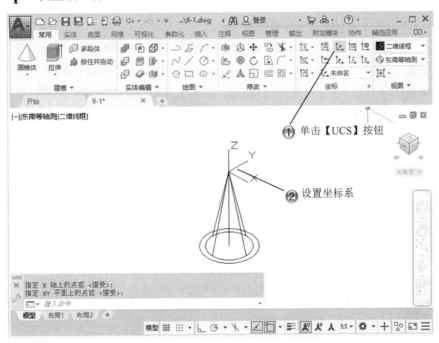

图 9-19　设置新坐标

Step7 旋转坐标系 X 轴，如图 9-20 所示。

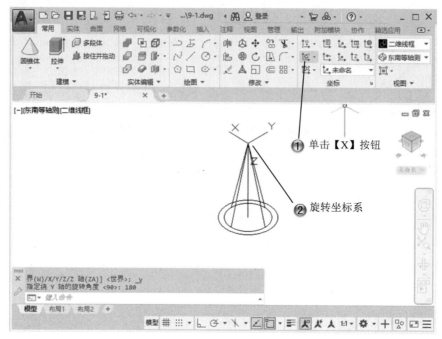

图 9-20　旋转坐标系 X 轴

Step8 设置 UCS，如图 9-21 所示。

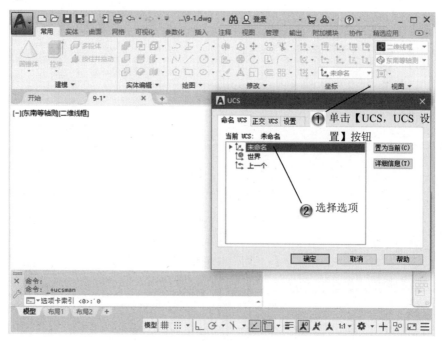

图 9-21　设置 UCS

Step9 重命名坐标系，如图 9-22 所示。

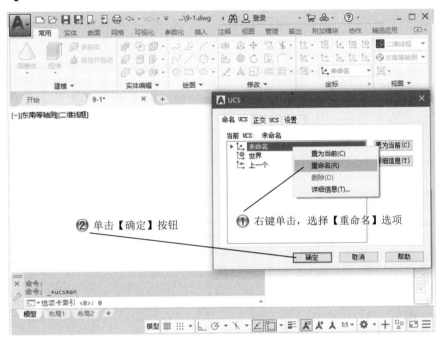

图 9-22　重命名坐标系

9.2　设置三维视点

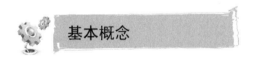

三维视点是观察三维物体的立体观察角度。

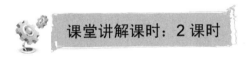

9.2.1　设计理论

在绘制三维图形时常需要改变视点，以满足从不同角度观察图形的需要。设置三维视点的方法主要有两种：视点设置命令（VPOINT）和用【视点预设】对话框选择视点。

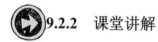

9.2.2 课堂讲解

1. 使用【视点】命令

视点设置命令用于设置观察模型的方向。

在【命令行】中输入 VPOINT，按 Enter 键。命令行窗口提示如下。

命令: VPOINT
当前视图方向： VIEWDIR=-1.0000,-1.0000,1.0000
指定视点或 [旋转（R）] <显示指南针和三轴架>:

下面分几种情况设置视点。

(1) 使用输入的 X、Y 和 Z 坐标定义视点，创建定义观察视图的方向矢量。定义的视点如同观察者在该点向原点（0,0,0）方向观察。

命令行窗口提示如下：

命令: VPOINT
当前视图方向： VIEWDIR=0.0000,0.0000,1.0000
指定视点或 [旋转（R）] <显示指南针和三轴架>:0,1,0
正在重生成模型。

(2) 使用旋转（R）。使用两个角度指定新的观察方向。

命令行窗口提示如下：

指定视点或 [旋转（R）] <显示指南针和三轴架>: R
输入 XY 平面中与 X 轴的夹角 <当前值>:
　　　//指定一个角度，第一个角度指定为在 XY 平面中与 X 轴的夹角。
输入 XY 平面中与 X 轴的夹角 <当前值>:
　　　//指定一个角度，第二个角度指定为与 XY 平面的夹角，位于 XY 平面的
　　　上方或下方。

（3）使用指南针和三轴架。在命令行中直接按 Enter 键，则按默认选项显示指南针和三轴架，这时将定义视图中的观察方向，如图 9-23 所示。

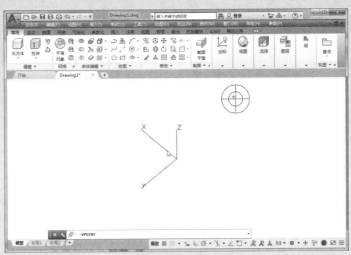

图 9-23　使用指南针和三轴架

这里，右上角指南针为一个球体的俯视图，十字光标代表视点的位置。拖动鼠标，使十字光标在指南针范围内移动，光标位于小圆环内表示视点在 Z 轴正方向，光标位于两个圆环之间表示视点在 Z 轴负方向。移动光标，就可以设置视点。如图 9-24 所示，为模型的不同视点位置图。

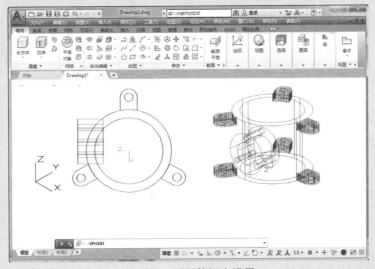

图 9-24　不同的视点设置

2. 使用【视点预设】对话框

还可以用对话框的方式选择视点，如图 9-25 所示。

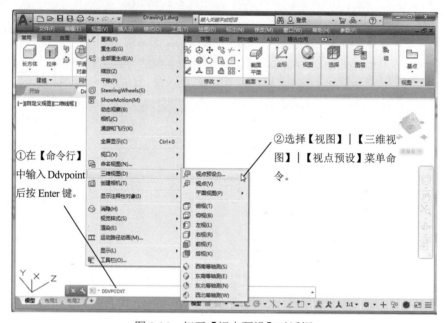

图 9-25　打开【视点预设】对话框

打开【视点预设】的对话框如图 9-26 所示。

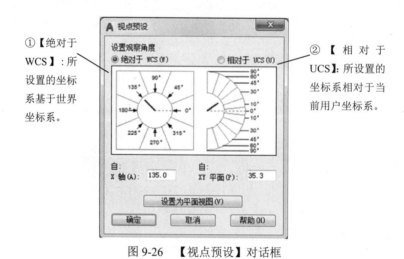

图 9-26　【视点预设】对话框

3. 其他特殊视点

在视点设置过程中，还可以选取预定义标准观察点，可以从 AutoCAD 2020 预定义的 10 个标准视图中直接选取。

在【菜单栏】中选择【视图】|【三维视图】的 10 个标准命令，如图 9-27 所示，即

可定义观察点。这些标准视图包括：俯视图、仰视图、左视图、右视图、前视图、后视图、西南等轴侧视图、东南等轴侧视图、东北等轴侧视图和西北等轴侧视图。

图 9-27 三维视图菜单

9.3 绘制三维曲面

三维面命令用于创建任意方向的三边或四边三维面，四点可以不共面。三维线框模型（Wire model）是三维形体的框架，是一种较直观和简单的三维表达方式。使用三维网格命令可以生成矩形三维多边形网格，主要用于图解二维函数。旋转网格的命令是将对象绕指定轴旋转，生成旋转网格曲面。平移网格命令可绘制一个由路径曲线和方向矢量所决定的多边形网格。直纹网格命令用于在两个对象之间建立一个 $2 \times N$ 的直纹网格曲面。边界网格命令是把四个称为边界的对象创建为孔斯曲面片网格。

 9.3.1 设计理论

AutoCAD 2020 可绘制的三维图形有线框模型、表面模型和实体模型等图形，并且可以对三维图形进行编辑。AutoCAD 2020 的三维线框模型只是空间点之间相连直线、曲线信息的集合，没有面和体的定义，因此，它不能消隐、着色或渲染。但是它有简洁、方便编辑的优点。

9.3.2 课堂讲解

1. 绘制三维面

绘制三维面模型的命令调用方法，如图 9-28 所示。

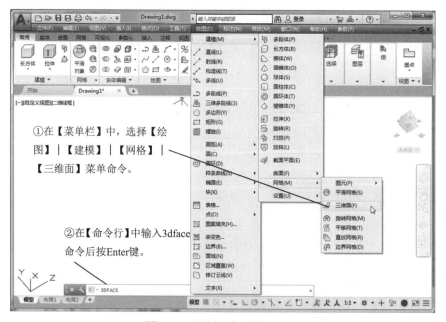

图 9-28　绘制三维面模型命令

可绘制三边平面、四边面和多个面，三维面如图 9-29 所示。

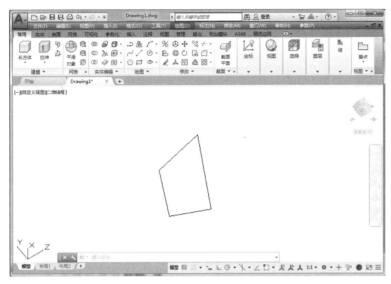

图 9-29 三维面

2．绘制基本三维面

（1）三维线条

在二维绘图中使用的直线（Line）和样条曲线（Spline）命令可直接用于绘制三维线条，操作方式与二维绘制相同，在此不重复，只是在绘制三维线条时，输入点的坐标值要输入 X、Y、Z 的坐标值。

（2）三维多段线

三维多段线是多条空间线段首尾相连的多段线，它可以作为单一对象编辑，但它与二维多线段有区别，只能是线段首位相连，不能设计线段的宽度，如图 9-30 所示。

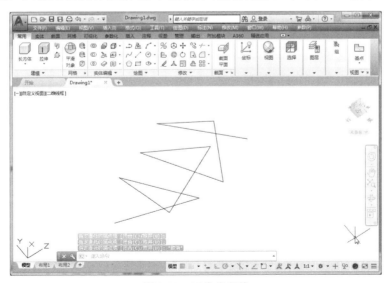

图 9-30 三维多段线

绘制三维多段线的命令，如图 9-31 所示。

图 9-31 绘制三维多段线命令

3. 绘制三维网格

绘制三维网格的命令调用方法是在【命令行】中输入 3dmesh 命令，再按 Enter 键。绘制的三维网格，如图 9-32 所示。

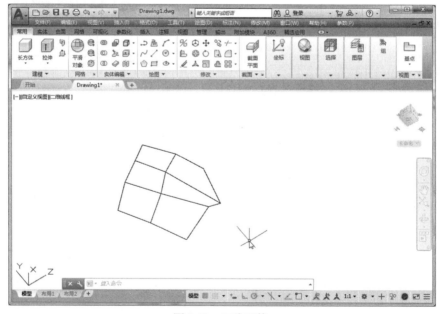

图 9-32 三维网格

4. 绘制旋转网格

绘制旋转网格的命令调用方法，如图 9-33 所示。

> 在执行此命令前，应先绘制好轮廓曲线和旋转轴。在【命令行】中输入 SURFTAB1 或 SURFTAB2 后，按 Enter 键。可调整线框的密度值。

名师点拨

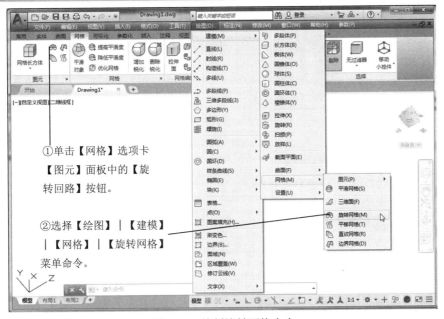

图 9-33 绘制旋转网格命令

绘制的旋转网格如图 9-34 所示。

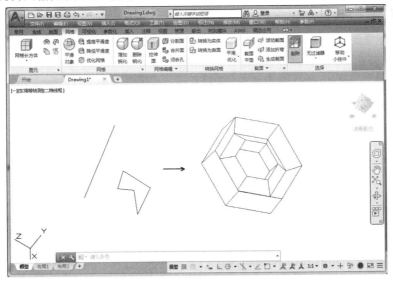

图 9-34 旋转网格

5. 绘制平移网格

绘制平移网格的命令调用方法，如图 9-35 所示。

> 在执行此命令前，应先绘制好轮廓曲线和方向矢量。轮廓曲线可以是直线、圆弧、曲线等。
>
> 名师点拨

图 9-35　绘制平移网格命令

绘制完成的平移网格，如图 9-36 所示。

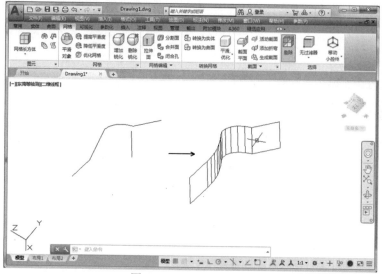

图 9-36　平移网格曲面

6. 绘制直纹网格

绘制直纹网格的命令调用方法，如图 9-37 所示。

> 要生成直纹网格，两个对象只能封闭曲线对封闭曲线，开放曲线对开放曲线。

名师点拨

图 9-37　绘制直纹网格命令

绘制完成的直纹网格，如图 9-38 所示。

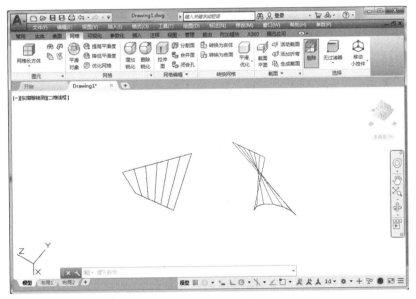

图 9-38　直纹网格

7. 绘制边界网格

边界可以是圆弧、直线、多段线、样条曲线和椭圆弧，并且必须形成闭合环和公共端点。孔斯曲面片是插在四个边界间的双三次曲面（一条 M 方向上的曲线和一条 N 方向上的曲线）。绘制边界网格的命令调用方法，如图 9-39 所示。

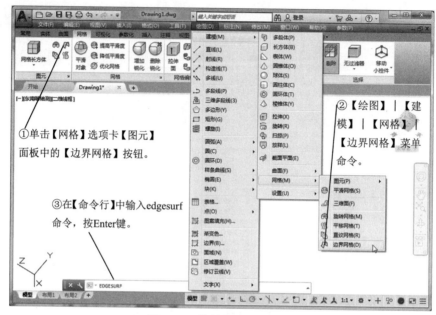

图 9-39　绘制边界网格命令

绘制完成的边界网格，如图 9-40 所示。

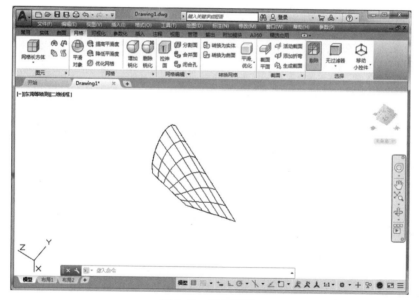

图 9-40　边界网格

第 9 章 绘制和编辑三维实体

9.3.3 课堂练习——创建连杆三维曲面

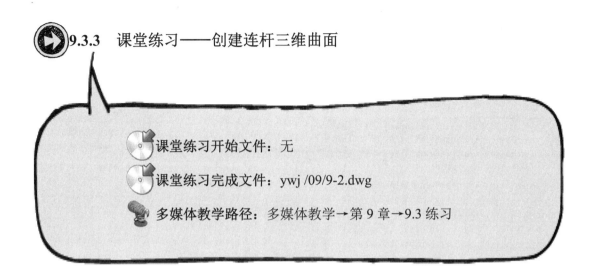

- 课堂练习开始文件：无
- 课堂练习完成文件：ywj /09/9-2.dwg
- 多媒体教学路径：多媒体教学→第 9 章→9.3 练习

Step1 绘制半径为 10 的圆形，如图 9-41 所示。

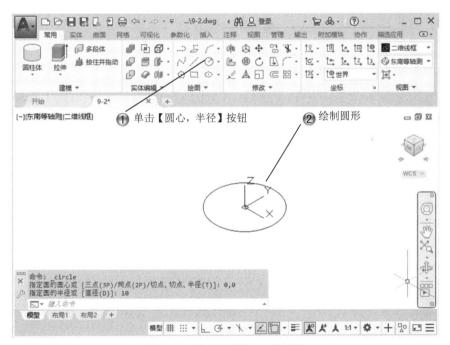

图 9-41 绘制半径为 10 的圆形

Step2 拉伸圆形，如图 9-42 所示。

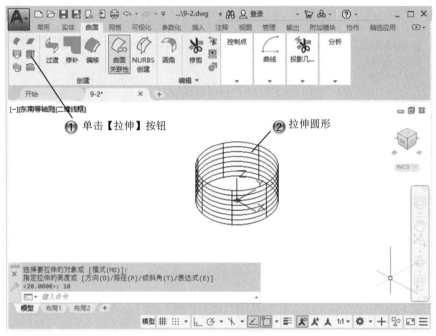

图 9-42　拉伸圆形

Step3 绘制 10×6 的矩形，如图 9-43 所示。

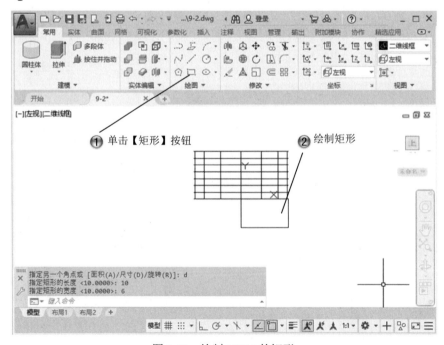

图 9-43　绘制 10×6 的矩形

Step4 向左移动矩形，如图9-44所示。

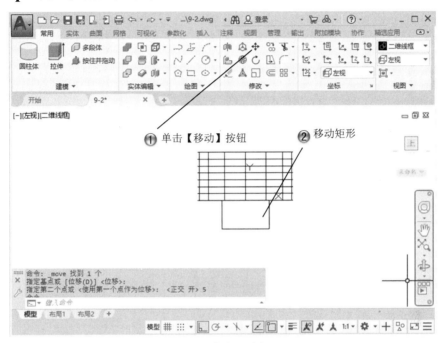

图9-44　向左移动矩形

Step5 向上移动矩形，如图9-45所示。

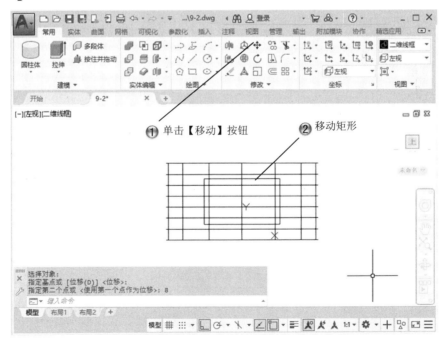

图9-45　向上移动矩形

Step6 拉伸矩形，如图 9-46 所示。

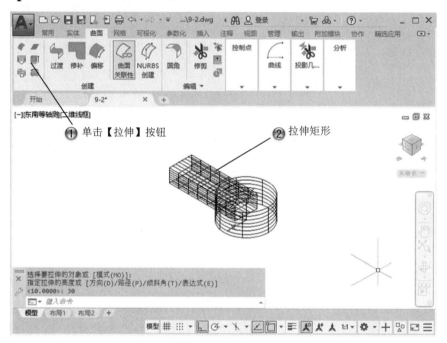

图 9-46　拉伸矩形

Step7 修剪曲面，如图 9-47 所示。

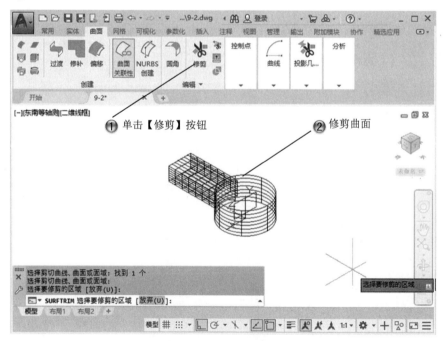

图 9-47　修剪曲面

第 9 章
绘制和编辑三维实体

Step8 设置俯视图，如图 9-48 所示。

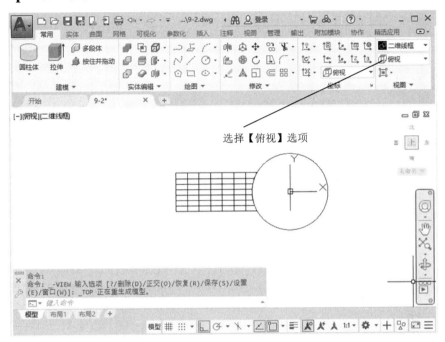

图 9-48　设置俯视图

Step9 绘制半径为 6 的圆形，如图 9-49 所示。

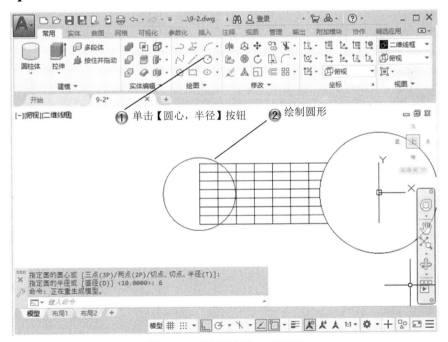

图 9-49　绘制半径为 6 的圆形

Step10 绘制半径为 10 的圆形，如图 9-50 所示。

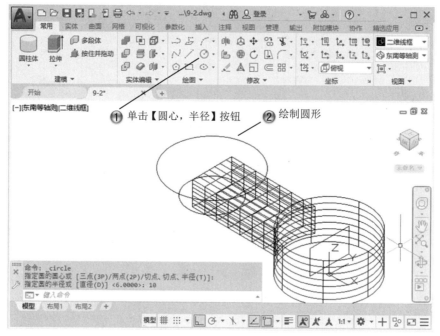

图 9-50　绘制半径为 10 的圆形

Step11 创建放样曲面，如图 9-51 所示。

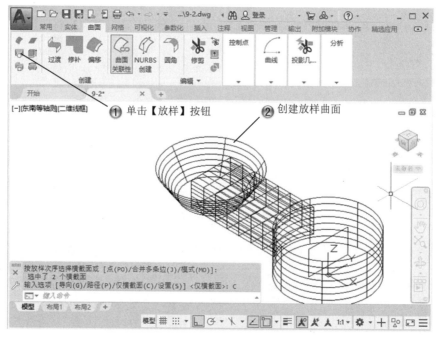

图 9-51　创建放样曲面

Step12 修剪曲面，如图 9-52 所示。

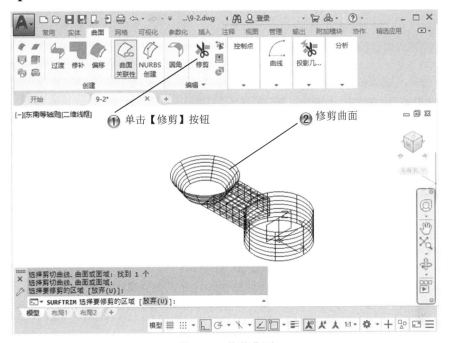

图 9-52　修剪曲面

Step13 完成的三维曲面，如图 9-53 所示。

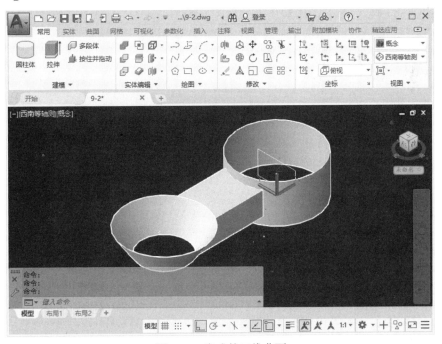

图 9-53　完成的三维曲面

9.4 绘制三维实体

通俗来讲，三维实体就是用三维制作软件通过虚拟三维空间构建出具有三维数据的模型。三维（3D）建模大概可分为：NURBS 和多边形网格。NURBS 在要求精细、弹性与复杂的模型中有较好的应用，适合量化生产用途。多边形网格建模采用拉面方式，适合做效果图与复杂的场景动画。

课堂讲解课时：2 课时

 9.4.1 设计理论

AutoCAD 2020 提供了多种基本的实体模型，可直接用于建立实体模型，如长方体、球体、圆柱体、圆锥体、楔体、圆环等多种模型。简单的圆柱底面既可以是圆，也可以是椭圆。

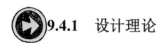 **9.4.2 课堂讲解**

1. 绘制长方体

下面介绍绘制长方体，命令调用方法如图 9-54 所示。

图 9-54　绘制长方体命令

绘制完成的长方体，如图 9-55 所示。

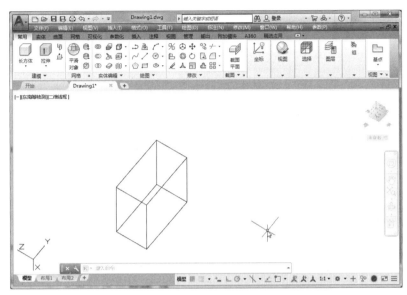

图 9-55　绘制完成的长方体

2. 绘制球体

绘制球体的命令调用方法，如图 9-56 所示。

图 9-56　绘制球体命令

绘制完成的球体，如图 9-57 所示。

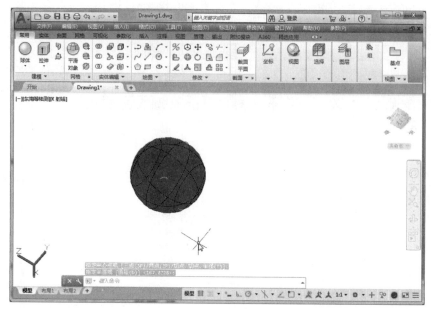

图 9-57 球体

3. 绘制圆柱体

绘制圆柱体的命令调用方法，如图 9-58 所示。

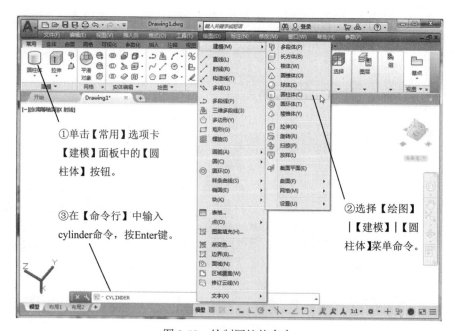

图 9-58 绘制圆柱体命令

绘制完成的圆柱体，如图 9-59 所示。

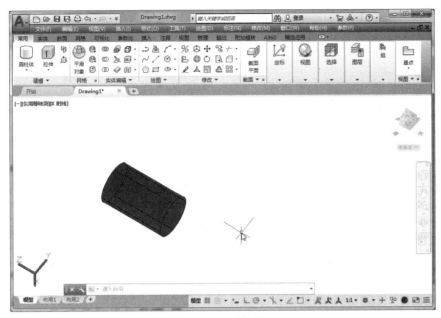

图 9-59　圆柱体

4. 绘制圆锥体

绘制圆锥体的命令调用方法，如图 9-60 所示。

图 9-60　绘制圆锥体命令

绘制完成的圆锥体，如图 9-61 所示。

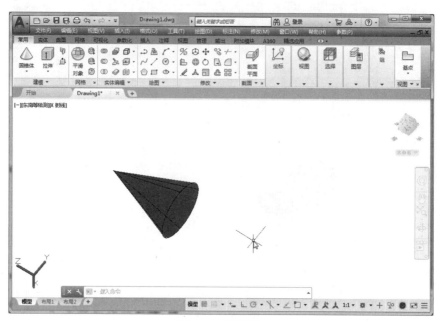

图 9-61 圆锥体

5. 绘制楔体

绘制楔体的命令调用方法，如图 9-62 所示。

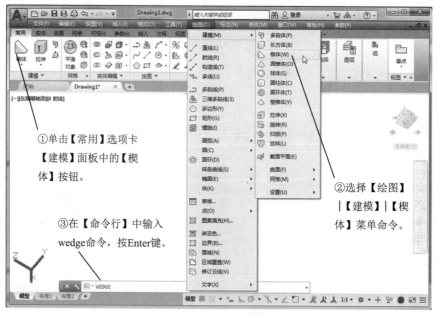

图 9-62 绘制楔体命令

绘制完成的楔体，如图 9-63 所示。

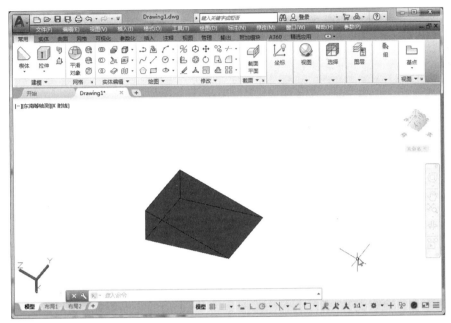

图 9-63　棱楔体

6. 绘制圆环体

绘制圆环体的命令调用方法，如图 9-64 所示。

图 9-64　绘制圆环体命令

绘制完成的圆环体，如图 9-65 所示。

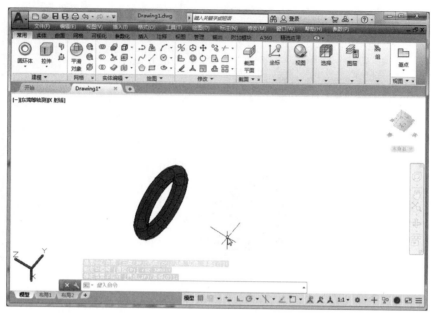

图 9-65　圆环体

7. 绘制拉伸实体

绘制拉伸实体的命令调用方法，如图 9-66 所示。

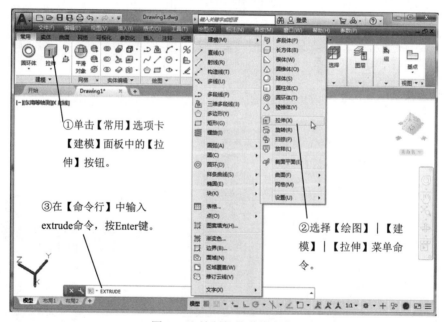

图 9-66　绘制拉伸实体命令

绘制完成的拉伸实体，如图 9-67 所示。

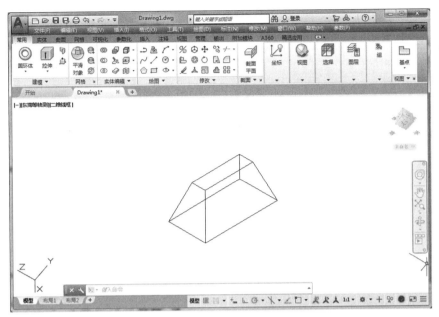

图 9-67　拉伸实体

8. 绘制旋转实体

绘制旋转实体的命令调用方法，如图 9-68 所示。

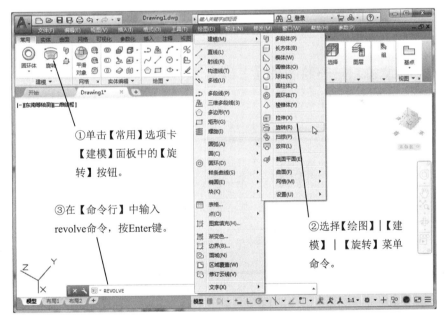

图 9-68　绘制旋转实体的命令

绘制完成的旋转实体，如图 9-69 所示。

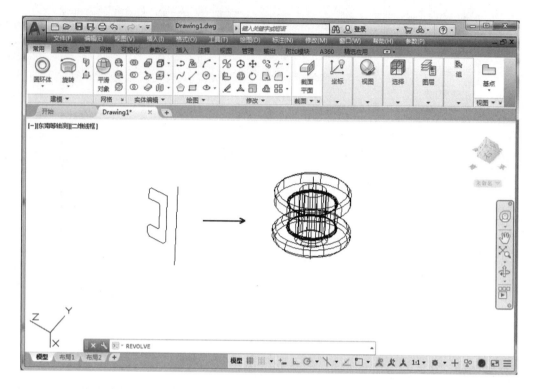

图 9-69　旋转实体

9.4.3　课堂练习——绘制轴瓦三维实体

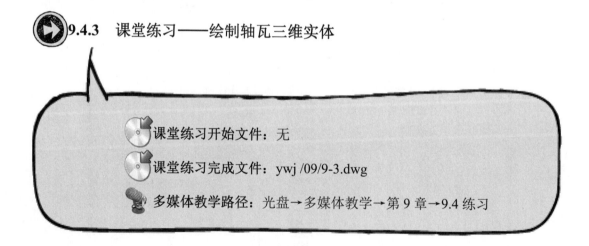

课堂练习开始文件：无

课堂练习完成文件：ywj /09/9-3.dwg

多媒体教学路径：光盘→多媒体教学→第 9 章→9.4 练习

Step1 绘制 20×10 的矩形，如图 9-70 所示。

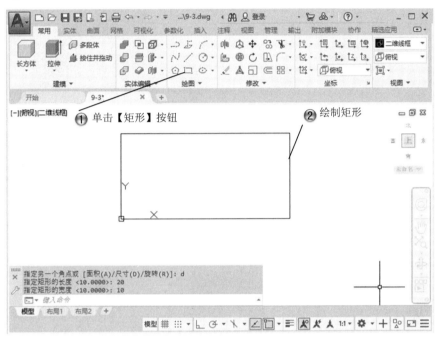

图 9-70　绘制 20×10 的矩形

Step2 移动矩形，如图 9-71 所示。

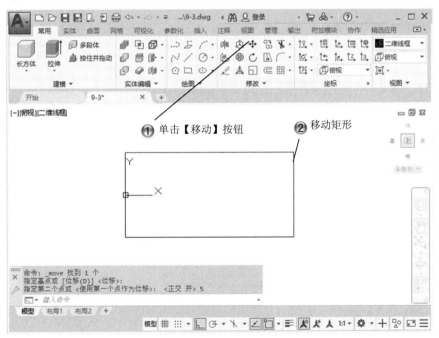

图 9-71　移动矩形

Step3 拉伸矩形，如图 9-72 所示。

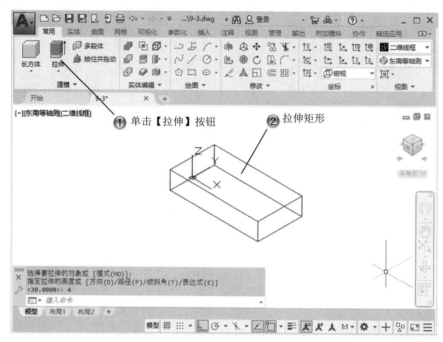

图 9-72　拉伸矩形

Step4 绘制 16×10 的矩形，如图 9-73 所示。

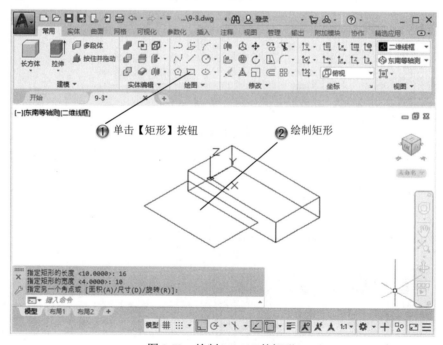

图 9-73　绘制 16×10 的矩形

Step5 移动矩形，如图 9-74 所示。

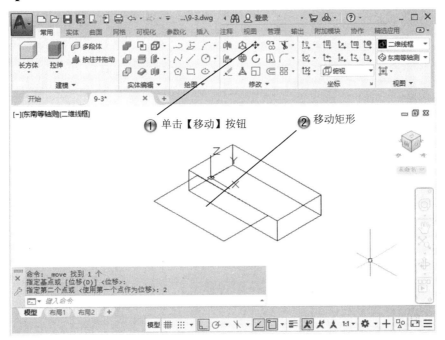

图 9-74　移动矩形

Step6 拉伸矩形，如图 9-75 所示。

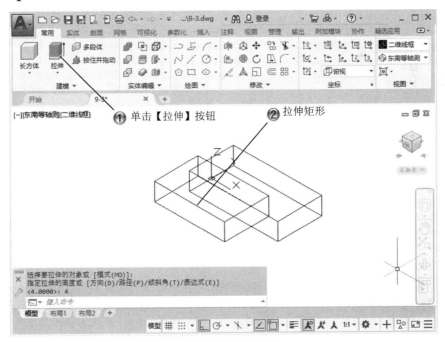

图 9-75　拉伸矩形

Step7 复制长方体，如图 9-76 所示。

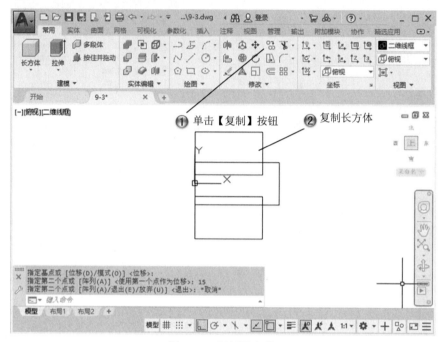

图 9-76　复制长方体

Step8 创建半径为 2 的圆角，如图 9-77 所示。

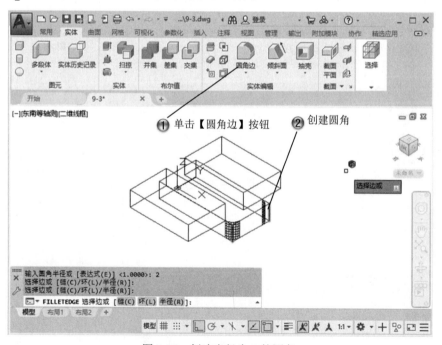

图 9-77　创建半径为 2 的圆角

Step9 创建上部圆角，如图 9-78 所示。

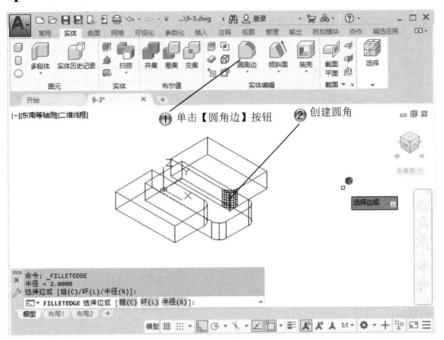

图 9-78　创建上部圆角

Step10 创建对称圆角，如图 9-79 所示。

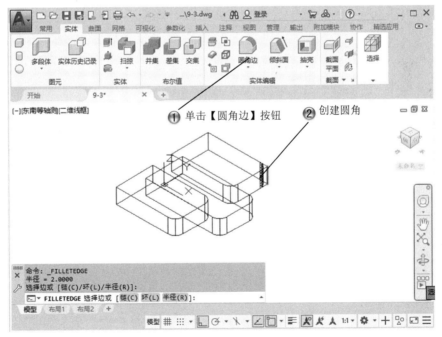

图 9-79　创建对称圆角

Step11 绘制半径为 1 的圆形，如图 9-80 所示。

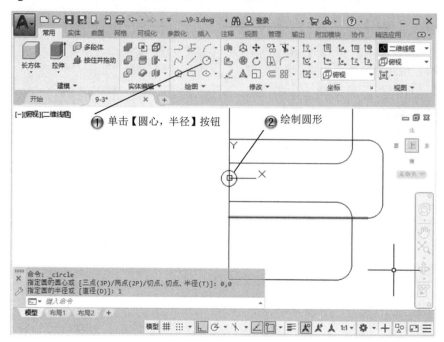

图 9-80　绘制半径为 1 的圆形

Step12 移动圆形，如图 9-81 所示。

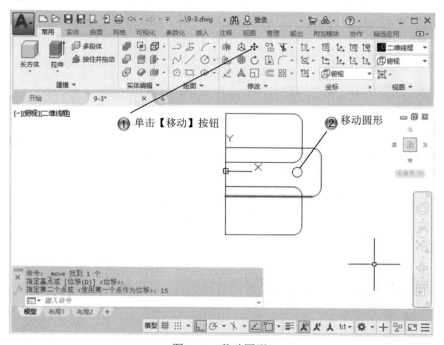

图 9-81　移动圆形

Step13 拉伸圆形，如图 9-82 所示。

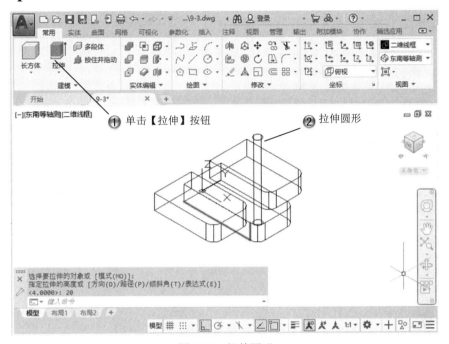

图 9-82 拉伸圆形

Step14 复制圆柱体，如图 9-83 所示。

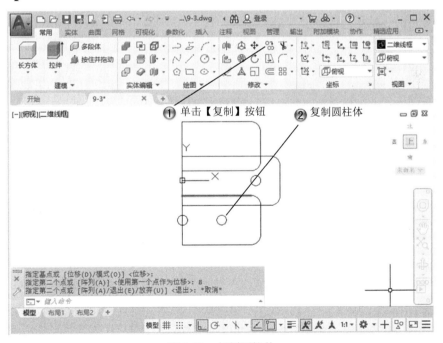

图 9-83 复制圆柱体

Step15 移动圆柱体，如图 9-84 所示。

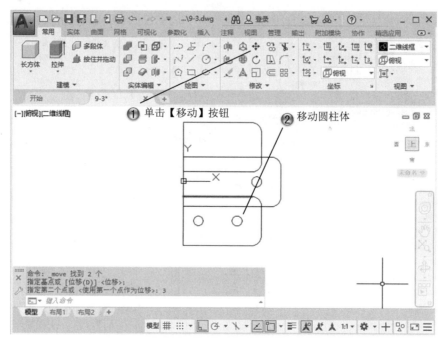

图 9-84　移动圆柱体

Step16 设置视图，如图 9-85 所示。

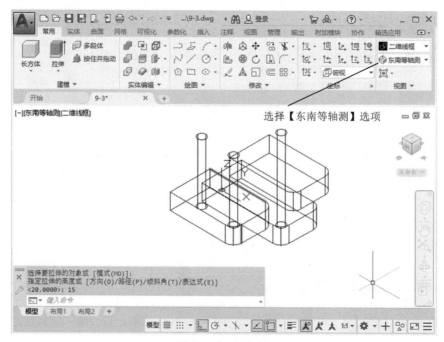

图 9-85　设置视图

Step17 复制对称圆柱体，如图9-86所示。

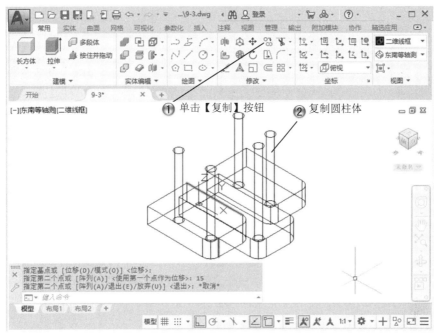

图9-86 复制对称圆柱体

Step18 完成三维实体的创建，如图9-87所示。

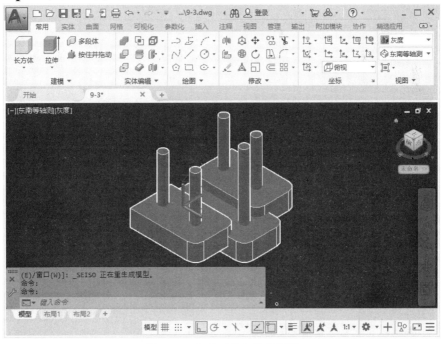

图9-87 完成三维实体的创建

9.5 编辑三维对象

创建三维模型后,要对其进行编辑、增加或者去除特征等操作,即编辑三维对象。

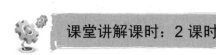

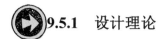

AutoCAD 2020 提供了对三维实体进行剖切的功能,用户可以利用这个功能很方便地绘制实体的剖切面。三维阵列命令用于对三维空间创建对象的矩形和环形阵列,三维镜像命令用于沿指定的镜像平面创建三维镜像。三维旋转命令用于在三维空间内旋转三维对象。

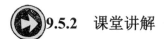

1. 剖切实体

剖切命令的调用方法,如图 9-88 所示。

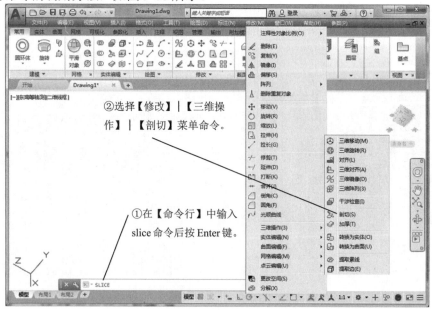

图 9-88 剖切命令

剖切后的实体,如图 9-89 所示。

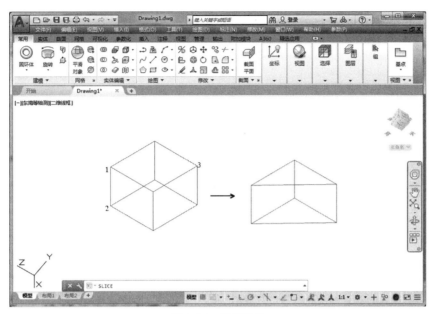

图 9-89　剖切实体

2. 三维阵列

三维阵列命令的调用方法,如图 9-90 所示。

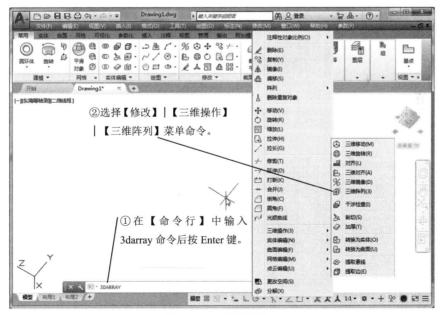

图 9-90　三维阵列命令

输入正值将沿 X、Y、Z 轴的正向生成阵列,输入负值将沿 X、Y、Z 轴的负向生成阵列。矩形阵列得到的图形如图 9-91 所示。

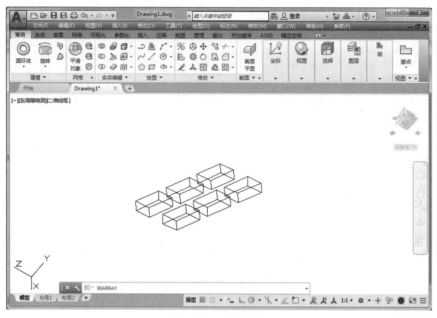

图 9-91 矩形阵列

3. 三维镜像

三维镜像命令的调用方法，如图 9-92 所示。

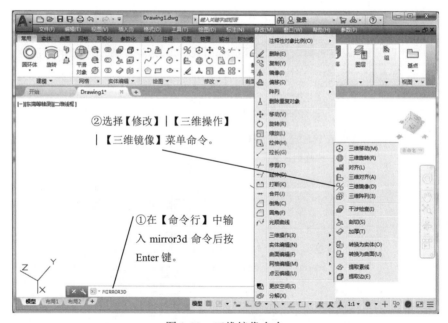

图 9-92 三维镜像命令

三维镜像得到的图形，如图 9-93 所示。

第 9 章
绘制和编辑三维实体

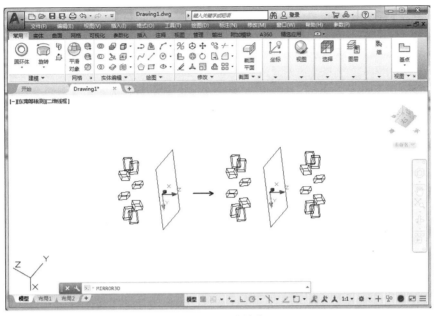

图 9-93 三维镜像

4. 三维旋转

三维旋转命令的调用方法，如图 9-94 所示。

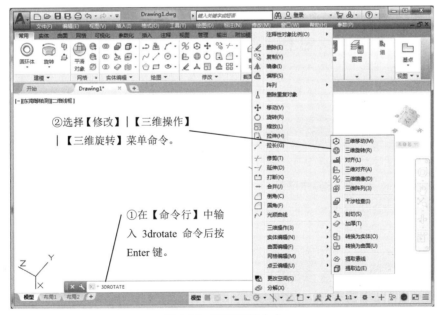

图 9-94 三维旋转命令

三维实体和旋转后的效果，如图 9-95 所示。

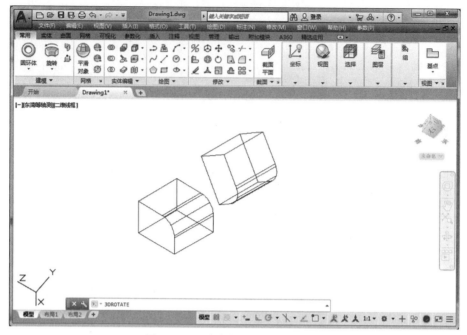

图 9-95　三维实体和旋转后的效果

9.6　编辑三维实体

创建三维实体后，要对实体进行修改，修改命令包括拉伸面、移动面、旋转面、倾斜面等，实体形状会发生改变。

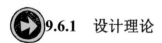

9.6.1　设计理论

拉伸面主要用于对实体的某个面进行拉伸处理，从而形成新的实体。移动面主要用于对实体的某个面进行移动处理，从而形成新的实体。偏移面是按指定的距离或通过指定的点，将面均匀地偏移，正值距离会增大实体的大小或体积，负值距离会减小实体的大小或体积。删除面包括删除圆角和倒角，使用此选项可删除圆角和倒角边，并进行修改，如果更改后生成无效的三维实体，将不删除面。旋转面主要用于对实体的某个面进行旋转处理，从而形成新的实体。倾斜面主要用于对实体的某个面进行倾斜处理，从而形成新的实体。

9.6.2 课堂讲解

1. 拉伸面

拉伸面命令的调用方法，如图 9-96 所示。

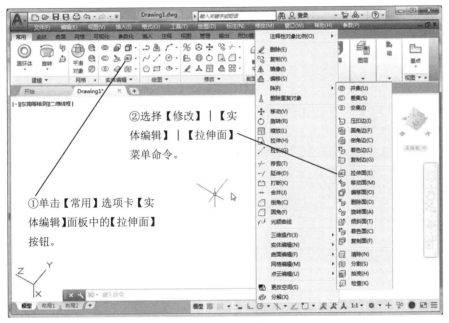

图 9-96　拉伸面的命令

实体经过拉伸面操作后的结果，如图 9-97 所示。

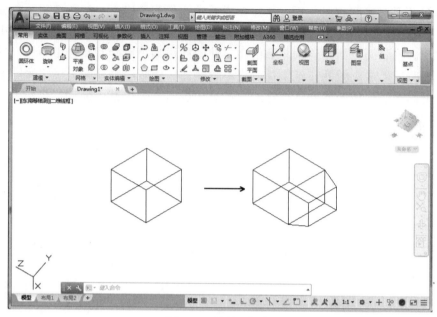

图 9-97 拉伸面操作

2. 移动面

移动面命令的调用方法，如图 9-98 所示。

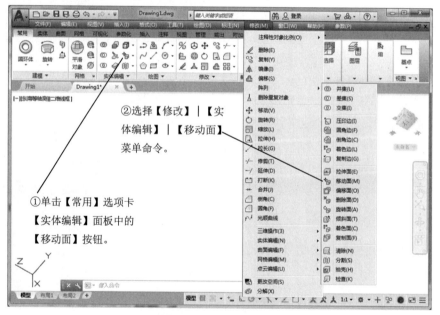

图 9-98 移动面的命令

实体经过移动面操作后的结果，如图 9-99 所示。

第 9 章
绘制和编辑三维实体

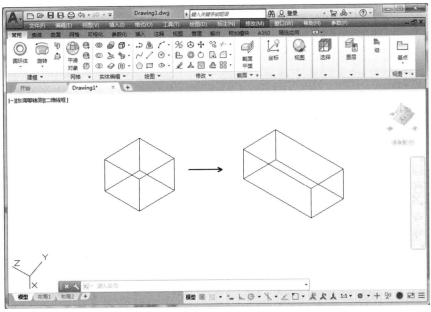

图 9-99　移动面操作

3. 旋转面

旋转面命令的调用方法，如图 9-100 所示。

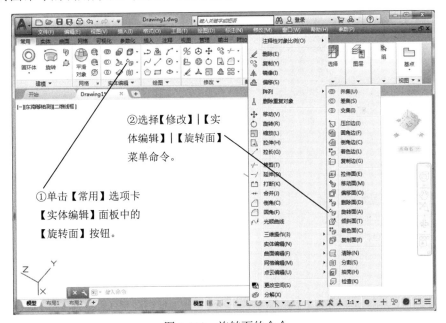

图 9-100　旋转面的命令

实体经过旋转面操作后的结果，如图 9-101 所示。

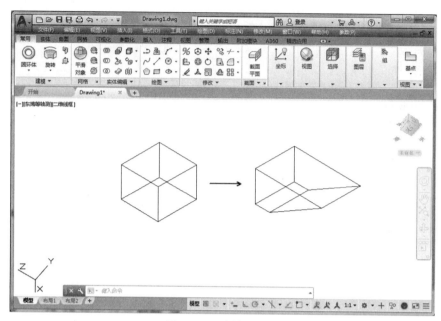

图 9-101　旋转面操作

4. 倾斜面

倾斜面命令的调用方法，如图 9-102 所示。

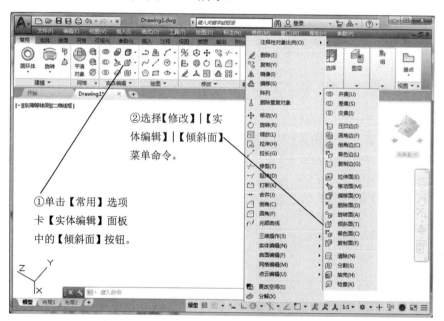

图 9-102　倾斜面的命令

实体经过倾斜面操作后的结果，如图 9-103 所示。

第 9 章
绘制和编辑三维实体

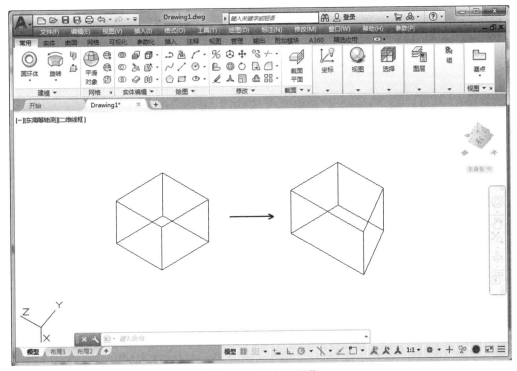

图 9-103　倾斜面操作

9.6.3　课堂练习——制作轴瓦细节模型

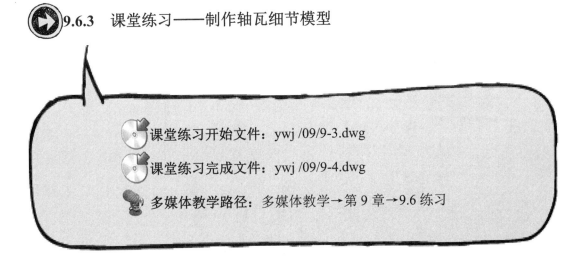

课堂练习开始文件：ywj /09/9-3.dwg

课堂练习完成文件：ywj /09/9-4.dwg

多媒体教学路径：多媒体教学→第 9 章→9.6 练习

Step1 创建差集运算，如图 9-104 所示。

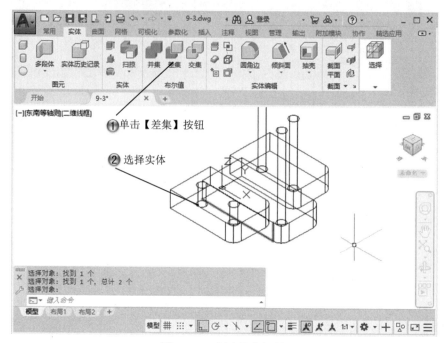

图 9-104　创建差集运算

Step2 创建对称差集，如图 9-105 所示。

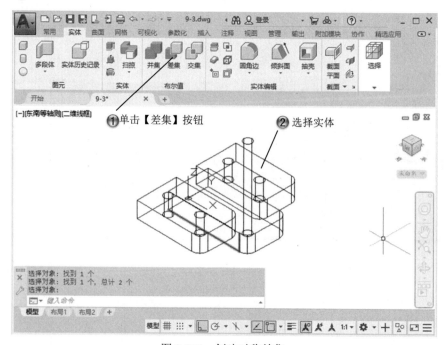

图 9-105　创建对称差集

Step3 创建其余差集,如图 9-106 所示。

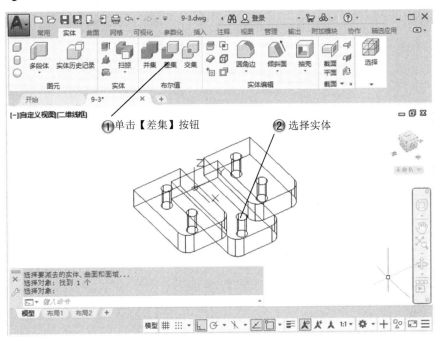

图 9-106　创建其余差集

Step4 创建并集运算,如图 9-107 所示。

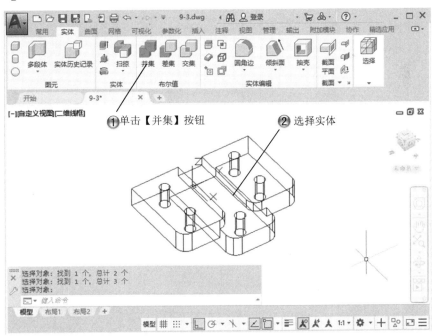

图 9-107　创建并集运算

Step5 绘制半径为 4 的圆形，如图 9-108 所示。

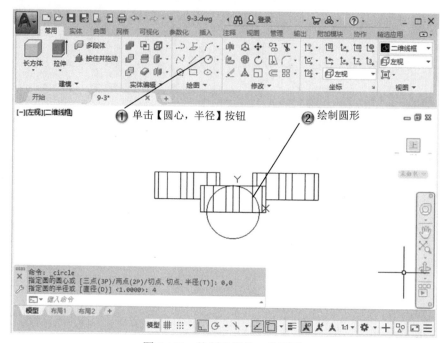

图 9-108　绘制半径为 4 的圆形

Step6 移动圆形，如图 9-109 所示。

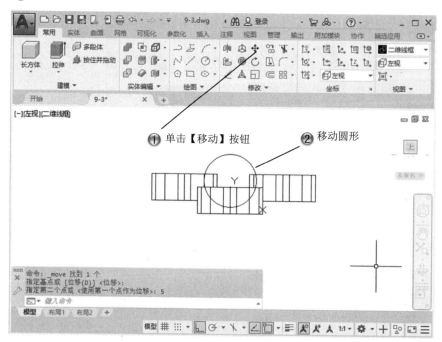

图 9-109　移动圆形

Step7 拉伸圆形，如图 9-110 所示。

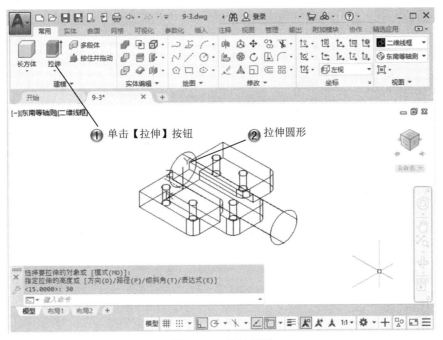

图 9-110　拉伸圆形

Step8 创建差集运算，如图 9-111 所示。

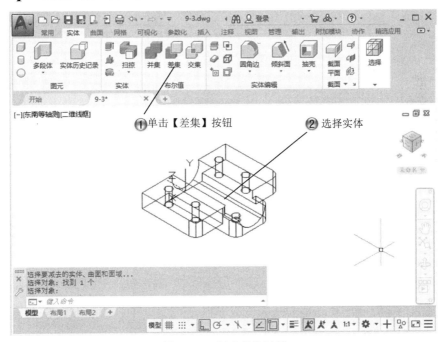

图 9-111　创建差集运算

Step9 设置视图显示，如图 9-112 所示。

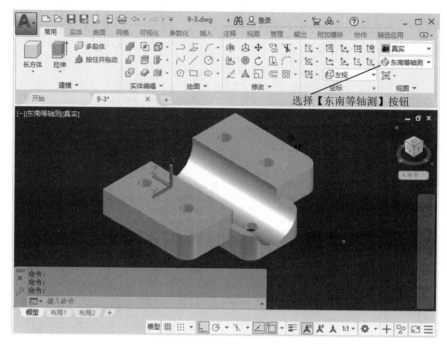

图 9-112 设置视图显示

9.7 专家总结

本章介绍了在 AutoCAD 2020 中绘制三维图形对象的方法，其中主要包括创建三维坐标系和视点、绘制三维实体对象和三维实体的编辑等内容。通过本章学习，读者应该能掌握 AutoCAD 2020 绘制三维图形的基本命令。

9.8 课后习题

9.8.1 填空题

（1）坐标系的作用是_____。
（2）创建三维视点的命令_____。
（3）三维曲面有_____、_____、_____、_____、_____。
（4）三维实体有_____、_____、_____、_____。

9.8.2 问答题

（1）三维对象和三维实体命令的区别是什么？
（2）曲面可以转化为实体吗？

9.8.3 上机操作题

如图 9-113 所示，使用本章学过的命令来创建连杆三维模型。

一般创建步骤和方法：
（1）绘制连杆柄草图并进行拉伸。
（2）绘制轴套部分草图并进行拉伸。
（3）添加孔特征。
（4）添加圆角特征。

图 9-113　连杆三维模型

第 10 章 综合范例

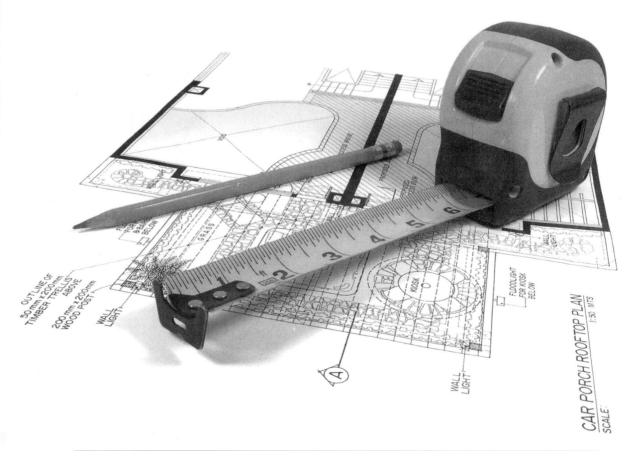

	内　容	掌握程度	课　时
课训目标	绘制钢制吊环零件图	熟练运用	2
	绘制日光灯电路图	熟练运用	2

第 10 章 综合范例

> **课程学习建议**

在进行设计之前，首先要准备好设计的步骤和顺序，这样在绘制图纸时才能做到有备无患。然后在绘制的过程中，按照既定的顺序进行。本章综合范例介绍的图纸先从设置图层开始，有合理的图层分布，绘图时才能做到条理清晰。绘图中运用的直线、样条曲线、镜像、修剪等命令是对之前课程的复习和提高。

本章的培训课程表如下。

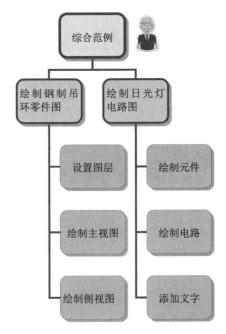

10.1 机械设计综合范例——绘制钢制吊环零件图

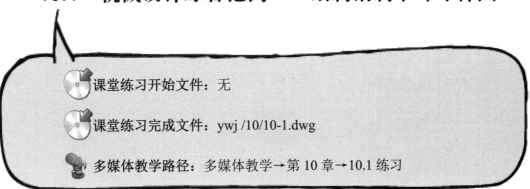

- 课堂练习开始文件：无
- 课堂练习完成文件：ywj /10/10-1.dwg
- 多媒体教学路径：多媒体教学→第 10 章→10.1 练习

· 427 ·

Step1 创建新图层，如图 10-1 所示。

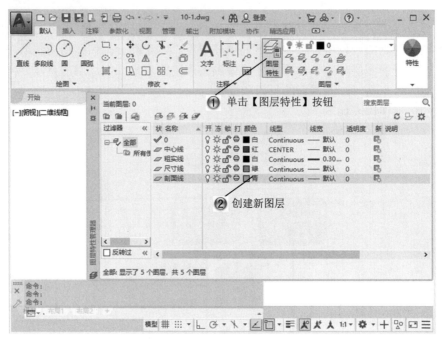

图 10-1　创建新图层

Step2 绘制中心线，如图 10-2 所示。

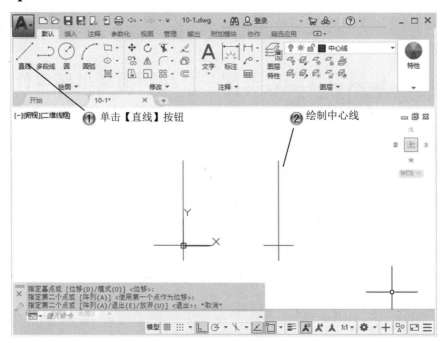

图 10-2　绘制中心线

Step3 绘制 22×30 的矩形，如图 10-3 所示。

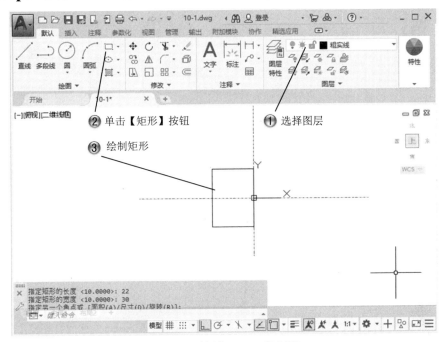

图 10-3 绘制 22×30 的矩形

Step4 移动矩形，如图 10-4 所示。

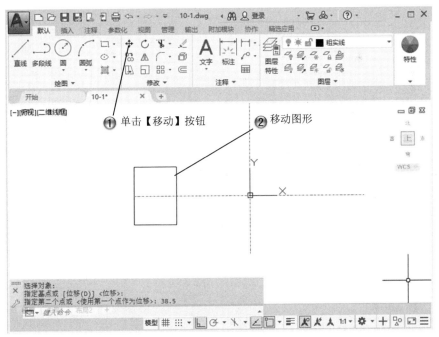

图 10-4 移动矩形

Step5 绘制半径为 5 的圆形，如图 10-5 所示。

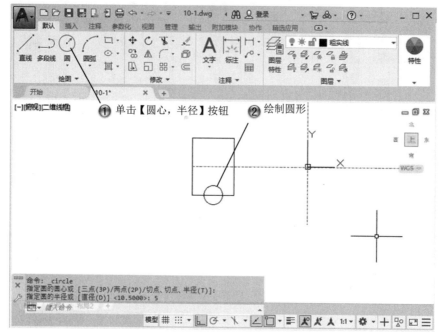

图 10-5　绘制半径为 5 的圆形

Step6 移动圆形，如图 10-6 所示。

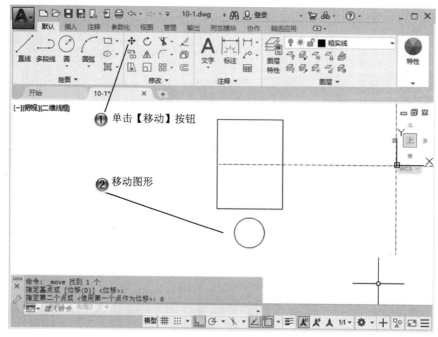

图 10-6　移动圆形

Step7 绘制半径为 12 的圆形，如图 10-7 所示。

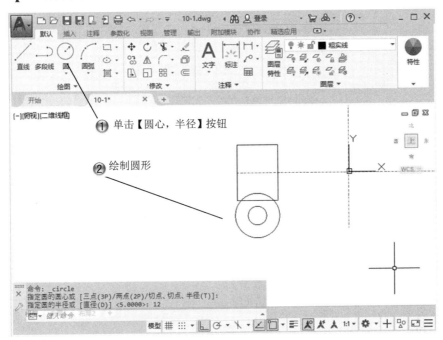

图 10-7　绘制半径为 12 的圆形

Step8 绘制直线，如图 10-8 所示。

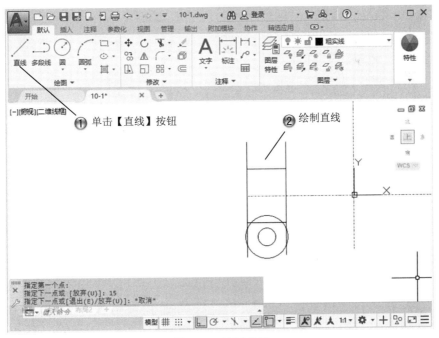

图 10-8　绘制直线

Step9 修剪图形，如图 10-9 所示。

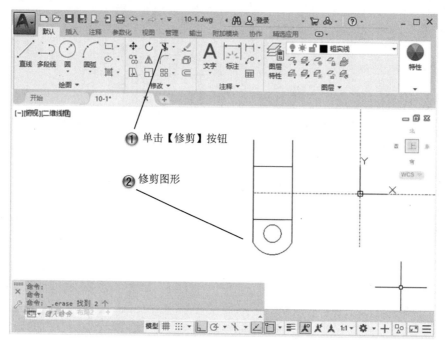

图 10-9　修剪图形

Step10 绘制 76×60 的矩形，如图 10-10 所示。

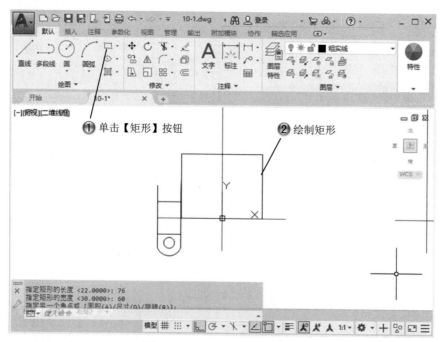

图 10-10　绘制 76×60 的矩形

Step11 移动矩形,如图 10-11 所示。

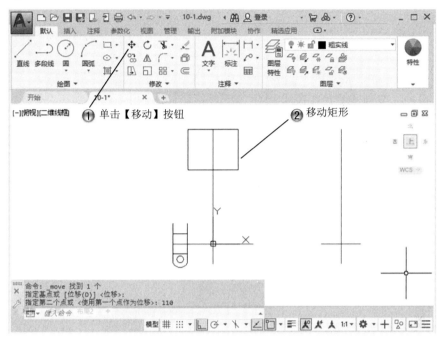

图 10-11 移动矩形

Step12 绘制 76×37 的矩形,如图 10-12 所示。

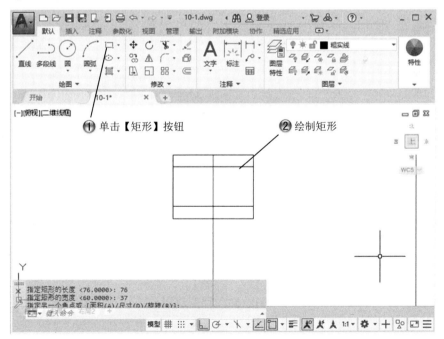

图 10-12 绘制 76×37 的矩形

Step13 绘制 44×4 的矩形，如图 10-13 所示。

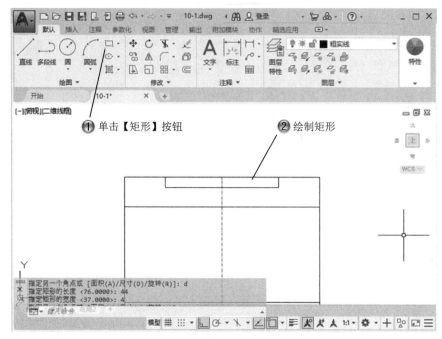

图 10-13　绘制 44×4 的矩形

Step14 修剪图形，如图 10-14 所示。

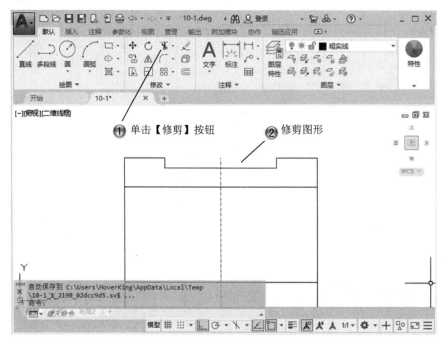

图 10-14　修剪图形

Step15 绘制圆角，如图 10-15 所示。

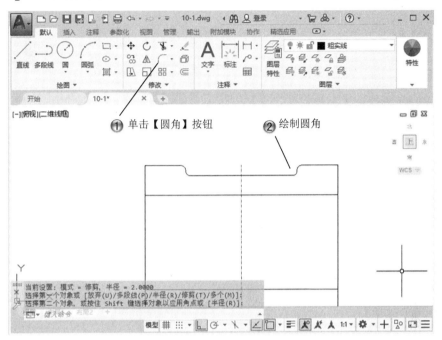

图 10-15　绘制圆角

Step16 绘制 44×50 的矩形，如图 10-16 所示。

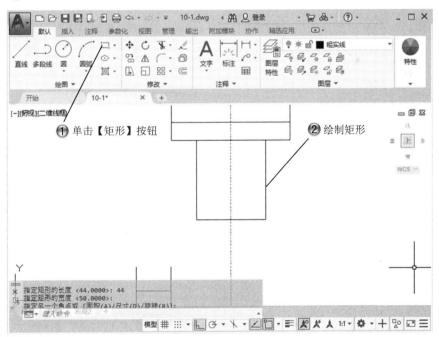

图 10-16　绘制 44×50 的矩形

Step17 移动矩形,如图 10-17 所示。

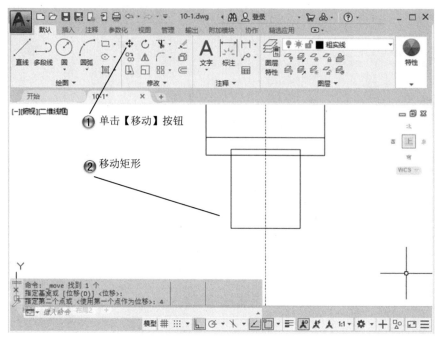

图 10-17 移动矩形

Step18 修剪图形,如图 10-18 所示。

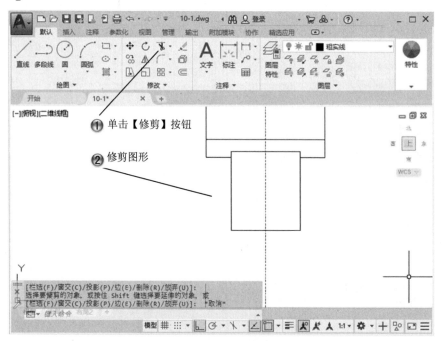

图 10-18 修剪图形

Step19 绘制直线,如图 10-19 所示。

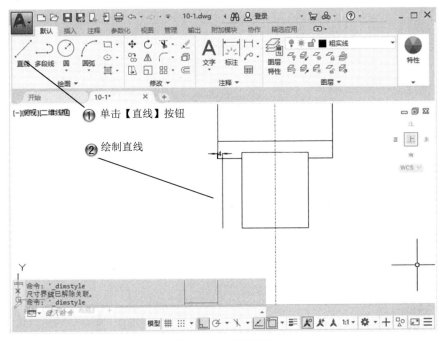

图 10-19　绘制直线

Step20 绘制水平直线,如图 10-20 所示。

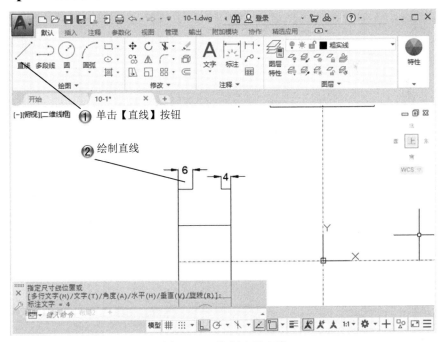

图 10-20　绘制水平直线

Step21 绘制斜线，如图 10-21 所示。

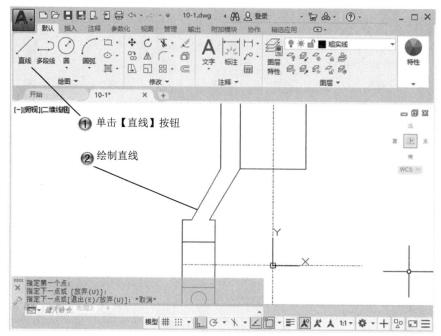

图 10-21　绘制斜线

Step22 绘制半径为 3 的圆角，如图 10-22 所示。

图 10-22　绘制半径为 3 的圆角

Step23 绘制半径为 20 的圆角，如图 10-23 所示。

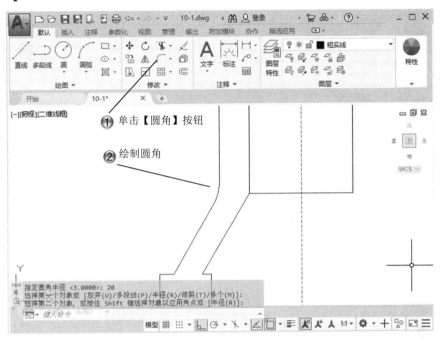

图 10-23　绘制半径为 20 的圆角

Step24 绘制半径为 35 的圆角，如图 10-24 所示。

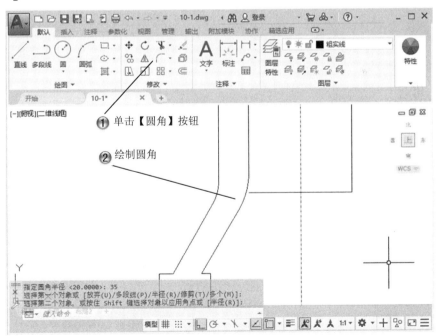

图 10-24　绘制半径为 35 的圆角

Step25 修剪草图，如图 10-25 所示。

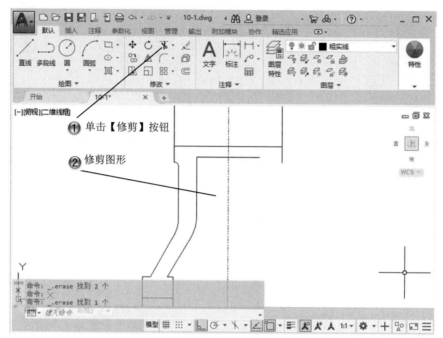

图 10-25　修剪草图

Step26 镜像图形，如图 10-26 所示。

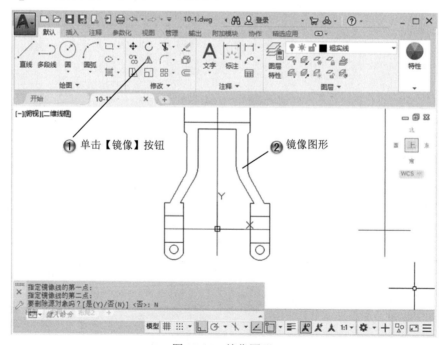

图 10-26　镜像图形

Step27 绘制圆弧，如图 10-27 所示。

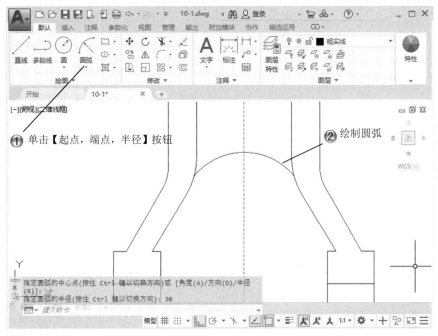

图 10-27　绘制圆弧

Step28 删除直线，如图 10-28 所示。

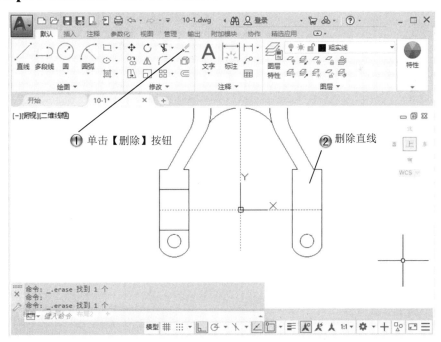

图 10-28　删除直线

Step29 绘制直线，如图 10-29 所示。

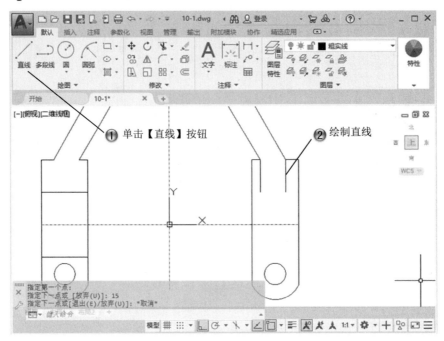

图 10-29　绘制直线

Step30 绘制圆弧，如图 10-30 所示。

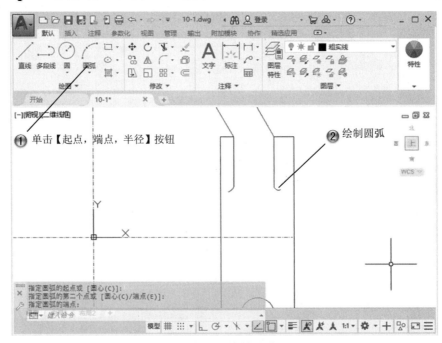

图 10-30　绘制圆弧

Step31 绘制中心线，如图 10-31 所示。

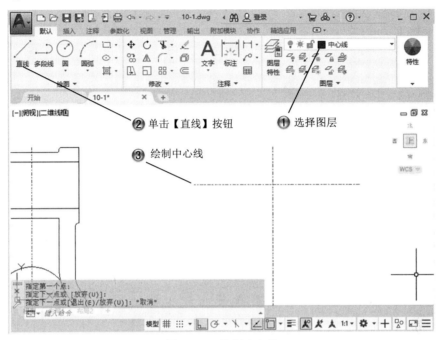

图 10-31　绘制中心线

Step32 绘制三个圆形，如图 10-32 所示。

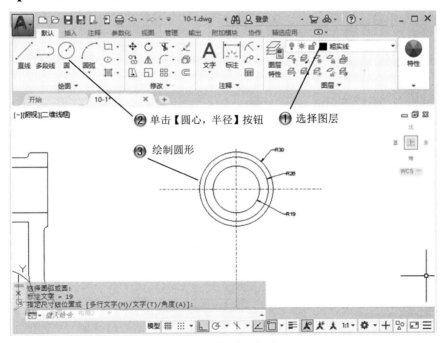

图 10-32　绘制三个圆形

!**Step33** 绘制两个圆形，如图 10-33 所示。

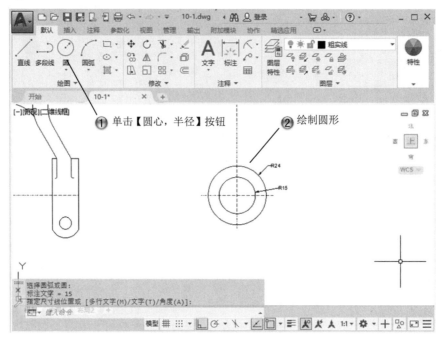

图 10-33　绘制两个圆形

!**Step34** 绘制直线，如图 10-34 所示。

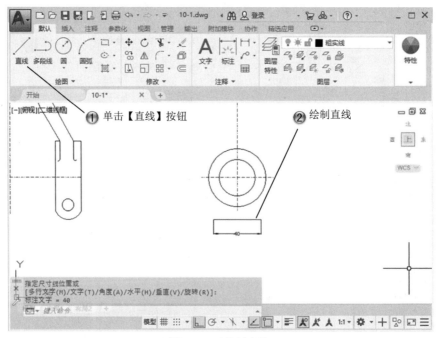

图 10-34　绘制直线

Step35 绘制直线，如图 10-35 所示。

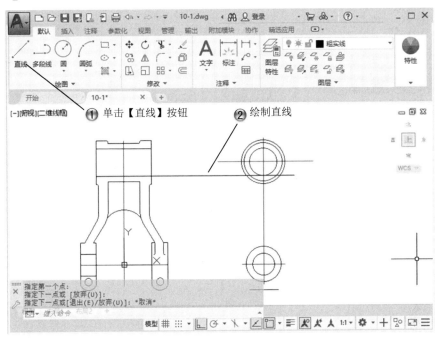

图 10-35　绘制延伸直线

Step36 绘制斜线，如图 10-36 所示。

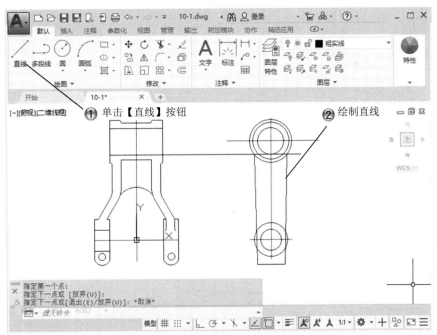

图 10-36　绘制斜线

Step37 修剪图形,如图 10-37 所示。

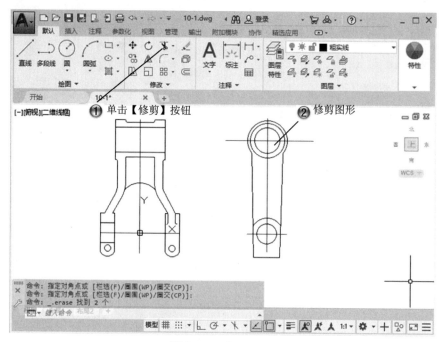

图 10-37　修剪图形

Step38 绘制圆角,如图 10-38 所示。

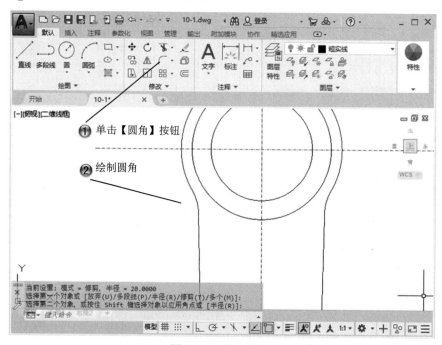

图 10-38　绘制圆角

Step39 延伸圆弧，如图 10-39 所示。

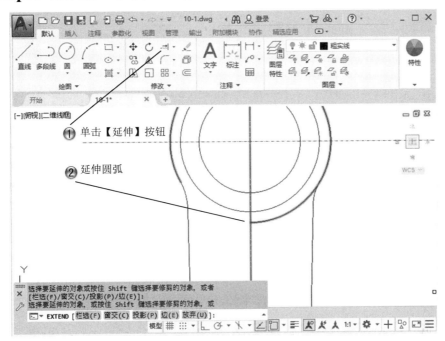

图 10-39　延伸圆弧

Step40 绘制角度线，如图 10-40 所示。

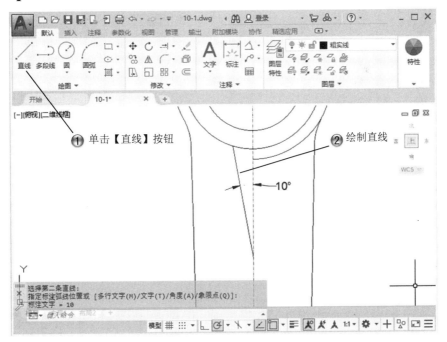

图 10-40　绘制角度线

Step41 绘制圆角,如图 10-41 所示。

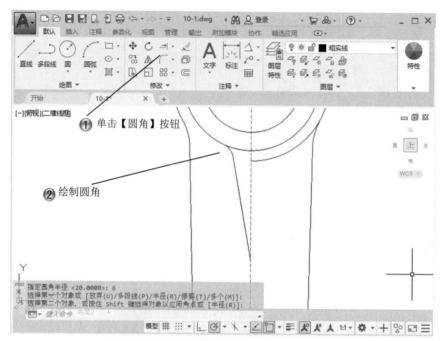

图 10-41　绘制圆角

Step42 修剪图形,如图 10-42 所示。

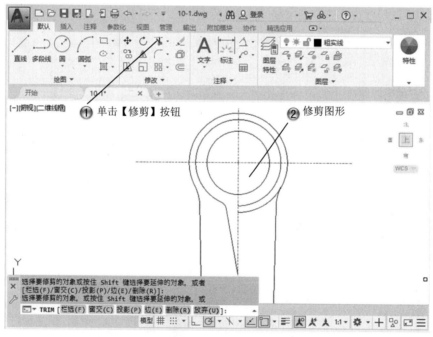

图 10-42　修剪图形

Step43 绘制 500×400 的矩形，如图 10-43 所示。

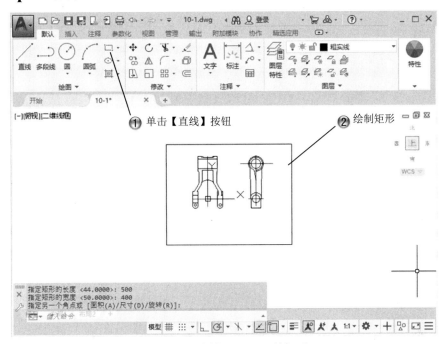

图 10-43　绘制 500×400 的矩形

Step44 绘制 160×40 的矩形，如图 10-44 所示。

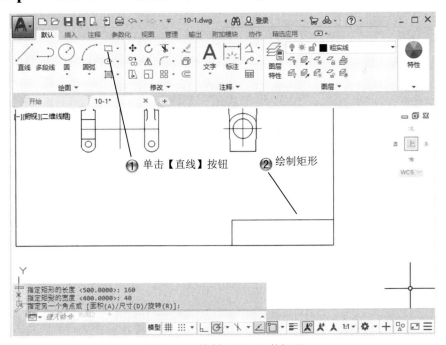

图 10-44　绘制 160×40 的矩形

Step45 绘制表格，如图 10-45 所示。

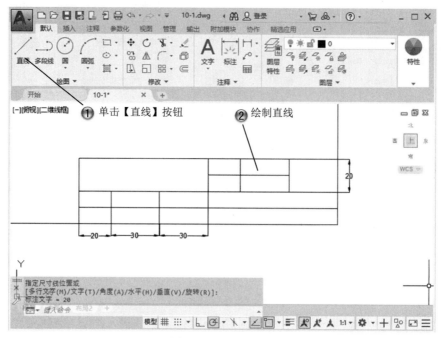

图 10-45　绘制表格

Step46 添加文字，如图 10-46 所示。

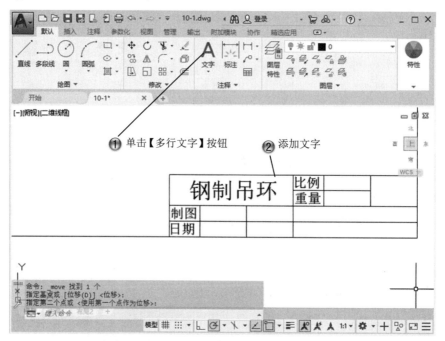

图 10-46　添加文字

Step47 添加多行文字，如图 10-47 所示。

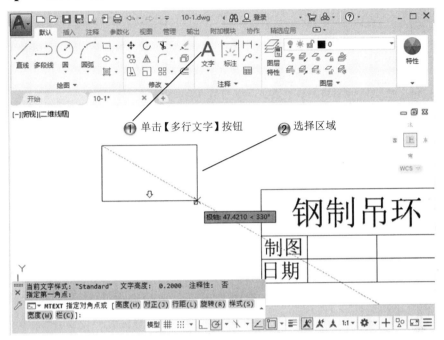

图 10-47　添加多行文字

Step48 设置文字内容，如图 10-48 所示。

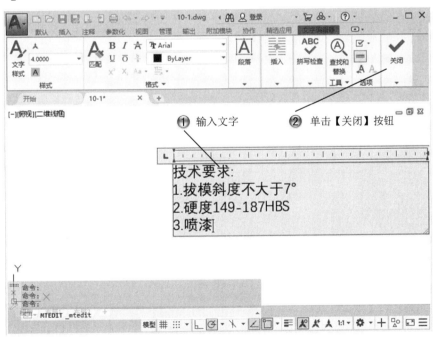

图 10-48　设置文字内容

Step49 填充区域，如图 10-49 所示。

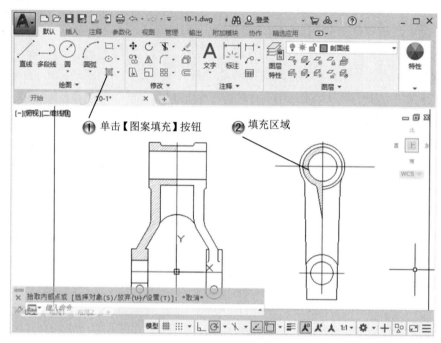

图 10-49　填充区域

Step50 添加尺寸标注，如图 10-50 所示。

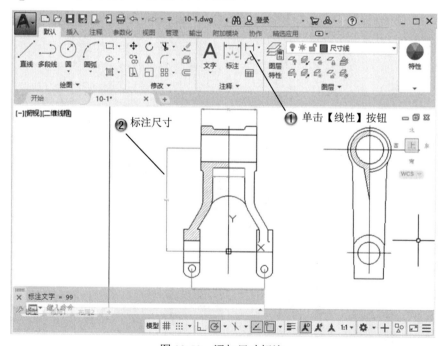

图 10-50　添加尺寸标注

Step51 添加圆角标注，如图 10-51 所示。

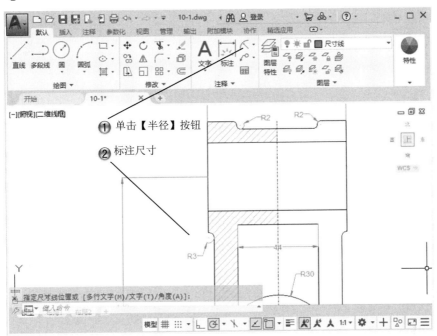

图 10-51　添加圆角标注

Step52 添加半径标注，如图 10-52 所示。

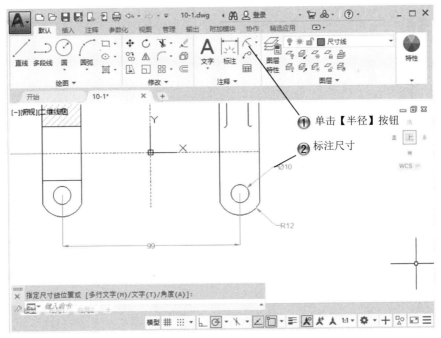

图 10-52　添加半径标注

Step53 添加侧视图标注，如图 10-53 所示。

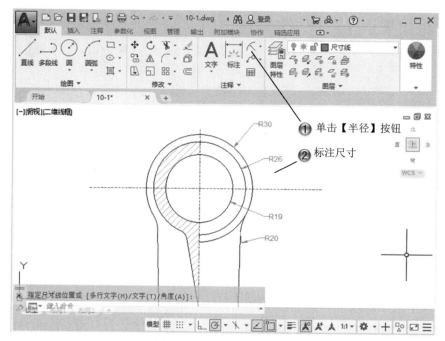

图 10-53　添加侧视图标注

Step54 添加侧视图半径标注，如图 10-54 所示。

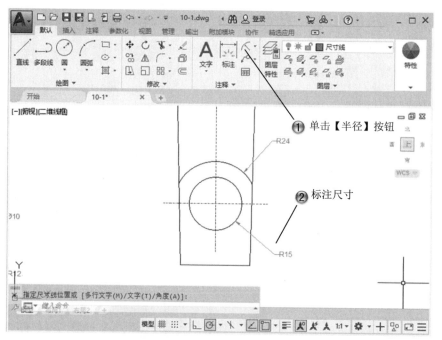

图 10-54　添加侧视图半径标注

Step55 完成钢制吊环零件图,如图10-55所示。

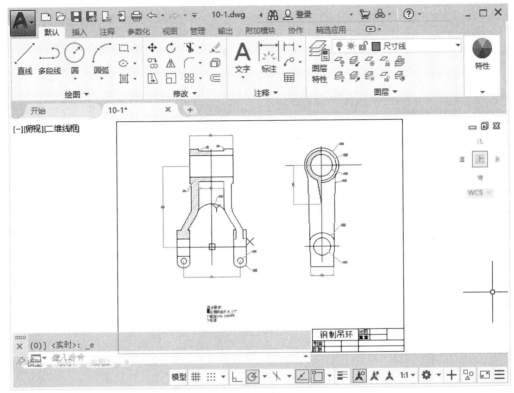

图 10-55　完成钢制吊环零件图

10.2　电气设计综合范例——绘制日光灯电路图

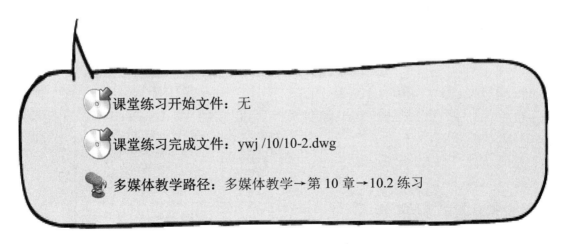

课堂练习开始文件：无

课堂练习完成文件：ywj /10/10-2.dwg

多媒体教学路径：多媒体教学→第 10 章→10.2 练习

Step1 绘制 4×1 的矩形，如图 10-56 所示。

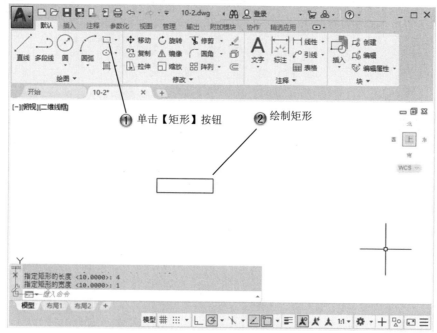

图 10-56　绘制 4×1 的矩形

Step2 创建块，如图 10-57 所示。

图 10-57　创建块

Step3 插入块，如图 10-58 所示。

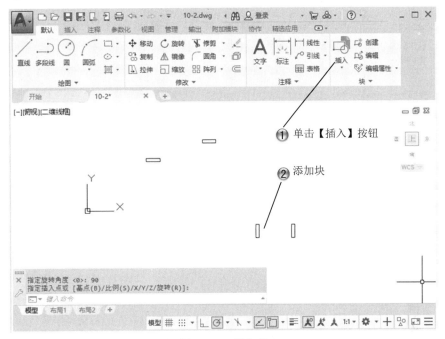

图 10-58　插入块

Step4 绘制 6×6 的矩形，如图 10-59 所示。

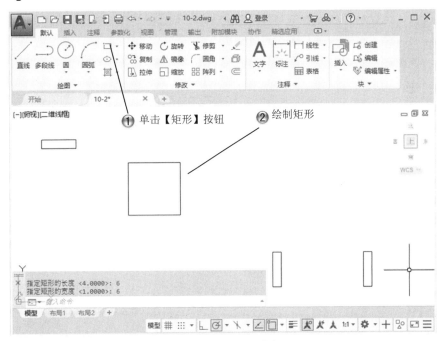

图 10-59　绘制 6×6 的矩形

Step5 旋转矩形，如图 10-60 所示。

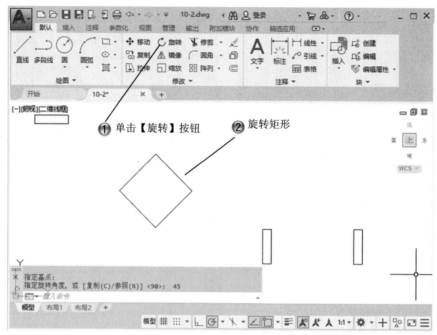

图 10-60　旋转矩形

Step6 绘制直线，如图 10-61 所示。

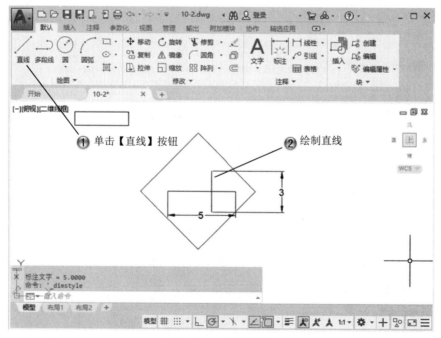

图 10-61　绘制直线

Step7 绘制三角形，如图 10-62 所示。

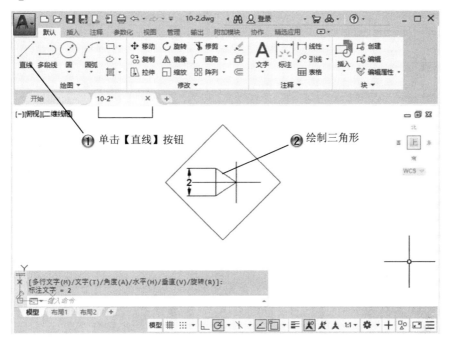

图 10-62　绘制三角形

Step8 绘制 3×0.5 的矩形，如图 10-63 所示。

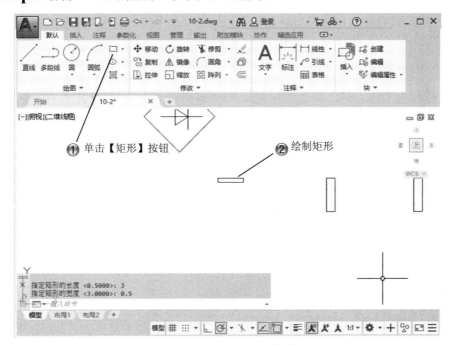

图 10-63　绘制 3×0.5 的矩形

Step9 绘制直线,如图 10-64 所示。

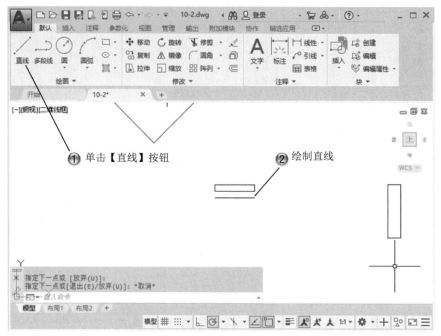

图 10-64　绘制直线

Step10 复制图形,如图 10-65 所示。

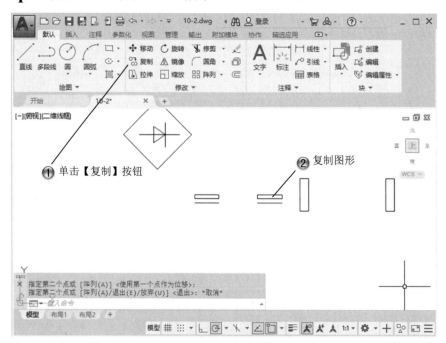

图 10-65　复制图形

Step11 绘制直线图形，如图 10-66 所示。

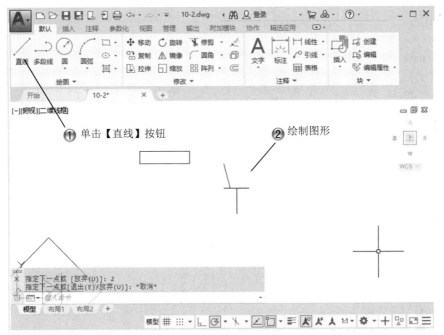

图 10-66　绘制直线图形

Step12 绘制箭头，如图 10-67 所示。

图 10-67　绘制箭头

Step13 复制图形，如图 10-68 所示。

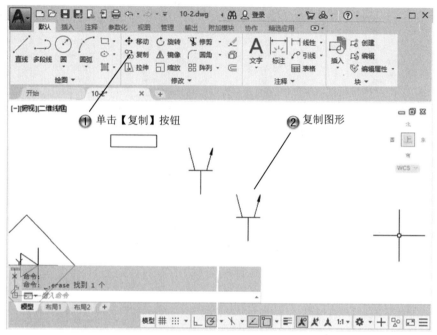

图 10-68　复制图形

Step14 绘制 6×4 的矩形，如图 10-69 所示。

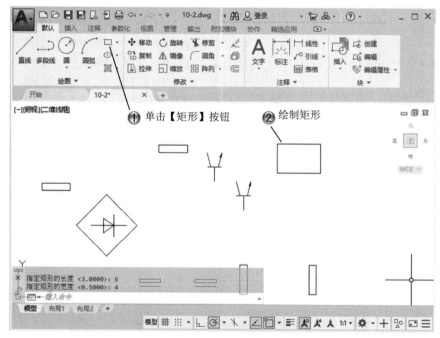

图 10-69　绘制 6×4 的矩形

Step15 复制图形，如图 10-70 所示。

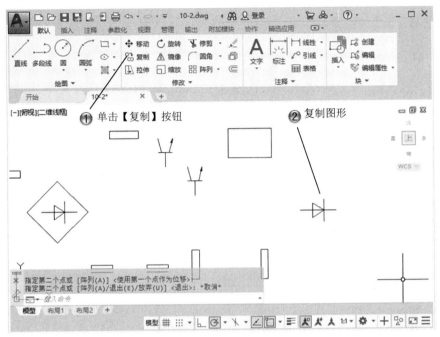

图 10-70　复制图形

Step16 旋转图形，如图 10-71 所示。

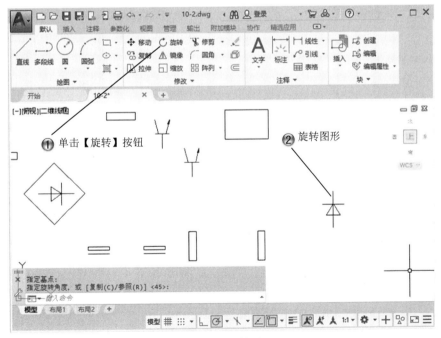

图 10-71　旋转图形

Step17 绘制直线图形，如图 10-72 所示。

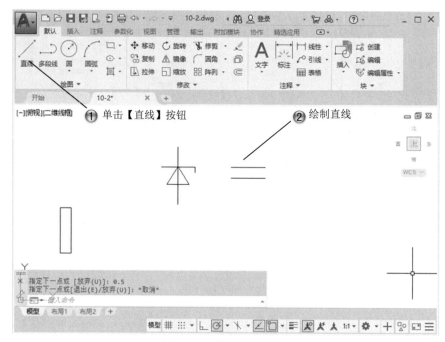

图 10-72　绘制直线图形

Step18 复制图形，如图 10-73 所示。

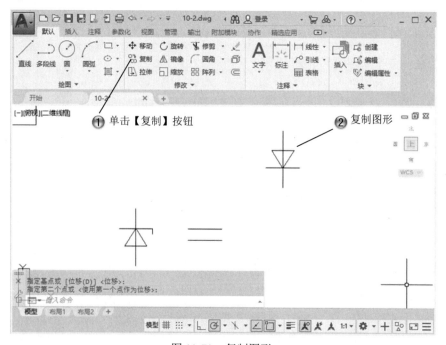

图 10-73　复制图形

Step19 绘制箭头，如图 10-74 所示。

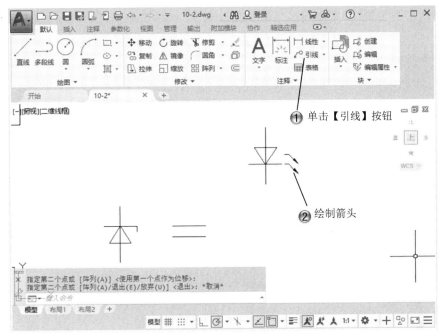

图 10-74　绘制箭头

Step20 复制图形，如图 10-75 所示。

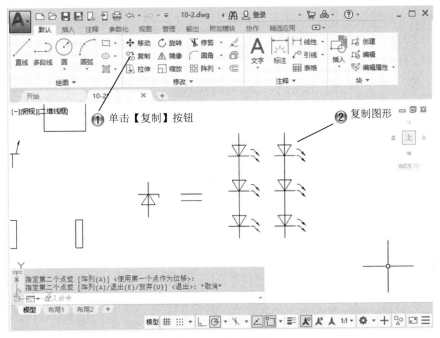

图 10-75　复制图形

Step21 绘制连接线，如图 10-76 所示。

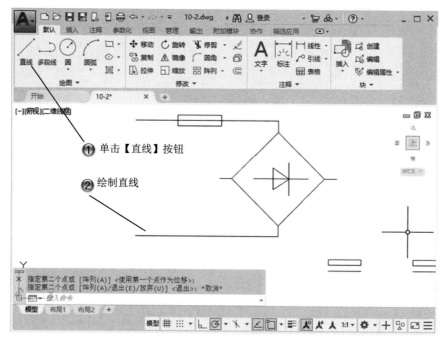

图 10-76　绘制连接线

Step22 绘制半径为 0.4 的圆形，如图 10-77 所示。

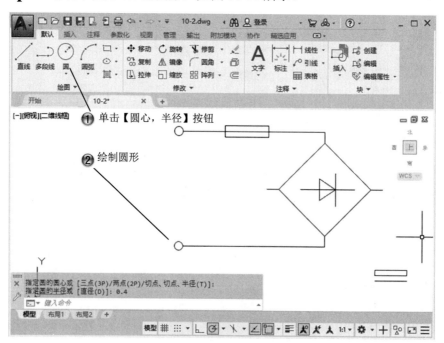

图 10-77　绘制半径为 0.4 的圆形

Step23 绘制连接线 1,如图 10-78 所示。

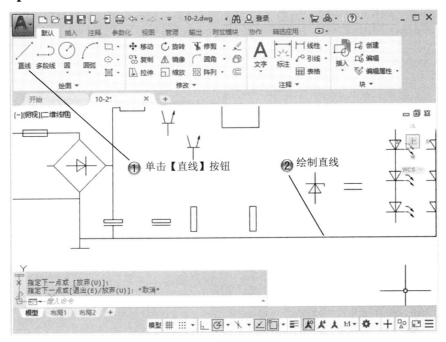

图 10-78　绘制连接线 1

Step24 绘制连接线 2,如图 10-79 所示。

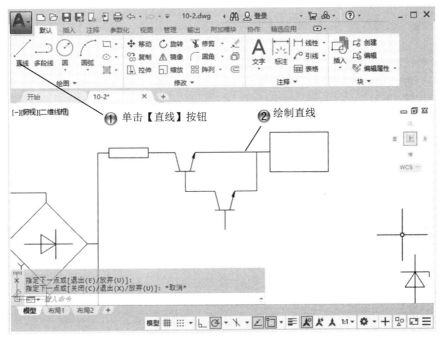

图 10-79　绘制连接线 2

Step25 绘制连接线 3，如图 10-80 所示。

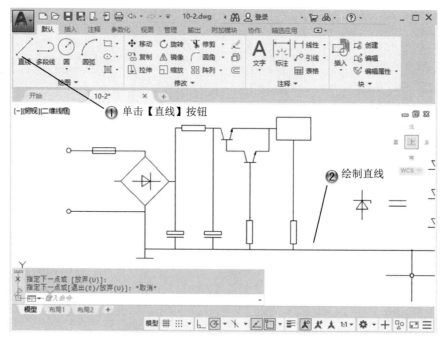

图 10-80　绘制连接线 3

Step26 绘制连接线 4，如图 10-81 所示。

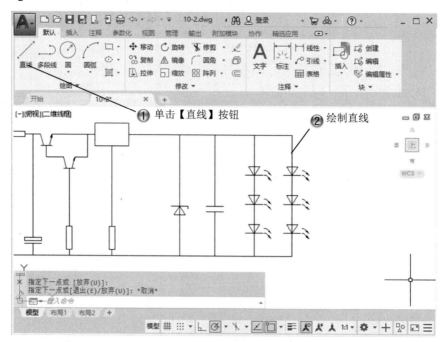

图 10-81　绘制连接线 4

Step27 添加文字 1，如图 10-82 所示。

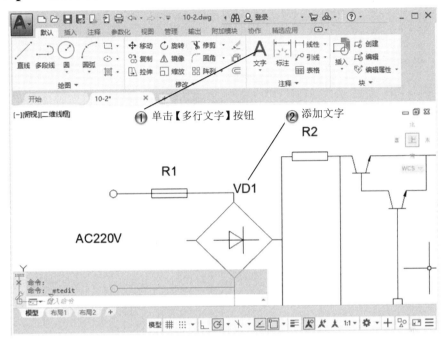

图 10-82　添加文字 1

Step28 添加文字 2，如图 10-83 所示。

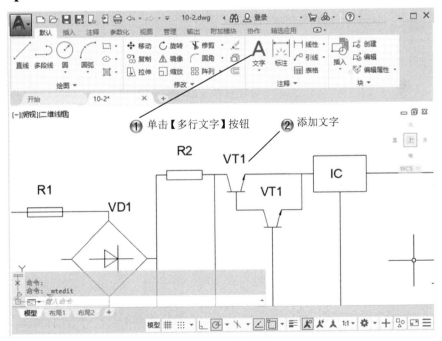

图 10-83　添加文字 2

Step29 添加文字 3,如图 10-84 所示。

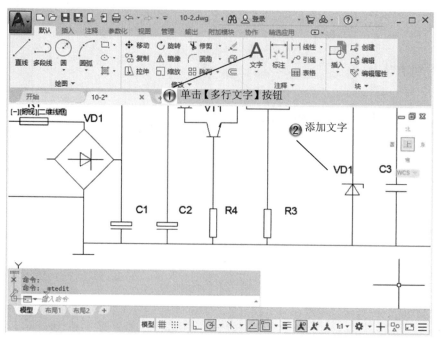

图 10-84　添加文字 3

Step30 完成日光灯电路图,如图 10-85 所示。

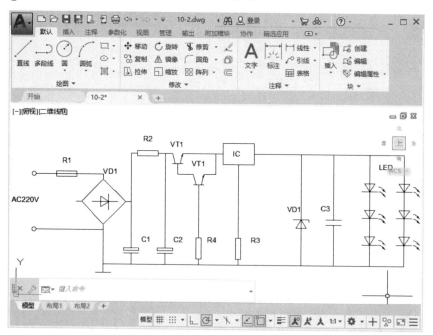

图 10-85　完成日光灯电路图

10.3 专家总结

本章两个大的范例系统地介绍了二维机械零件图和电路图的创建过程和思路，其中机械零件图有 2 个视图，需要分开绘制；电路图的绘制需要整体考虑电路的布局。在绘制图纸时，可以使用自己擅长和熟悉的命令，提高自己的绘图效率。

10.4 课后习题

10.4.1 填空题

（1）大零件的绘制一般分为_____部分。
（2）绘制零件前首先要_____。
（3）绘制结束后要对文件_____。

10.4.2 问答题

（1）复杂零件的绘制与绘制小零件有什么不同？
（2）草绘中最常用的命令有哪些？

10.4.3 上机操作题

如图 10-86 所示，使用本书学过的知识来创建底座图纸。
一般创建步骤和方法：
（1）绘制中心线。
（2）绘制主视图及对应右视图。
（3）绘制俯视图。
（4）填充图形。

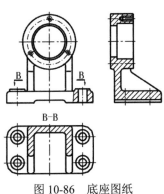

图 10-86　底座图纸